"十四五"职业教育国家规划教材

互联网+教育改革新理念教材

应用高等数学

(第2版)

主编 胡桐春

航空工业出版社

北京

内容提要

本书主要介绍了高等职业院校工科类及经济类相关专业所必需的数学知识以及利用这些知识解决实际问题的数学思想方法. 全书共分三篇, 由基础篇、拓展篇和实践篇组成, 主要内容有函数、极限与连续, 一元函数微分学, 一元函数积分学, 微分方程与拉普拉斯变换, 线性代数, MATLAB 数学实验等.

本书可作为高等职业院校工科类及经济类各专业的数学教材, 也可供成人教育相关专业的读者学习参考.

图书在版编目（CIP）数据

应用高等数学 / 胡桐春主编. -- 2版. -- 北京：航空工业出版社, 2018.7（2023.7重印）
ISBN 978-7-5165-1638-6

Ⅰ.①应… Ⅱ.①胡… Ⅲ.①高等数学－高等职业教育－教材 Ⅳ.①O13

中国版本图书馆CIP数据核字(2018)第 152417 号

应用高等数学（第 2 版）
Yingyong Gaodeng Shuxue（Di-er Ban）

航空工业出版社出版发行
（北京市朝阳区京顺路 5 号曙光大厦 C 座四层　100028）
发行部电话：010-85672663　　010-85672683

北京京华铭诚工贸有限公司印刷	全国各地新华书店经销
2018 年 7 月第 2 版	2023 年 7 月第 7 次印刷
开本：880×1230　　1/16	字数：416 千字
印张：14.75	定价：49.80 元

前 言
PREFACE

本书是在第 1 版的基础上，根据高职高专教学改革的实际，进一步全面修订而成的．此外，为贯彻落实党的二十大精神，我们结合数学的教学内容，进一步修订了本书，旨在打造具有特色的、体现信息化技术发展要求的高职高专数学教材．

具体来说，本书具有以下特色．

1. 铸魂育人，润物无声

本书以培养学生正确的世界观、人生观和价值观为己任，将素质教育有机地融入到知识点和案例中．例如，书中添加了"砥节砺行""趣味数学"等栏目，介绍相关的数学文化和数学思想，展现数学的魅力和奥妙，帮助大学生培养数学应用意识和创新意识，形成独立判断能力．

2. 校企合作，注重实用

本书在设计教材体例时充分考虑了教学大纲要求，编写过程中得到了相关企业的支持，依据企业反馈与需要，有针对性地编写内容，重在提升教材的职业属性，更能培养出社会需要的人才．全书内容分基础篇、拓展篇和实践篇，每个章节的安排上由易到难，逐步深入．

为体现高职教育特色，本书在叙述上浅显易懂，每个知识点都通过引例导入，让学生带着问题学习，能有效激发学生的学习兴趣．这些实例还加强了数学与生活的联系，可以使学生更好地理解和认识所学知识，做到即学即练、学以致用．此外，本书在每一章都精心设计了相关知识点的建模应用，融入数学建模的思想和方法，体现数学知识在各领域的广泛应用，可以锻炼学生的工作思维和实践技能，帮助学生更快地适应企业．

3. 选题全面，学练结合

本书不仅在正文中穿插有精选的例题，帮助学生及时理解相关的数学概念，也在每节后配有多种类型的习题以帮助学生进一步消化知识．每章的末尾还配有 A 组（基础层次）和 B 组（提高层次）两套复习题，有助于教师进行分层次教学，对学生进行递进训练．此外，书后附有习题参考答案，有利于学生自行检查学习成果．

4. 资源丰富，高效教学

本书配有高质量的教学资源、习题集、微课和教育平台．

（1）丰富的教学资源．包括课件、教案、练习、答案等，学生可以登录文旌综合教育平台"文旌课堂"（www.wenjingketang.com）下载．如果在学习过程中有什么疑问，也可登录该网站寻求帮助．

（2）精心编制的习题集．本书配有精心编制的同步习题集，可供学生课外辅导和作业使用．

（3）精心录制的微课．为体现现代化学习方式的互动性、移动性、随时性，有效丰富教师的教学手段，提高学生的学习效率，本书配备了大量精彩的微课视频，学生可以随时随地扫描二维码进行观看，以巩固知识，加深理解．

（4）贴心的文旌综合教育平台．提供院系、班级自动化管理功能，海量严格筛选的试题及多套专家组织的试卷，可让教师轻松布置作业、组织在线考试，以及让学生在 PC 端或移动端提交作业、进行学习自测和参加在线考试等．

本书由胡桐春担任主编，应惠芬（杭州万向职业技术学院）、潘晓萍、余绵樟、周震宇、郭二芳、宋娟、高继文、吕宁宁担任副主编，王奕、任红民、周冰洁、葛建国、潘厚勇、许也平、李国成参加编写．

此外，与本书相对应的高职数学课程已经在"浙江省高等学校在线开放课程共享平台"（https://www.zjooc.cn/）和"中国大学 MOOC"（https://www.icourse163.org/）上线，供读者线上学习．

由于作者水平有限，本书存在的欠缺和不妥之处，欢迎广大读者不吝赐教，提出宝贵意见，以便我们进行修订和完善．

《应用高等数学》（第 2 版）编审委员会

（按姓氏笔画排序）

王　奕　　任红民　　许也平　　吕宁宁

宋　娟　　李国成　　余绵樟　　应惠芬

周冰洁　　周震宇　　胡桐春　　郭二芳

高继文　　葛建国　　潘厚勇　　潘晓萍

目录 CONTENTS

第一篇　基础篇

第1章　函数、极限与连续 …………………………………………………………… 2

1.1 函数 ………………………………………………………………………………… 2
　　1.1.1 函数的概念和性质 ………………………………………………………… 2
　　1.1.2 基本初等函数 ……………………………………………………………… 5
　　1.1.3 复合函数 …………………………………………………………………… 8
　　1.1.4 初等函数 …………………………………………………………………… 9
　　1.1.5 分段函数和反函数 ………………………………………………………… 9
　　1.1.6 数学建模简介 ……………………………………………………………… 11
　　习题 1.1 …………………………………………………………………………… 13

1.2 极限概念 …………………………………………………………………………… 13
　　1.2.1 数列的极限 ………………………………………………………………… 13
　　1.2.2 函数的极限 ………………………………………………………………… 15
　　1.2.3 无穷小量与无穷大量 ……………………………………………………… 19
　　习题 1.2 …………………………………………………………………………… 20

1.3 极限运算 …………………………………………………………………………… 21
　　1.3.1 极限的四则运算法则 ……………………………………………………… 21
　　1.3.2 两个重要极限 ……………………………………………………………… 23
　　*1.3.3 无穷小量的比较 ………………………………………………………… 25
　　*1.3.4 极限存在准则 …………………………………………………………… 27
　　习题 1.3 …………………………………………………………………………… 27

1.4 函数连续性 ………………………………………………………………………… 28
　　1.4.1 函数连续的概念 …………………………………………………………… 28
　　1.4.2 函数的间断点 ……………………………………………………………… 29

1.4.3 初等函数的连续性 ································ 30
*1.4.4 闭区间内连续函数的性质 ···························· 31
习题 1.4 ···································· 32
本章小结 ·· 33
建模应用 椅子能在不平的地面上放稳吗？ ·················· 35
复习题一 ·· 37

第 2 章 一元函数微分学 ································ 39

2.1 导数概念 ···································· 39
2.1.1 导数的定义 ································ 39
2.1.2 可导与连续的关系 ···························· 43
2.1.3 导数的意义 ································ 43
习题 2.1 ···································· 45

2.2 导数运算 ···································· 45
2.2.1 导数公式 ·································· 45
2.2.2 函数和、差、积、商的求导法则 ···················· 46
2.2.3 复合函数的求导法则 ···························· 47
*2.2.4 反函数的求导法则 ···························· 48
2.2.5 几种特殊函数的求导 ···························· 49
习题 2.2 ···································· 51

2.3 高阶导数 ···································· 52
习题 2.3 ···································· 53

2.4 导数应用 ···································· 53
*2.4.1 中值定理 ·································· 53
2.4.2 洛必达法则 ································ 55
2.4.3 函数的单调性 ································ 56
2.4.4 函数的极值 ································ 59
2.4.5 函数的最值及应用 ···························· 62
*2.4.6 函数图形的描绘 ······························ 64
习题 2.4 ···································· 68

2.5 微分及其应用 ···································· 68
2.5.1 微分的定义 ································ 68
2.5.2 微分的几何意义 ······························ 69
2.5.3 微分公式与运算法则 ···························· 69
2.5.4 微分在近似计算中的应用 ························ 70
习题 2.5 ···································· 71

本章小结 ·· 71
建模应用 费用最省模型 ·································· 73
复习题二 ·· 74

第3章 一元函数积分学 ·· 77

3.1 不定积分 ··· 77
3.1.1 不定积分的概念和性质 ································· 77
3.1.2 直接积分法 ··· 81
3.1.3 换元积分法 ··· 81
3.1.4 分部积分法 ··· 85
*3.1.5 简单有理函数的不定积分 ······························ 87
习题 3.1 ·· 88

3.2 定积分及其应用 ··· 89
3.2.1 定积分的概念和性质 ··································· 89
3.2.2 定积分的计算 ··· 94
3.2.3 定积分的应用 ··· 98
习题 3.2 ··· 103

3.3 反常积分 ·· 103
3.3.1 无穷限的反常积分 ···································· 104
*3.3.2 无界函数的反常积分 ································· 105
习题 3.3 ··· 106

本章小结 ·· 106
建模应用 高速公路上汽车总数模型 ······························· 109
复习题三 ·· 110

第二篇 拓展篇

第4章 微分方程与拉普拉斯变换 ···································· 114

4.1 一阶微分方程 ·· 114
4.1.1 微分方程的基本概念 ·································· 114
4.1.2 可分离变量的微分方程 ································ 116
4.1.3 齐次方程 ·· 116
4.1.4 一阶线性微分方程 ···································· 117
习题 4.1 ··· 119

4.2 二阶常系数线性微分方程 ···································· 119
4.2.1 二阶常系数线性微分方程解的性质 ······················ 120
4.2.2 二阶常系数线性齐次方程的解 ·························· 120
4.2.3 二阶常系数线性非齐次方程的解 ························ 121
习题 4.2 ··· 123

4.3 拉普拉斯变换 ·· 124
4.3.1 拉普拉斯变换的基本概念 ······························ 124
4.3.2 拉普拉斯变换的基本性质 ······························ 126

4.3.3 拉普拉斯逆变换	129
4.3.4 拉普拉斯变换的应用	130
习题 4.3	132
本章小结	132
建模应用 商品价格如何随着供求关系变化	134
复习题四	135

第5章 线性代数 ················ 137

5.1 行列式与矩阵	137
5.1.1 行列式简介	137
5.1.2 矩阵的概念	140
5.1.3 矩阵的运算	143
习题 5.1	149
5.2 矩阵的初等变换	150
5.2.1 初等变换的概念	150
5.2.2 矩阵的秩	151
5.2.3 可逆矩阵与逆矩阵	152
习题 5.2	155
5.3 线性方程组	156
5.3.1 线性方程组的概念	156
5.3.2 线性方程组的求解	158
5.3.3 线性方程组解的判定	160
习题 5.3	164
本章小结	164
建模应用 投入产出模型	168
复习题五	170

第三篇 实践篇

第6章 MATLAB 数学实验 ················ 174

6.1 MATLAB 初步	174
6.1.1 MATLAB 简介	174
6.1.2 常量、变量与函数	175
6.1.3 算术运算	177
6.1.4 代数式运算	178
习题 6.1	180
6.2 MATLAB 图形处理	180
6.2.1 一维数组（向量）的创建	180
6.2.2 向量的运算	181

  6.2.3 二维图形的绘制 ··· 182
  6.2.4 三维图形的绘制 ··· 185
  习题 6.2 ··· 186
 6.3 一元函数微分学的 MATLAB 求解 ··· 187
  6.3.1 极限 ··· 187
  6.3.2 导数 ··· 188
  6.3.3 极值 ··· 189
  习题 6.3 ··· 191
 6.4 一元函数积分学的 MATLAB 求解 ··· 191
  6.4.1 积分 ··· 191
  6.4.2 微分方程 ··· 192
  6.4.3 拉普拉斯变换 ··· 193
  习题 6.4 ··· 194
 6.5 线性代数的 MATLAB 求解 ··· 195
  6.5.1 矩阵及其代数运算 ··· 195
  6.5.2 逆矩阵与矩阵方程 ··· 198
  6.5.3 线性方程组的求解 ··· 199
  习题 6.5 ··· 201
 本章小结 ··· 202
 建模应用　人、狗、鸡、米过河问题 ··· 203
 复习题六 ··· 205

习题参考答案 ··· 207

参考文献 ··· 221

第一篇 基础篇

第 1 章 函数、极限与连续

初等数学主要研究的是常量，高等数学主要研究的是变量，着重研究的是变量与变量之间的依赖关系，即函数关系．极限理论是高等数学的基础，高等数学中的基本概念都是借助极限方法描述的．连续是与极限密切相关的概念，连续函数是实际中使用最为广泛的函数．本章将在复习函数有关知识的基础上，着重讨论函数的极限和函数的连续性等问题．

1.1 函 数

1.1.1 函数的概念和性质

引例 1 杭州电视台应某广告公司特约播放甲、乙两部连续剧．经调查，播放甲连续剧时，平均每集的收视观众为 30 万人次；播放乙连续剧时，平均每集的收视观众为 25 万人次．广告公司要求电视台每周共播放 8 集两部剧．

（1）设每周播放 x 集甲连续剧，甲、乙两部连续剧的收视观众人次总和为 y 万人次，请找出 x 和 y 之间的关系．

（2）已知电视台每周只能为该广告公司提供不超过 360 min 的播放时间，并且播放每集甲连续剧需 55 min，播放每集乙连续剧需 40 min．求电视台每周应播放甲、乙两部连续剧各多少集，才能使每周收看甲、乙连续剧的观众人次总和最大，并求出最大值．

分析 （1）若每周播放 x 集甲连续剧，则播放 $(8-x)$ 集乙连续剧．故可得 y 与 x 之间的关系为
$$y = 30x + 25(8-x) = 5x + 200.$$

（2）由于两部连续剧的每周播放时间不能超过 360 min，故有 $55x + 40(8-x) \leqslant 360$，得 $x \leqslant 2\dfrac{2}{3}$．由 $y = 5x + 200$ 可知，y 随 x 的增大而增大，且 x 为自然数，故当 $x = 2$ 时，$y_{\max} = 5 \times 2 + 200 = 210$（万人次），此时 $8 - x = 6$．所以，电视台每周应分别播放 2 集甲连续剧和 6 集乙连续剧，才能使每周的收视观众人次总和最大，最大是 210 万人次．

1. 函数的定义

定义 1 设 x 和 y 是两个变量，D 是非空数集．若对于 D 中的每一个 x，按照一定的对应法则 f，都有唯一确定的 y 与之对应，则称 y 是定义在数集 D 上的 x 的<u>函数</u>，记作 $y = f(x)$，$x \in D$．其中，D 称为函数的<u>定义域</u>，x 称为<u>自变量</u>，y 称为<u>函数</u>（或因变量）．

当自变量 x 取数 $x_0 \in D$ 时，通过对应法则 f 与 x_0 对应的因变量 y 的值称为函数 $y=f(x)$ 在 x_0 处的函数值，记作 $f(x_0)$ 或 $y|_{x=x_0}$；当 x 取遍 D 内的各个数值时，对应的 y 的值的全体组成的数集称为函数的值域，记作 M.

砥节砺行

在函数的四则运算中，定义域是十分重要的，即在定义域中的运算才是有意义的。在我们的生活中，法律法规便是我们行为活动的"定义域"，我们应树立法律意识，遵守法律、执行法律，营造办事依法、遇事找法、解决问题用法、化解矛盾靠法的法治环境。

2. 函数的表示法

函数通常有以下三种表示法.

- **公式法**：用数学式子表示函数，也称解析法，如一次函数 $y=kx+b$ 和二次函数 $y=ax^2+bx+c$ 等。其优点是便于理论推导和计算。
- **表格法**：以表格形式表示函数，如三角函数表、对数表、国内生产总值表等。其优点是所求函数值可直接查表获得。
- **图形法**：用图形表示函数，如我国人口出生率变化曲线等。其优点是形象直观，可看到函数的变化趋势。

例 1 求下列函数的定义域.

（1）$y = \dfrac{1}{1-\sqrt{1+x}}$； （2）$y = \sqrt{16-x^2} + \ln(x+1)$.

解（1）要使函数有意义，需满足 $\begin{cases} 1+x \geqslant 0, \\ 1-\sqrt{1+x} \neq 0 \end{cases} \Rightarrow \begin{cases} x \geqslant -1, \\ x \neq 0, \end{cases}$ 故函数的定义域为 $[-1, 0) \cup (0, +\infty)$.

（2）要使函数有意义，需满足 $\begin{cases} 16-x^2 \geqslant 0, \\ x+1 > 0 \end{cases} \Rightarrow \begin{cases} -4 \leqslant x \leqslant 4, \\ x > -1, \end{cases}$ 即 $-1 < x \leqslant 4$，故函数的定义域为 $(-1, 4]$.

注意

以数学式子来表示的函数，其定义域是使数学式子有意义的自变量的一切实数值所组成的数集。常见的定义域约束情况有分母不能为零、偶次根式的被开方式为非负、对数的真数大于零等。若数学式子中同时出现多种约束情况，需要同时考虑并求出它们的交集。而实际问题中的函数关系式，其定义域由实际意义确定。

例 2（1）设函数 $f(x) = x^3 - 2x + 3$，求 $f(1)$ 和 $f(x^2)$；

（2）设 $f(x+1) = x^2 - x + 1$，求 $f(x-1)$.

解（1）因为 $f(x)$ 的对应法则为 $x^3 - 2x + 3$，故可得

$$f(1) = 1^3 - 2 \times 1 + 3 = 2;$$

$$f(x^2) = (x^2)^3 - 2(x^2) + 3 = x^6 - 2x^2 + 3.$$

（2）令 $x+1=t$，则 $x=t-1$，代入 $f(x+1)=x^2-x+1$，得
$$f(t) = (t-1)^2 - (t-1) + 1 = t^2 - 3t + 3,$$
即
$$f(x-1) = (x-1)^2 - 3(x-1) + 3 = x^2 - 5x + 7.$$

例 3 判断函数 $f(x) = x+1$ 和函数 $g(x) = \dfrac{x^2-1}{x-1}$ 是否为同一函数.

解 $f(x)$ 的定义域是 $(-\infty, +\infty)$，而 $g(x)$ 的定义域是 $(-\infty, 1) \cup (1, +\infty)$，两者定义域不同，故它们不是同一函数.

> **注意**
>
> 函数的定义域和对应法则是函数的两大要素，当且仅当两个函数的定义域和对应法则都相同时，这两个函数才是同一函数.

3. 函数的性质

1）奇偶性

设函数 $y=f(x)$ 的定义域 D 关于原点对称. 若对任意 $x \in D$，都有 $f(-x)=f(x)$，则称 $y=f(x)$ 为**偶函数**；若对任意 $x \in D$，都有 $f(-x)=-f(x)$，则称 $y=f(x)$ 为**奇函数**.

偶函数图形关于 y 轴对称，如图 1-1（a）所示；奇函数图形关于原点对称，如图 1-1（b）所示.

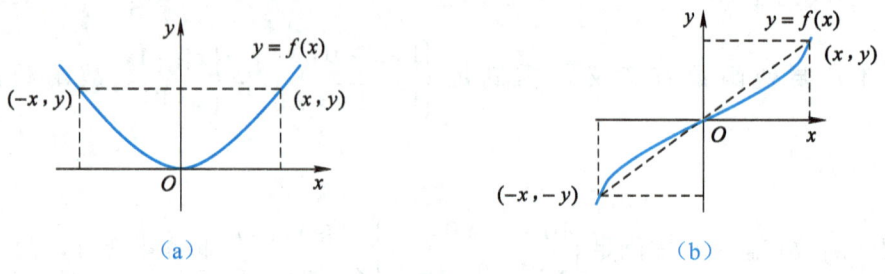

图 1-1

由定义知，奇偶性是函数的整体性质. 判断一个函数的奇偶性，首先要看其定义域是否关于原点对称. 若对称，再计算 $f(-x)$，看它等于 $f(x)$ 还是等于 $-f(x)$，然后下结论；若不对称，则没有奇偶性可言.

> **注意**
>
> 一般地，两个具有奇偶性的函数进行运算时具有以下性质：奇+奇=奇，偶+偶=偶，奇×奇=偶，偶×偶=偶，奇×偶=奇，奇+偶=非奇非偶.

2）单调性

设函数 $y=f(x)$，$x \in D$，区间 $I \subseteq D$. 若对任意的 $x_1, x_2 \in I$，当 $x_1 < x_2$ 时，有 $f(x_1) < f(x_2)$，则称函数 $f(x)$ 在区间 I 内**单调递增**，区间 I 称为**单调增区间**；若对任意 $x_1, x_2 \in I$，当 $x_1 < x_2$ 时，有 $f(x_1) > f(x_2)$，则称函数 $f(x)$ 在区间 I 内**单调递减**，区间 I 称为**单调减区间**.

单调递增和单调递减的函数统称为**单调函数**，单调增区间和单调减区间统称为**单调区**

间．从图形上看，递增就是从左往右图形上升，如图1-2（a）所示；递减则是从左往右图形下降，如图1-2（b）所示．

由定义知，单调性是函数的局部性质，其总是与区间相联系的．例如，函数 $f(x)=x^2$ 在区间 $(-\infty,0]$ 内单调递减，在 $[0,+\infty)$ 内单调递增，而在 $(-\infty,+\infty)$ 内则不是单调函数．

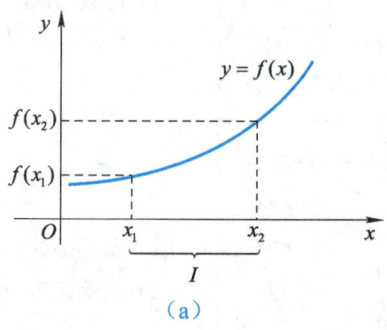 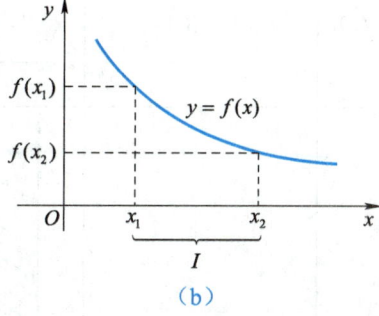

图 1-2

3）周期性

设函数 $y=f(x)$，$x\in D$．若存在非零实数 T，使得对任意 $x\in D$，都有 $(x\pm T)\in D$ 且 $f(x+T)=f(x)$，则称 $f(x)$ 为**周期函数**，T 为 $f(x)$ 的**周期**．

我们通常说的函数周期是指它的最小正周期．例如，$y=\sin x$ 和 $y=\cos x$ 的周期都是 2π，$y=\tan x$ 和 $y=\cot x$ 的周期都是 π，$y=A\sin(\omega x+\varphi)$ 的周期是 $\dfrac{2\pi}{|\omega|}$．

并不是每个周期函数都有最小正周期．例如，对于常数函数 $y=C$，任意实数都是它的周期，它没有最小正周期；狄立克莱函数 $f(x)=\begin{cases}1,& x\text{为有理数}\\0,& x\text{为无理数}\end{cases}$ 也没有最小正周期．

4）有界性

设函数 $y=f(x)$，$x\in D$，区间 $I\subseteq D$．若存在一个正数 M，使得对任意 $x\in I$，都有 $|f(x)|\leqslant M$，则称函数 $f(x)$ 在 I 上**有界**；否则称函数 $f(x)$ 在 I 上**无界**．

例如，函数 $f(x)=\sin x$ 在 $(-\infty,+\infty)$ 上有界；函数 $f(x)=\tan x$ 在 $\left(-\dfrac{\pi}{3},\dfrac{\pi}{3}\right)$ 上有界，而在 $\left(-\dfrac{\pi}{2},\dfrac{\pi}{2}\right)$ 上无界；函数 $f(x)=\dfrac{1}{x}$ 在 $(0,1)$ 上无界，而在 $(1,+\infty)$ 上有界．

因此，说一个函数是有界或无界时，应指出其自变量的相应范围．

1.1.2 基本初等函数

常数函数、幂函数、指数函数、对数函数、三角函数、反三角函数统称为**基本初等函数**．基本初等函数的图形及主要性质如表 1-1 所示．

基本初等函数

表1-1

名称	函数	定义域与值域	图形	性质
常数函数	$y = C$（C 为常数）	$x \in (-\infty, +\infty)$，$y \in \{C\}$		（1）函数为偶函数； （2）函数在定义域内有界
幂函数	$y = x^\alpha$（α 为任意实数）	根据 α 值的不同，$y = x^\alpha$ 的定义域和值域也不同	（$\alpha > 0$ 的情况）	（1）图形都过 $(0,0)$ 和 $(1,1)$ 点； （2）函数在 $[0, +\infty)$ 内单调递增
			（$\alpha < 0$ 的情况）	（1）图形都过 $(1,1)$ 点； （2）函数在 $(0, +\infty)$ 内单调递减
指数函数	$y = a^x$（$a > 0$，$a \neq 1$）	$x \in (-\infty, +\infty)$，$y \in (0, +\infty)$	（$a > 1$ 的情况）	（1）图形均在 x 轴上方； （2）图形均过 $(0,1)$ 点； （3）函数在定义域内单调递增
			（$0 < a < 1$ 的情况）	（1）图形均在 x 轴上方； （2）图形均过 $(0,1)$ 点； （3）函数在定义域内单调递减
对数函数	$y = \log_a x$（$a > 0$，$a \neq 1$）	$x \in (0, +\infty)$，$y \in (-\infty, +\infty)$	（$a > 1$ 的情况）	（1）图形均在 y 轴右侧； （2）图形均过 $(1,0)$ 点； （3）函数在定义域内单调递增

表 1-1（续）

名称	函数	定义域与值域	图形	性质
对数函数	$y=\log_a x$ ($a>0$, $a\neq 1$)	$x\in(0,+\infty)$, $y\in(-\infty,+\infty)$	（$0<a<1$ 的情况）	（1）图形均在 y 轴右侧； （2）图形均过 $(1,0)$ 点； （3）函数在定义域内单调递减
正弦函数	$y=\sin x$	$x\in(-\infty,+\infty)$, $y\in[-1,1]$		（1）函数是奇函数； （2）周期 $T=2\pi$； （3）函数在定义域内有界； （4）函数在区间 $\left[-\dfrac{\pi}{2}+2k\pi,\dfrac{\pi}{2}+2k\pi\right]$ ($k\in\mathbf{Z}$) 内单调递增，函数在区间 $\left[\dfrac{\pi}{2}+2k\pi,\dfrac{3\pi}{2}+2k\pi\right]$ ($k\in\mathbf{Z}$) 内单调递减
余弦函数	$y=\cos x$	$x\in(-\infty,+\infty)$, $y\in[-1,1]$		（1）函数是偶函数； （2）周期 $T=2\pi$； （3）函数在定义域内有界； （4）函数在区间 $[(2k-1)\pi,2k\pi]$ ($k\in\mathbf{Z}$) 内单调递增，函数在区间 $[2k\pi,(2k+1)\pi]$ ($k\in\mathbf{Z}$) 内单调递减
正切函数	$y=\tan x$	$x\in\left(k\pi-\dfrac{\pi}{2},k\pi+\dfrac{\pi}{2}\right)$ ($k\in\mathbf{Z}$), $y\in(-\infty,+\infty)$		（1）函数是奇函数； （2）周期 $T=\pi$； （3）函数在区间 $\left(k\pi-\dfrac{\pi}{2},k\pi+\dfrac{\pi}{2}\right)$ ($k\in\mathbf{Z}$) 内单调递增
余切函数	$y=\cot x$	$x\in(k\pi,k\pi+\pi)$ ($k\in\mathbf{Z}$), $y\in(-\infty,+\infty)$		（1）函数是奇函数； （2）周期 $T=\pi$； （3）函数在区间 $(k\pi,(k+1)\pi)$ ($k\in\mathbf{Z}$) 内单调递减
反正弦函数	$y=\arcsin x$	$x\in[-1,1]$, $y\in\left[-\dfrac{\pi}{2},\dfrac{\pi}{2}\right]$		（1）函数是奇函数； （2）函数在定义域内有界； （3）函数在定义域内单调递增

表 1-1（续）

名称	函数	定义域与值域	图形	性质
反余弦函数	$y=\arccos x$	$x\in[-1,1]$, $y\in[0,\pi]$		（1）函数在定义域内有界； （2）函数在定义域内单调递减
反正切函数	$y=\arctan x$	$x\in(-\infty,+\infty)$, $y\in\left(-\dfrac{\pi}{2},\dfrac{\pi}{2}\right)$		（1）函数是奇函数； （2）函数在定义域内有界； （3）函数在定义域内单调递增
反余切函数	$y=\operatorname{arccot} x$	$x\in(-\infty,+\infty)$, $y\in(0,\pi)$		（1）函数在定义域内有界； （2）函数在定义域内单调递减

> **说明**
>
> 比较常见的指数函数是以 e 为底的指数函数 $y=e^x$，其中 $e=2.71828\cdots$，它与圆周率 π 一样是个无理数．以 e 为底的对数函数称为<u>自然对数</u>，简记为 $y=\ln x$．

1.1.3 复合函数

引例 2 在自由落体运动中，物体的动能 E 是速度 v 的函数 $E=\dfrac{1}{2}mv^2$，而速度 v 又是时间 t 的函数 $v=gt$．因此，动能 E 通过速度 v 的关系而成为时间 t 的函数 $E=\dfrac{1}{2}m(gt)^2$．

对于这样的函数，给出如下定义．

定义 2 设 $y=f(u)$，$u=\varphi(x)$．若 $u=\varphi(x)$ 的值域或部分值域是 $y=f(u)$ 的定义域的子集，则变量 x 与 y 之间通过变量 u 形成一种新的函数关系，这种函数关系称为由 $y=f(u)$ 与 $u=\varphi(x)$ 复合而成的**复合函数**，记为 $y=f[\varphi(x)]$，其中 x 称为自变量，u 称为中间变量，y 称为因变量．

> **注意**
>
> 并不是任意两个函数都可以复合成一个函数，只有当 $u=\varphi(x)$ 的值域和 $y=f(u)$ 的定义域的交集不为空集时，二者才可复合．例如，$y=\arcsin u$ 与 $u=x^2+2$ 不能复合成一个函数，因为 u 的值域 $[2,+\infty)$ 与 $y=\arcsin u$ 的定义域 $[-1,1]$ 的交集为空集．

例 4 分析函数 $y=\sqrt{u}$ 与 $u=\cos x$ 的复合过程并指出复合函数的定义域．

复合函数与初等函数

解 因为 $y=\sqrt{u}$ 的定义域 $[0,+\infty)$ 与 $u=\cos x$ 的值域 $[-1,1]$ 有交集，故可进行复合. 将 $u=\cos x$ 代入 $y=\sqrt{u}$，可得复合函数为 $y=\sqrt{\cos x}$. 由 $u=\cos x \geqslant 0$ 得复合函数的定义域为

$$x \in \left[2k\pi-\frac{\pi}{2}, 2k\pi+\frac{\pi}{2}\right], \quad k \in \mathbf{Z}.$$

例 5 分析下列各复合函数的复合过程.

（1） $y=\sqrt[3]{\sin x}$； （2） $y=\ln\cos(2x^2+3)$.

解 （1） $y=\sqrt[3]{\sin x}$ 是由 $y=\sqrt[3]{u}$ 和 $u=\sin x$ 复合而成的.

（2） $y=\ln\cos(2x^2+3)$ 是由 $y=\ln u$，$u=\cos v$，$v=2x^2+3$ 复合而成的.

> **说 明**
>
> 复合函数可由基本初等函数复合而成，也可由基本初等函数经过四则运算后得到的函数（称为**简单函数**）复合而成.

例 6 （1）设 $f(x)=\dfrac{1}{1+x}$，试求 $f[f(x)]$，$f\{f[f(x)]\}$.

（2）设 $f(x)$ 的定义域为 $[-1,1]$，求 $f(\ln x)$ 的定义域.

解 （1） $f[f(x)]=\dfrac{1}{1+f(x)}=\dfrac{1}{1+\dfrac{1}{1+x}}=\dfrac{1+x}{2+x}$ $(x \neq -1, -2)$；

$$f\{f[f(x)]\}=\frac{1}{1+f[f(x)]}=\frac{1}{1+\dfrac{1+x}{2+x}}=\frac{2+x}{3+2x} \quad (x \neq -1, -2, -\frac{3}{2}).$$

（2）因为 $f(x)$ 的定义域为 $[-1,1]$，所以有 $-1 \leqslant \ln x \leqslant 1$ 且 $x>0$，即

$$\ln \mathrm{e}^{-1} \leqslant \ln x \leqslant \ln \mathrm{e} \Rightarrow \mathrm{e}^{-1} \leqslant x \leqslant \mathrm{e}.$$

因此，$f(\ln x)$ 的定义域为 $[\mathrm{e}^{-1}, \mathrm{e}]$.

1.1.4 初等函数

定义 3 由基本初等函数经过有限次四则运算或有限次复合，且能用一个数学式子表示的函数，称为**初等函数**. 初等函数以外的函数都称为**非初等函数**.

例如，$y=\ln\cos x$ 和 $y=\sqrt{\ln 5x+3^x+\sin^2 x}$ 等都是初等函数，符号函数 $y=\operatorname{sgn} x=\begin{cases}1, & x>0, \\ 0, & x=0, \\ -1, & x<0\end{cases}$

是非初等函数.

1.1.5 分段函数和反函数

1. 分段函数

引例 3 某城市出租车的基本收费标准是：行驶里程如果不超过 3 公里，则收费 13 元，

如果超过 3 公里，则超出部分按每公里 2.3 元收费，另外每次加收 1 元燃油附加费．求行驶里程数 x 公里与费用 y 元之间的函数关系．

分析 当 $x \leqslant 3$ 时，$y = 13 + 1 = 14$；当 $x > 3$ 时，$y = 13 + (x-3) \times 2.3 + 1 = 7.1 + 2.3x$．所以，行驶里程数 x 公里与费用 y 元之间的函数关系为

$$y = \begin{cases} 14, & x \leqslant 3, \\ 7.1 + 2.3x, & x > 3. \end{cases}$$

像上述函数这样，在其定义域内，当自变量在不同的范围内取值时，需用不同的数学式子表示，这类函数称为**分段函数**．

例如，符号函数 $y = \operatorname{sgn} x = \begin{cases} 1, & x > 0, \\ 0, & x = 0, \\ -1, & x < 0 \end{cases}$ 是一个分段函数，定义域为 $(-\infty, +\infty)$，其图形如图 1-3 所示．

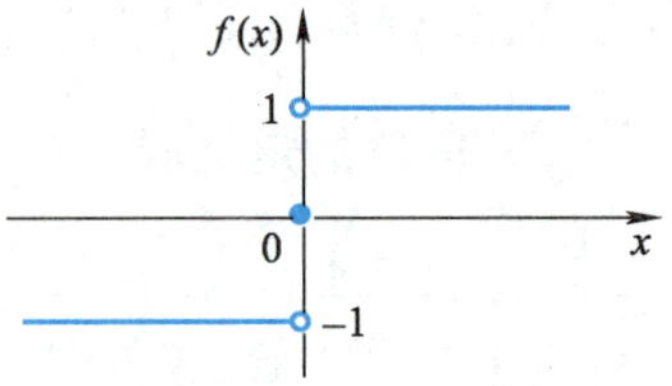

图 1-3

例 7 设 $f(x) = \begin{cases} 2^x, & x \leqslant 0, \\ 1 - x, & 0 < x \leqslant 1, \\ 1, & x > 1, \end{cases}$ 求 $f(0)$，$f\left(\dfrac{1}{2}\right)$ 和 $f(2)$，并作出函数图形．

解 $f(0) = 2^0 = 1$，$f\left(\dfrac{1}{2}\right) = 1 - \dfrac{1}{2} = \dfrac{1}{2}$，$f(2) = 1$．函数图形如图 1-4 所示．

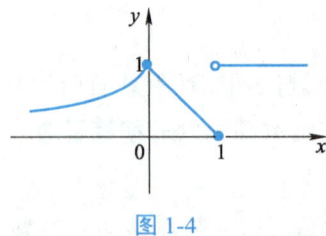

图 1-4

> **注意**
>
> 求分段函数的函数值时，应先确定自变量取值的所在范围，再按相应的数学式子进行计算．分段函数是用几个数学式子合起来表示一个函数的，而不是表示几个函数．

2. 反函数

定义 4 设函数 $y = f(x)$，$x \in D$，其值域为 M．若对于 M 中的每一个 y，D 中都有唯一确定的 x 与之对应，则得到一个定义在 M 上以 y 为自变量的函数，称这个函数为 $y = f(x)$ 的**反函数**，

记作 $x = f^{-1}(y)$，其定义域为 M，值域为 D．

我们一般习惯用 x 表示自变量、y 表示因变量．为了表述方面，我们通常将 $x = f^{-1}(y)$ 改写成 $y = f^{-1}(x)$．

互为反函数的两个函数 $y = f(x)$ 和 $y = f^{-1}(x)$ 的图形关于直线 $y = x$ 对称，且定义域和值域互换．如图 1-5 所示为一对反函数的图形．

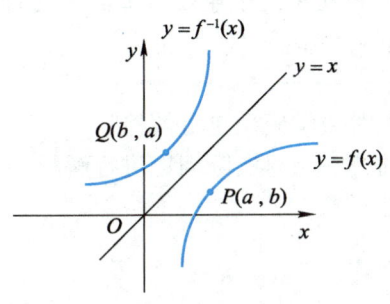

图 1-5

例 8 求函数 $y = 2x - 3$ 的反函数，并在同一直角坐标系中作出它们的图形．

解 由 $y = 2x - 3$ 得 $x = \dfrac{y+3}{2}$，故反函数是 $y = \dfrac{x+3}{2}$．它们的图形如图 1-6 所示．

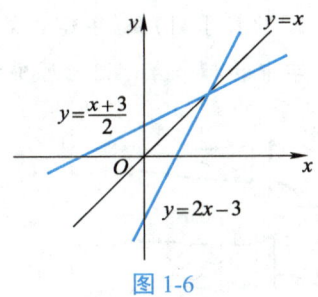

图 1-6

1.1.6 数学建模简介

数学建模是指建立数学模型的过程．**数学模型**是针对现实世界的某一特定对象，为了一个特定的目的，根据特有的内在规律，做出必要的简化和假设，应用适当的数学工具，采用形式化语言，概括或近似地表述出来的一种数学结构．它能解释特定对象的现实状态，或能预测特定对象的未来状态，或能提供处理特定对象的最优决策．函数关系可以看成是一种变量相依关系的数学模型．

建立一个实际问题的数学模型，需要一定的洞察力和想象力，筛选、抛弃次要因素，突出主要因素，做出适当的抽象和简化．建立数学模型的全过程一般分为表述、求解、解释、验证四个阶段，通过这些阶段可以实现从现实对象到数学模型，再从数学模型到现实对象的循环．建立数学模型的流程图如图 1-7 所示．

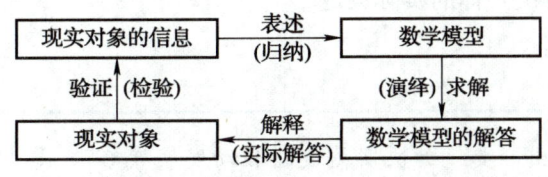

图 1-7

- ◆ **表述**：根据建立数学模型的目的和掌握的现实对象的信息，将实际问题翻译成数学问题，用数学语言确切地表述出来，形成数学模型.

> **注意**
>
> 表述是一个非常关键的过程，在该过程中要对实际问题进行分析，并进行简化、假设，应用有关的数学概念、数学符号和数学式子等数学工具去进行表述．如果现有的数学工具不够用，则可根据实际情况，大胆地创造新的数学工具.

- ◆ **求解**：选择适当的方法，对数学模型进行解答.
- ◆ **解释**：根据对数学模型的解答，对实际问题进行解释.
- ◆ **验证**：检验解释的正确性.

案例赏析

哥尼斯堡七桥问题

哥尼斯堡有一条普雷格尔河，河上有七座桥，如图 1-8（a）所示. 18 世纪时，哥尼斯堡的很多居民总想一次不重复地走过这七座桥，再回到出发点，但试来试去总是做不到. 于是，有人写信给当时著名的数学家欧拉寻求帮助. 欧拉于 1736 年建立了一个数学模型解决了这个问题. 他把 A，B，C，D 这四个地方抽象为数学中的四个点，把七座桥抽象为七条线，如图 1-8（b）所示.

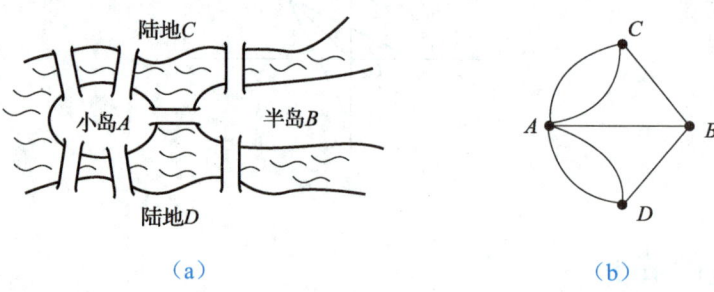

图 1-8

哥尼斯堡七桥问题是一个具体的实际问题，其经过理想化抽象所得到的如图 1-8（b）所示的一笔画问题便是相应的数学模型. 对一笔画问题经过分析和逻辑推理后，得到此问题是无解的. 这时，便可以给出哥尼斯堡七桥问题的解答，即不重复走过七座桥回到出发点是不可能的.

在一笔画的数学模型里，只保留了桥与地点的连接方式，而摒弃了其他一切属性. 所以，总体来讲，数学模型只近似地表述了现实对象中的某些属性.

从广义上讲，数学概念、数学理论体系、数学公式、函数关系，以及由公式系列构成的算法系统等都可以称为数学模型；从狭义上讲，只有那些反映特定问题或具体事物的系统数学结构，才可称为数学模型. 在现代应用数学中，我们用到的数学模型都指狭义上的数学模型，而建立数学模型的目的主要是为了解决具体的实际问题.

砥节砺行

党的二十大报告指出，要"加快实施创新驱动发展战略"，要"加强基础研究，突出原创，鼓励自由探索". 数学是创新驱动发展战略的动力源泉之一，在企业的创新活动中扮演着极为重要的角色,其能够为解决企业面临的关键问题、核心问题提供原创性思想和基础理论.特别是在很多大型企业和高科技企业,利用以数学算法为基础研发产品,以及开展设计、生产和管理等企业核心业务,已是大势所趋.历史证明,数学实力往往影响着国家实力,世界强国,必然是数学强国.因此,当代大学生应重视和热爱数学等基础学科的学习,为祖国的进一步繁荣富强而更加奋勇拼搏,要甘坐冷板凳,以"十年磨一剑"的精神自由探索、厚积薄发,为更多的科学发现和发明创造而努力.

习题 1.1

1. 设 $f(x)=\begin{cases} x^2, & 0 \leqslant x \leqslant 1, \\ 2x, & 1 < x \leqslant 2, \end{cases}$ 求 $f\left(\dfrac{1}{2}\right)$, $f(1)$, $f\left(\dfrac{3}{2}\right)$.

2. 设 $f(x)=(x-1)^2$,$g(x)=\lg x$,求 $f[g(x)]$,$g[f(x)]$.

3. 求下列函数的定义域.

   (1) $y=\lg\dfrac{1+x}{1-x}$;

   (2) $y=\dfrac{\sqrt{x+1}}{x^2-5x+6}$;

   (3) $y=\log_{x+1}(4-x^2)$;

   (4) $y=\dfrac{1}{1+\dfrac{1}{1+\dfrac{1}{x}}}$.

4. 指出下列各复合函数的复合过程.

   (1) $y=\cos^2(2-3x)$;

   (2) $y=\ln[\ln(\ln x)]$;

   (3) $y=(x+\lg x)^3$;

   (4) $y=\sqrt{\log_a(\sin x+2^x)}$.

5. 某厂生产了 1 600 t 某种产品,该产品定价为 150 元/t,当销售量不超过 800 t 时,按原价出售;当超过 800 t 时,超过部分按八折出售.试求销售收入与销售量之间的函数关系.

1.2 极限概念

极限是高等数学中一个起着基础作用的重要概念,整个高等数学的体系都建立在这个基础之上.

1.2.1 数列的极限

数列的极限

引例 1（刘徽割圆术）"割之弥细,所失弥少,割之又割,以至于不可割,则与圆周合体而无所失矣."

分析 如图 1-9 所示,设有一半径为 R 的圆.在仅知道正多边形面积计算方法的情况下,如何计算圆面积 S 呢?先作圆的内接正六边形,其面积记为 A_1,再作内接正十二边形,其面积记为 A_2,内接正二十四边形的面积记为 A_3,如此不断地将边数加倍,则可得一个数列

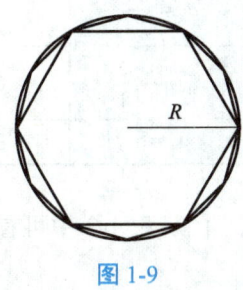

图 1-9

$$\{A_n\}: A_1, A_2, A_3, \cdots, A_n, \cdots.$$

当 n 无限增大时，A_n 无限接近于圆的面积，即 $A_n \to S$（当 $n \to \infty$ 时）．

引例 2 （截丈问题） "一尺之棰，日取其半，万世不竭."

分析 设原棰（木棒）之长为一个单位长，每天截取木棒一半的长度（所谓"日取其半"），用 a_n 表示第 n 天截取木棒之后所剩的长度，则可得一个数列

$$\{a_n\}: a_1 = \frac{1}{2}, a_2 = \frac{1}{4}, a_3 = \frac{1}{8}, \cdots, a_n = \frac{1}{2^n}, \cdots.$$

当 n 无限增大时，a_n 无限接近于零，但它永远不会等于零（所谓"万世不竭"），即 $a_n \to 0$（当 $n \to \infty$ 时）．

上述两个引例蕴含了丰富的数列极限思想．下面介绍数列极限的定义．

1. 数列极限的定义

定义 1 对于数列 $\{a_n\}$，若当 n 无限增大时，a_n 无限接近于一个确定的常数 A，则称常数 A 为数列 $\{a_n\}$ 的**极限**，记作 $\lim\limits_{n\to\infty} a_n = A$ 或 $a_n \to A (n \to \infty)$．

若数列 $\{a_n\}$ 有极限，则称数列 $\{a_n\}$ 是**收敛**的，且收敛于 A；若数列 $\{a_n\}$ 无极限，则称数列 $\{a_n\}$ 是**发散**的．

> **说明**
>
> 数列极限是一个动态概念，它是一个变量（项数 n）无限运动的同时另一个变量（对应的通项 a_n）无限接近于某个确定的常数的过程．这个常数（极限）是数列变化的最终趋势．

例 1 观察下列各数列的变化趋势，并写出它们的极限．

(1) $a_n = \dfrac{1}{n}$；　　　　　　(2) $a_n = \dfrac{1}{2^n}$；

(3) $a_n = \dfrac{n-1}{n+1}$；　　　　(4) $a_n = 3$．

解 如表 1-2 所示，可通过观察列出的有限项，来判断当 $n \to \infty$ 时，各数列的变化趋势．

表 1-2

n	1	2	3	4	5	$\cdots$	$\to \infty$
$a_n = \dfrac{1}{n}$	1	$\dfrac{1}{2}$	$\dfrac{1}{3}$	$\dfrac{1}{4}$	$\dfrac{1}{5}$	$\cdots$	$\to 0$
$a_n = \dfrac{1}{2^n}$	$\dfrac{1}{2}$	$\dfrac{1}{4}$	$\dfrac{1}{8}$	$\dfrac{1}{16}$	$\dfrac{1}{32}$	$\cdots$	$\to 0$
$a_n = \dfrac{n-1}{n+1}$	0	$\dfrac{1}{3}$	$\dfrac{1}{2}$	$\dfrac{3}{5}$	$\dfrac{2}{3}$	$\cdots$	$\to 1$
$a_n = 3$	3	3	3	3	3	$\cdots$	$\to 3$

从表 1-2 中可看出：(1) $\lim\limits_{n\to\infty} \dfrac{1}{n} = 0$；(2) $\lim\limits_{n\to\infty} \dfrac{1}{2^n} = 0$；(3) $\lim\limits_{n\to\infty} \dfrac{n-1}{n+1} = 1$；(4) $\lim\limits_{n\to\infty} 3 = 3$．

> **注 意**
>
> 并非每个数列都有极限. 例如, 对于 $a_n = n^2$, 当 $n \to \infty$ 时, $n^2 \to \infty$, ∞ 不是一个常数, 因此它没有极限; 又如, 对于 $a_n = (-1)^n$, 当 $n \to \infty$ 时, a_n 交替为 1 和 -1, 没有接近于一个确定的常数, 因此它也没有极限.

*2. 收敛数列的性质

性质 1（极限的唯一性） 如果数列 $\{a_n\}$ 收敛, 那么其极限唯一.

性质 2（收敛数列的有界性） 如果数列 $\{a_n\}$ 收敛, 那么它一定有界.

性质 3（收敛数列的保号性） 如果 $\lim\limits_{n \to \infty} a_n = a$, 且 $a > 0$（或 $a < 0$）, 则存在正整数 N, 当 $n > N$ 时, 有 $a_n > 0$（或 $a_n < 0$）.

性质 4（收敛数列与其子数列的关系） 如果数列 $\{a_n\}$ 收敛于 a, 则其任一子数列也收敛, 且极限为 a.

下面是几个常用数列的极限.

（1）$\lim\limits_{n \to \infty} C = C$（$C$ 为常数）；（2）$\lim\limits_{n \to \infty} \dfrac{1}{n^\alpha} = 0$（$\alpha > 0$）；（3）$\lim\limits_{n \to \infty} q^n = 0$（$|q| < 1$）.

> **砥节砺行**
>
> 数列的极限是唯一的, 这启示着我们, 要学会像数列极限一样设定自己的人生目标, 并且设立唯一的目标, 这样才能把所有的精力集中到一点, 确定正确的航行路线, 并为此付出不懈的努力和汗水, 培养追求卓越与完美的工匠精神. 极限就如同我们最起初的理想, 我们要不忘初心, 砥砺前行, 精益求精, 方得始终.

1.2.2 函数的极限

1. 自变量趋于无穷大时函数的极限

1）$x \to +\infty$ 时的情形

函数 $f(x) = \left(\dfrac{1}{2}\right)^x$ 的图形如图 1-10 所示, 从该图中可以看出, 当 $x \to +\infty$ 时, $f(x)$ 无限接近于常数 0. 此时, 常数 0 就为当 $x \to +\infty$ 时函数 $f(x)$ 的极限.

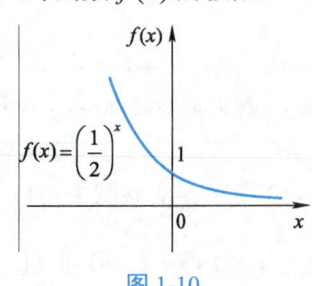

图 1-10

自变量趋于无穷大时函数的极限

定义 2 设函数 $f(x)$ 在 $(a,+\infty)$ 内有定义（a 为某实数）．若当 $x \to +\infty$ 时，函数 $f(x)$ 无限接近于一个确定的常数 A，则称常数 A 为当 $x \to +\infty$ 时函数 $f(x)$ 的极限，记作

$$\lim_{x \to +\infty} f(x) = A \text{ 或 } f(x) \to A\,(x \to +\infty).$$

2）$x \to -\infty$ 时的情形

函数 $f(x) = 2^x$ 的图形如图 1-11 所示，从该图中可以看出，当 $x \to -\infty$ 时，$f(x)$ 无限接近于常数 0．此时，常数 0 就为当 $x \to -\infty$ 时函数 $f(x)$ 的极限．

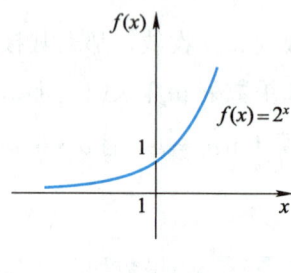

图 1-11

定义 3 设函数 $f(x)$ 在 $(-\infty, a)$ 内有定义（a 为某实数）．若当 $x \to -\infty$ 时，函数 $f(x)$ 无限接近于一个确定的常数 A，则称常数 A 为当 $x \to -\infty$ 时函数 $f(x)$ 的极限，记作

$$\lim_{x \to -\infty} f(x) = A \text{ 或 } f(x) \to A\,(x \to -\infty).$$

3）$x \to \infty$ 时的情形

函数 $f(x) = \dfrac{1}{x}$ 的图形如图 1-12 所示，从该图中可以看出，当 $x \to +\infty$ 时，$f(x)$ 无限接近于常数 0；当 $x \to -\infty$ 时，$f(x)$ 也无限接近于常数 0．此时，常数 0 就为当 $x \to \infty$ 时函数 $f(x)$ 的极限．

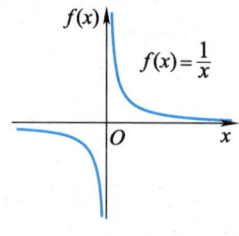

图 1-12

定义 4 设函数 $f(x)$ 在 $|x| > a$ 时有定义（a 为某正实数）．若当 x 的绝对值无限增大时，函数 $f(x)$ 无限接近于一个确定的常数 A，则称常数 A 为当 $x \to \infty$ 时函数 $f(x)$ 的极限，记作

$$\lim_{x \to \infty} f(x) = A \text{ 或 } f(x) \to A\,(x \to \infty).$$

> **注意**
>
> x 的绝对值无限增大，即 $x \to \infty$，其同时包括 $x \to +\infty$ 和 $x \to -\infty$ 两种情形．

函数 $f(x) = \arctan x$ 的图形如图 1-13 所示，从该图中可以看出，当 $x \to +\infty$ 时，$f(x)$ 无限接近于常数 $\dfrac{\pi}{2}$，由定义 2 知 $\lim\limits_{x \to +\infty} \arctan x = \dfrac{\pi}{2}$；当 $x \to -\infty$ 时，$f(x)$ 无限接近于常数 $-\dfrac{\pi}{2}$，由定义 3 知

$\lim\limits_{x\to-\infty}\arctan x=-\dfrac{\pi}{2}$；但 $\lim\limits_{x\to+\infty}\arctan x \neq \lim\limits_{x\to-\infty}\arctan x$，由定义 4 知，当 $x\to\infty$ 时，$f(x)=\arctan x$ 的极限不存在．

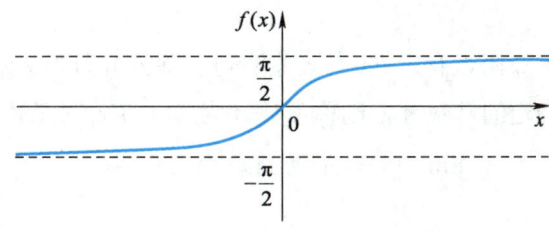

图 1-13

同理，如图 1-11 所示，因为 $\lim\limits_{x\to-\infty}2^x=0$，$\lim\limits_{x\to+\infty}2^x=+\infty$，所以 $\lim\limits_{x\to\infty}2^x$ 不存在．

由上述定义及讨论，不难得到以下重要结论．

定理 1 $\lim\limits_{x\to\infty}f(x)=A \Leftrightarrow \lim\limits_{x\to+\infty}f(x)=\lim\limits_{x\to-\infty}f(x)=A$．

例 2 设 $f(x)=\dfrac{x}{x+1}$，求 $\lim\limits_{x\to+\infty}f(x)$，$\lim\limits_{x\to-\infty}f(x)$ 和 $\lim\limits_{x\to\infty}f(x)$．

解 函数 $f(x)=\dfrac{x}{x+1}$ 的图形如图 1-14 所示，从该图中可以看出，当 $x\to+\infty$ 时，$\dfrac{x}{x+1}\to 1$，即 $\lim\limits_{x\to+\infty}f(x)=1$；当 $x\to-\infty$ 时，$\dfrac{x}{x+1}\to 1$，即 $\lim\limits_{x\to-\infty}f(x)=1$．因为 $\lim\limits_{x\to+\infty}f(x)=\lim\limits_{x\to-\infty}f(x)=1$，所以 $\lim\limits_{x\to\infty}f(x)=1$．

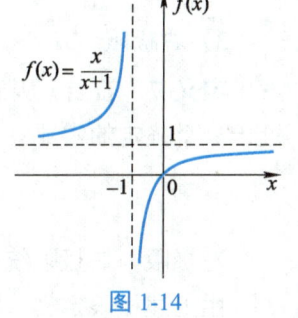

图 1-14

数列可表示成函数形式，它可看成是一种特殊的函数，即 $a_n=f(n)$，故有 $\lim\limits_{n\to\infty}a_n=\lim\limits_{n\to+\infty}f(n)$．因此，**数列极限是一种特殊的函数极限**．

2. 自变量趋于有限值时函数的极限

1) $x\to x_0$ 时的情形

函数 $f(x)=x+1$ 的图形如图 1-15 所示，从该图中可以看出，当 $x\to 1$ 时，$f(x)=x+1$ 无限接近于常数 2，此时常数 2 就为当 $x\to 1$ 时 $f(x)=x+1$ 的极限；函数 $g(x)=\dfrac{x^2-1}{x-1}$ 的图形如图 1-16 所示，当 $x\to 1$ 时，$g(x)=\dfrac{x^2-1}{x-1}$ 无限接近于常数 2，此时常数 2 就为当 $x\to 1$ 时 $g(x)=\dfrac{x^2-1}{x-1}$ 的极限．

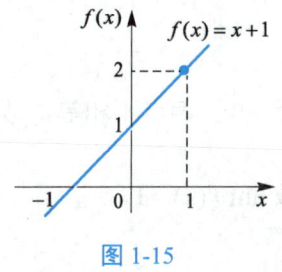

图 1-15

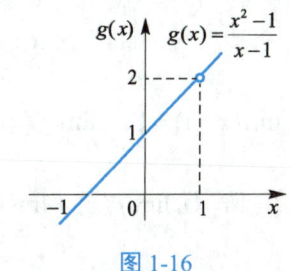

图 1-16

自变量趋于有限值时函数的极限

$f(x)=x+1$ 与 $g(x)=\dfrac{x^2-1}{x-1}$ 是两个不同的函数，前者在 $x=1$ 处有定义，后者在 $x=1$ 处无定义，但当 $x\to 1$ 时，它们的极限都为 2．这说明当 $x\to 1$ 时，$f(x)$ 和 $g(x)$ 的极限存在与否与其在 $x=1$ 处是否有定义无关．

定义 5 设函数 $f(x)$ 在 x_0 附近有定义（点 x_0 本身可以除外），若当 x 无限接近于 x_0（记为 $x\to x_0$）时，$f(x)$ 无限接近于一个确定的常数 A，则称常数 A 为当 $x\to x_0$ 时函数 $f(x)$ 的极限，记为

$$\lim_{x\to x_0} f(x)=A \text{ 或 } f(x)\to A\,(x\to x_0).$$

> **注 意**
>
> $x\to x_0$ 包括 x 从 x_0 的左、右两侧同时无限接近于 x_0．

2）左极限

定义 6 若当 x 从 x_0 的左侧（即 $x<x_0$）无限接近于 x_0（记为 $x\to x_0^-$）时，函数 $f(x)$ 无限接近于一个确定的常数 A，则称常数 A 为函数 $f(x)$ 在 x_0 处的**左极限**，记为

$$\lim_{x\to x_0^-} f(x)=A \text{ 或 } f(x)\to A\ (x\to x_0^-).$$

3）右极限

定义 7 若当 x 从 x_0 的右侧（即 $x>x_0$）无限接近于 x_0（记为 $x\to x_0^+$）时，函数 $f(x)$ 无限接近于一个确定的常数 A，则称常数 A 为函数 $f(x)$ 在 x_0 处的**右极限**，记为

$$\lim_{x\to x_0^+} f(x)=A \text{ 或 } f(x)\to A\ (x\to x_0^+).$$

左极限与右极限统称为**单侧极限**．

由上述极限定义，不难得到函数极限与其单侧极限之间有如下重要的关系．

定理 2 $\lim\limits_{x\to x_0} f(x)=A \Leftrightarrow \lim\limits_{x\to x_0^+} f(x)=\lim\limits_{x\to x_0^-} f(x)=A.$

例 3 判断 $\lim\limits_{x\to 0} e^{-\frac{1}{x}}$ 是否存在．

解 当 $x\to 0^+$ 时，$-\dfrac{1}{x}\to -\infty$，即 $e^{-\frac{1}{x}}\to 0$；当 $x\to 0^-$ 时，$-\dfrac{1}{x}\to +\infty$，即 $e^{-\frac{1}{x}}\to +\infty$．故由定理 2 知，$\lim\limits_{x\to 0} e^{-\frac{1}{x}}$ 不存在．

例 4 试求函数 $f(x)=\begin{cases} x+1, & -\infty<x<0,\\ x^2, & 0\leqslant x\leqslant 1,\\ 1, & x>1 \end{cases}$ 在 $x=0$ 和 $x=1$ 处的极限．

解 因 $\lim\limits_{x\to 0^-} f(x)=\lim\limits_{x\to 0^-}(x+1)=1$，$\lim\limits_{x\to 0^+} f(x)=\lim\limits_{x\to 0^+} x^2=0$，两者不相等，故 $\lim\limits_{x\to 0} f(x)$ 不存在；

因 $\lim\limits_{x\to 1^-} f(x)=\lim\limits_{x\to 1^-} x^2=1$，且 $\lim\limits_{x\to 1^+} f(x)=\lim\limits_{x\to 1^+} 1=1$，故 $\lim\limits_{x\to 1} f(x)=1$．

1.2.3 无穷小量与无穷大量

1. 无穷小量

定义 8 在自变量 x 的某一变化过程中,如果函数 $f(x)$ 的极限为 0,则称函数 $f(x)$ 为自变量 x 在该变化过程中的<u>无穷小量</u>,简称<u>无穷小</u>.

例如,因 $\lim\limits_{x\to 0}\sin x = 0$,故 $\sin x$ 是当 $x\to 0$ 时的无穷小量;因 $\lim\limits_{x\to\infty}\dfrac{1}{x^3} = 0$,故 $\dfrac{1}{x^3}$ 是当 $x\to\infty$ 时的无穷小量.

无穷小量与
无穷大量

> **注 意**
>
> 无穷小量是变量,称一个变量是无穷小量时必须指明其自变量的变化过程. 例如,当 $x\to\dfrac{\pi}{2}$ 时,$\sin x$ 不是无穷小量;而当 $x\to 0$ 时,$\sin x$ 是无穷小量. 不能把绝对值很小的常量看成无穷小量. 在常量中,只有零是无穷小量.

2. 无穷小量的性质

性质 1 有限个无穷小量的代数和为无穷小量.

性质 2 有限个无穷小量之积为无穷小量.

性质 3 有界函数与无穷小量之积为无穷小量. 特别地,常数与无穷小量之积为无穷小量.

例 5 求 $\lim\limits_{x\to-\infty} e^x \sin\dfrac{1}{x}$.

解 因为 $\lim\limits_{x\to-\infty} e^x = 0$,即 e^x 是当 $x\to-\infty$ 时的无穷小量,而 $\left|\sin\dfrac{1}{x}\right| \leqslant 1$,即 $\sin\dfrac{1}{x}$ 是有界函数,由性质 3 知 $\lim\limits_{x\to-\infty} e^x \sin\dfrac{1}{x} = 0$.

3. 无穷大量

定义 9 在自变量 x 的某一变化过程中,若 $|f(x)|$ 无限增大,则称函数 $f(x)$ 为自变量 x 在该变化过程中的<u>无穷大量</u>,简称<u>无穷大</u>.

当 $x\to x_0$ 时,$f(x)$ 为无穷大量,记作 $\lim\limits_{x\to x_0} f(x) = \infty$;当 $x\to\infty$ 时,$f(x)$ 为无穷大量,记作 $\lim\limits_{x\to\infty} f(x) = \infty$. 例如,$\lim\limits_{x\to\infty} x^3 = \infty$,$\lim\limits_{x\to 1}\dfrac{1}{x-1} = \infty$,$\lim\limits_{x\to\infty} x^2 = +\infty$,$\lim\limits_{x\to\infty}(-x^2) = -\infty$,$\lim\limits_{x\to 0^+}\ln x = -\infty$ 等都是无穷大量.

> **说 明**
>
> 上述记号只是为了表达方便,并不表示极限存在. 无穷大量也是变量,称一个变量是无穷大量时也必须指明其自变量的变化过程.

4. 无穷小量与无穷大量的关系

在自变量的同一变化过程中，无穷大量的倒数是无穷小量，恒不为零的无穷小量的倒数是无穷大量．

例如，当 $x \to 0$ 时，x^3 是无穷小量，$\dfrac{1}{x^3}$ 是无穷大量．

例 6 求 $\lim\limits_{x \to 0^+} 2^{-\frac{1}{x}}$．

解 因 $\lim\limits_{x \to 0^+} \dfrac{1}{x} = +\infty$，故 $\lim\limits_{x \to 0^+} 2^{\frac{1}{x}} = +\infty$，而 $2^{-\frac{1}{x}} = \dfrac{1}{2^{\frac{1}{x}}}$，由无穷小量与无穷大量的关系知，

$$\lim\limits_{x \to 0^+} 2^{-\frac{1}{x}} = 0.$$

习题 1.2

1．指出下列变量中，哪些是无穷小量？哪些是无穷大量？

(1) $\ln x$，当 $x \to 1$ 时；　　(2) $e^{\frac{1}{x}}$，当 $x \to 0^+$ 时；

(3) $x - \sin 2x$，当 $x \to 0$ 时；　　(4) $1 - \cos x$，当 $x \to 0$；

(5) $2^{-x} - 1$，当 $x \to 0$ 时；　　(6) $\dfrac{1 + 2x}{x^2}$，当 $x \to 0$ 时．

2．求下列各极限．

(1) $\lim\limits_{n \to \infty}\left[1 + \dfrac{(-1)^n}{n}\right]$；　　(2) $\lim\limits_{x \to \infty}\dfrac{2 + \sin x}{x}$；

(3) $\lim\limits_{x \to \infty} 2^x \sin \dfrac{\pi}{2^x}$；　　(4) $\lim\limits_{x \to 0}\dfrac{x^2 \cos x}{1 + e^x}$；

(5) $\lim\limits_{x \to 2^-}\sqrt{4 - x^2}$；　　(6) $\lim\limits_{x \to 1}\dfrac{x}{1 - x}$．

3．讨论下列函数在 $x = 0$ 处的左、右极限以及当 $x \to 0$ 时函数的极限．

(1) $f(x) = \dfrac{|x|}{x}$；　　(2) $f(x) = \begin{cases} 2x + 1, & x \neq 2, \\ 0, & x = 2; \end{cases}$

(3) $f(x) = \begin{cases} -\dfrac{1}{x - 1}, & x < 0, \\ 0, & x = 0, \\ x, & x > 0; \end{cases}$　　(4) $f(x) = \begin{cases} x \sin \dfrac{1}{x}, & x < 0, \\ 0, & x = 0, \\ 5 + x^2, & x > 0. \end{cases}$

4．设 $f(x) = \begin{cases} x^2 + 2x - 1, & x \leqslant 1, \\ x, & 1 < x < 2, \\ 2x - 2, & x \geqslant 2, \end{cases}$ 求 $\lim\limits_{x \to -5} f(x)$, $\lim\limits_{x \to 1} f(x)$, $\lim\limits_{x \to 2} f(x)$, $\lim\limits_{x \to 3} f(x)$．

5. 已知函数 $f(x)=\begin{cases} e^x+1, & x\leqslant 0, \\ 2a, & 0<x<1, \\ x+b, & x\geqslant 1 \end{cases}$ 在 $x=0$ 和 $x=1$ 处均有极限，求 a，b 的值．

1.3 极限运算

利用极限定义只能计算一些很简单的函数极限，而实际问题中的函数却复杂很多．本节主要介绍极限的四则运算法则、两个重要极限、无穷小量的比较和极限存在准则，这些都有助于极限的运算．

1.3.1 极限的四则运算法则

定理 1 设 $\lim\limits_{x\to x_0}f(x)=A$，$\lim\limits_{x\to x_0}g(x)=B$，则有

（1）$\lim\limits_{x\to x_0}[f(x)\pm g(x)]=\lim\limits_{x\to x_0}f(x)\pm\lim\limits_{x\to x_0}g(x)=A\pm B$；

（2）$\lim\limits_{x\to x_0}[f(x)g(x)]=\lim\limits_{x\to x_0}f(x)\lim\limits_{x\to x_0}g(x)=AB$；

（3）$\lim\limits_{x\to x_0}\dfrac{f(x)}{g(x)}=\dfrac{\lim\limits_{x\to x_0}f(x)}{\lim\limits_{x\to x_0}g(x)}=\dfrac{A}{B}$ ($B\neq 0$).

推论 1 若 C 为常数，则 $\lim\limits_{x\to x_0}Cf(x)=C\lim\limits_{x\to x_0}f(x)=CA$．

推论 2 若 m 为正整数，则 $\lim\limits_{x\to x_0}[f(x)]^m=[\lim\limits_{x\to x_0}f(x)]^m=A^m$．

极限的四则运算法则

说 明

应用上述四则运算法则的前提是各函数的极限存在．上述四则运算法则对 $x\to\infty$ 等其他情形也成立．上述四则运算可推广到有限个具有极限的函数的情形．

例 1 求下列极限．

（1）$\lim\limits_{x\to 1}(x^2+8x-7)$；　　（2）$\lim\limits_{x\to -1}\dfrac{4x^2-3x+1}{2x^2-6x+4}$；　　（3）$\lim\limits_{x\to 2}\dfrac{5x-2}{x^2-5x+6}$．

解 （1）$\lim\limits_{x\to 1}(x^2+8x-7)=\lim\limits_{x\to 1}x^2+\lim\limits_{x\to 1}8x-\lim\limits_{x\to 1}7=(\lim\limits_{x\to 1}x)^2+8\lim\limits_{x\to 1}x-\lim\limits_{x\to 1}7=2$．

（2）$\lim\limits_{x\to -1}\dfrac{4x^2-3x+1}{2x^2-6x+4}=\dfrac{\lim\limits_{x\to -1}(4x^2-3x+1)}{\lim\limits_{x\to -1}(2x^2-6x+4)}=\dfrac{2}{3}$．

（3）因 $\lim\limits_{x \to 2}(x^2 - 5x + 6) = 0$，但 $\lim\limits_{x \to 2}(5x - 2) \neq 0$，故 $\lim\limits_{x \to 2} \dfrac{x^2 - 5x + 6}{5x - 2} = 0$．由无穷小量与无穷大量的关系得，$\lim\limits_{x \to 2} \dfrac{5x - 2}{x^2 - 5x + 6} = \infty$．

例 2 求下列极限．

（1）$\lim\limits_{x \to 1} \dfrac{x^3 - 1}{x^2 - 1}$；

（2）$\lim\limits_{x \to 0} \dfrac{\sqrt{1 + x} - 1}{x}$．

解 （1）$\lim\limits_{x \to 1} \dfrac{x^3 - 1}{x^2 - 1} = \lim\limits_{x \to 1} \dfrac{(x - 1)(x^2 + x + 1)}{(x - 1)(x + 1)} = \lim\limits_{x \to 1} \dfrac{x^2 + x + 1}{x + 1} = \dfrac{3}{2}$．

（2）$\lim\limits_{x \to 0} \dfrac{\sqrt{1 + x} - 1}{x} = \lim\limits_{x \to 0} \dfrac{(\sqrt{1 + x} - 1)(\sqrt{1 + x} + 1)}{x(\sqrt{1 + x} + 1)} = \lim\limits_{x \to 0} \dfrac{1}{\sqrt{1 + x} + 1} = \dfrac{1}{2}$．

说 明

上述两题中的分子与分母都以零为极限（称为"$\dfrac{0}{0}$"型未定式），这时极限的四则运算法则不适用，可通过消去分子与分母中的零因子进行求解．这种方法通常称为"消去零因子法"．

例 3 求下列极限．

（1）$\lim\limits_{n \to \infty} \dfrac{2n^2 + n - 1}{3n^2 + n}$；

（2）$\lim\limits_{x \to \infty} \dfrac{3x^2 - 2x - 1}{x^3 - x^2 + 2}$．

解 （1）$\lim\limits_{n \to \infty} \dfrac{2n^2 + n - 1}{3n^2 + n} = \lim\limits_{n \to \infty} \dfrac{n^2\left(2 + \dfrac{1}{n} - \dfrac{1}{n^2}\right)}{n^2\left(3 + \dfrac{1}{n}\right)} = \dfrac{2}{3}$．

（2）$\lim\limits_{x \to \infty} \dfrac{3x^2 - 2x - 1}{x^3 - x^2 + 2} = \lim\limits_{x \to \infty} \dfrac{x^2\left(3 - \dfrac{2}{x} - \dfrac{1}{x^2}\right)}{x^3\left(1 - \dfrac{1}{x} + \dfrac{2}{x^3}\right)} = 0$．

说 明

上述两题中的分子与分母都趋于 ∞（称为"$\dfrac{\infty}{\infty}$"型未定式），这时极限的四则运算法则不适用，可分别提取分子与分母中最高阶的无穷因子，然后消去无穷因子进行求解．

例 4 求下列极限．

（1）$\lim\limits_{x \to 1}\left(\dfrac{1}{x - 1} - \dfrac{2}{x^2 - 1}\right)$；

（2）$\lim\limits_{x \to \infty}(\sqrt{x^2 + 1} - \sqrt{x^2 - 1})$．

解 （1）$\lim\limits_{x \to 1}\left(\dfrac{1}{x - 1} - \dfrac{2}{x^2 - 1}\right) = \lim\limits_{x \to 1} \dfrac{x + 1 - 2}{(x - 1)(x + 1)} = \lim\limits_{x \to 1} \dfrac{1}{x + 1} = \dfrac{1}{2}$．

（2）$\lim\limits_{x \to \infty}(\sqrt{x^2 + 1} - \sqrt{x^2 - 1}) = \lim\limits_{x \to \infty} \dfrac{(x^2 + 1) - (x^2 - 1)}{\sqrt{x^2 + 1} + \sqrt{x^2 - 1}} = \lim\limits_{x \to \infty} \dfrac{2}{\sqrt{x^2 + 1} + \sqrt{x^2 - 1}} = 0$．

> **说 明**
>
> 上述两题的特点是前后两项都趋于 ∞（称为"$\infty-\infty$"型未定式），这时极限的四则运算法则不适用，可通过通分化简或根式有理化等，使所求极限转化为"$\dfrac{0}{0}$"型或"$\dfrac{\infty}{\infty}$"型未定式进行求解.

例 5 用极限的知识解释 $0.9+0.09+0.009+\cdots=1$.

解 数列 $0.9,0.09,0.009,\cdots$ 是首项为 0.9、公比为 0.1 的无穷递缩等比数列，所以

$$0.9+0.09+0.009+\cdots=\lim_{n\to\infty}\frac{0.9(1-0.1^n)}{1-0.1}=\frac{0.9}{0.9}=1.$$

例 6 求 $\lim\limits_{n\to\infty}\left(\dfrac{1}{n^2}+\dfrac{2}{n^2}+\dfrac{3}{n^2}+\cdots+\dfrac{n}{n^2}\right)$.

解 原式 $=\lim\limits_{n\to\infty}\dfrac{1+2+3+\cdots+n}{n^2}=\lim\limits_{n\to\infty}\dfrac{n(n+1)}{2n^2}=\lim\limits_{n\to\infty}\dfrac{n+1}{2n}=\lim\limits_{n\to\infty}\dfrac{1+\dfrac{1}{n}}{2}=\dfrac{1}{2}.$

> **思 考**
>
> 出现以下错误解法的原因是什么？
>
> $\lim\limits_{n\to\infty}\left(\dfrac{1}{n^2}+\dfrac{2}{n^2}+\dfrac{3}{n^2}+\cdots+\dfrac{n}{n^2}\right)=\lim\limits_{n\to\infty}\dfrac{1}{n^2}+\lim\limits_{n\to\infty}\dfrac{2}{n^2}+\cdots+\lim\limits_{n\to\infty}\dfrac{n}{n^2}=0+0+\cdots+0=0.$

1.3.2 两个重要极限

1. 第一个重要极限：$\lim\limits_{x\to 0}\dfrac{\sin x}{x}=1$

列表考察当 $x\to 0$ 时函数 $f(x)=\dfrac{\sin x}{x}$ 的变化趋势，如表 1-3 所示.

表 1-3

x	± 0.5	± 0.1	± 0.01	± 0.001	± 0.0001	$\cdots$	$\to 0$
$\dfrac{\sin x}{x}$	0.958 851	0.998 334	0.998 334	0.999 999	0.999 999	$\cdots$	$\to 1$

从表 1-3 中可看出，无论 $x\to 0^+$ 还是 $x\to 0^-$，$\dfrac{\sin x}{x}$ 都无限接近于常数 1，即

$$\lim_{x\to 0}\frac{\sin x}{x}=1.$$

第一个重要极限

> **注 意**
>
> 这个重要极限是"$\dfrac{0}{0}$"型未定式. $\lim\limits_{x\to 0}\dfrac{\sin x}{x}=1$ 的一个等价形式是 $\lim\limits_{x\to 0}\dfrac{x}{\sin x}=1.$

例7 求下列极限.

(1) $\lim\limits_{x\to 0}\dfrac{\tan x}{x}$; (2) $\lim\limits_{x\to 0}\dfrac{\sin 5x}{3x}$; (3) $\lim\limits_{x\to 0}\dfrac{\sin 5x}{\sin 6x}$.

解 (1) $\lim\limits_{x\to 0}\dfrac{\tan x}{x}=\lim\limits_{x\to 0}\left(\dfrac{\sin x}{\cos x}\cdot\dfrac{1}{x}\right)=\lim\limits_{x\to 0}\left(\dfrac{\sin x}{x}\cdot\dfrac{1}{\cos x}\right)=\lim\limits_{x\to 0}\dfrac{\sin x}{x}\cdot\lim\limits_{x\to 0}\dfrac{1}{\cos x}=1$.

$\lim\limits_{x\to 0}\dfrac{\tan x}{x}=1$ 也可作为公式直接使用.

(2) 令 $5x=t$，则当 $x\to 0$ 时，$t\to 0$，于是有

$$\lim\limits_{x\to 0}\dfrac{\sin 5x}{3x}=\lim\limits_{x\to 0}\left(\dfrac{\sin 5x}{5x}\cdot\dfrac{5}{3}\right)=\dfrac{5}{3}\lim\limits_{t\to 0}\dfrac{\sin t}{t}=\dfrac{5}{3}.$$

本题也可直接写成：$\lim\limits_{x\to 0}\dfrac{\sin 5x}{3x}=\lim\limits_{x\to 0}\left(\dfrac{\sin 5x}{5x}\cdot\dfrac{5}{3}\right)=\dfrac{5}{3}\lim\limits_{5x\to 0}\dfrac{\sin 5x}{5x}=\dfrac{5}{3}$.

(3) $\lim\limits_{x\to 0}\dfrac{\sin 5x}{\sin 6x}=\lim\limits_{x\to 0}\left(\dfrac{\sin 5x}{5x}\cdot\dfrac{6x}{\sin 6x}\cdot\dfrac{5}{6}\right)=\dfrac{5}{6}\lim\limits_{5x\to 0}\dfrac{\sin 5x}{5x}\cdot\lim\limits_{6x\to 0}\dfrac{6x}{\sin 6x}=\dfrac{5}{6}$.

例8 求下列极限.

(1) $\lim\limits_{x\to -1}\dfrac{\sin(x+1)}{x^2-1}$; (2) $\lim\limits_{x\to 0}\dfrac{1-\cos x}{x^2}$.

解 (1) $\lim\limits_{x\to -1}\dfrac{\sin(x+1)}{x^2-1}=\lim\limits_{x\to -1}\dfrac{\sin(x+1)}{(x+1)(x-1)}=\lim\limits_{x\to -1}\dfrac{1}{x-1}\cdot\lim\limits_{x\to -1}\dfrac{\sin(x+1)}{x+1}=-\dfrac{1}{2}$.

(2) $\lim\limits_{x\to 0}\dfrac{1-\cos x}{x^2}=\lim\limits_{x\to 0}\dfrac{2\sin^2\dfrac{x}{2}}{x^2}=\dfrac{1}{2}\left(\lim\limits_{\frac{x}{2}\to 0}\dfrac{\sin\dfrac{x}{2}}{\dfrac{x}{2}}\right)^2=\dfrac{1}{2}$.

> **说明**
>
> 一般地，在自变量 x 的某变化过程中，若 $\varphi(x)\to 0$，则 $\lim\limits_{\varphi(x)\to 0}\dfrac{\sin\varphi(x)}{\varphi(x)}=1$.

2. 第二个重要极限：$\lim\limits_{x\to\infty}\left(1+\dfrac{1}{x}\right)^x=\mathrm{e}$

列表考察当 $x\to+\infty$ 和 $x\to-\infty$ 时函数 $f(x)=\left(1+\dfrac{1}{x}\right)^x$ 的变化趋势，如表 1-4 所示.

表 1-4

x	2	5	10	100	1 000	10 000	...	$\to +\infty$
$\left(1+\dfrac{1}{x}\right)^x$	2.250	2.488	2.594	2.705	2.717	2.718	...	$\to \mathrm{e}$
x	-2	-5	-10	-100	$-1\,000$	$-10\,000$	...	$\to -\infty$
$\left(1+\dfrac{1}{x}\right)^x$	4	3.052	2.868	2.732	2.720	2.718	...	$\to \mathrm{e}$

从表 1-4 中可看出，无论 $x \to +\infty$ 还是 $x \to -\infty$，$\left(1+\dfrac{1}{x}\right)^x$ 都无限接近于一个确定的无理数 2.718⋯，它就是 e，即

$$\lim_{x \to \infty}\left(1+\dfrac{1}{x}\right)^x = e.$$

> **注意**
>
> 这个重要极限是"1^∞"型未定式．若令 $t=\dfrac{1}{x}$，则得到 $\lim\limits_{x \to \infty}\left(1+\dfrac{1}{x}\right)^x = e$ 的等价形式
>
> $$\lim_{t \to 0}(1+t)^{\frac{1}{t}} = e.$$

例 9 求证 $\lim\limits_{x \to \infty}\left(1-\dfrac{1}{x}\right)^x = e^{-1}$．

证 令 $t=-x$，则 $\lim\limits_{x \to \infty}\left(1-\dfrac{1}{x}\right)^x = \lim\limits_{t \to \infty}\left(1+\dfrac{1}{t}\right)^{-t} = \left[\lim\limits_{t \to \infty}\left(1+\dfrac{1}{t}\right)^t\right]^{-1} = e^{-1}$，得证．

例 10 求下列极限．

(1) $\lim\limits_{x \to \infty}\left(1-\dfrac{2}{x}\right)^{3x}$；　　(2) $\lim\limits_{x \to \infty}\left(\dfrac{x+1}{x-1}\right)^{x+2}$．

解 (1) $\lim\limits_{x \to \infty}\left(1-\dfrac{2}{x}\right)^{3x} = \lim\limits_{-\frac{x}{2} \to \infty}\left[\left(1+\dfrac{1}{-\frac{x}{2}}\right)^{-\frac{x}{2}}\right]^{-6} = e^{-6}$．

(2) $\lim\limits_{x \to \infty}\left(\dfrac{x+1}{x-1}\right)^{x+2} = \lim\limits_{x \to \infty}\left(\dfrac{x+1}{x-1}\right)^x \lim\limits_{x \to \infty}\left(\dfrac{x+1}{x-1}\right)^2 = \lim\limits_{x \to \infty}\dfrac{1+\dfrac{1}{x}}{1-\dfrac{1}{x}} \times 1 = \dfrac{\lim\limits_{x \to \infty}\left(1+\dfrac{1}{x}\right)^x}{\lim\limits_{x \to \infty}\left(1-\dfrac{1}{x}\right)^x} = e^2$．

例 11 求证：$\lim\limits_{x \to \infty}\left(1+\dfrac{\alpha}{x}\right)^{\beta x} = e^{\alpha\beta}$，其中 α，β 为不为零的实数．

证 左边 $= \lim\limits_{x \to \infty}\left(1+\dfrac{\alpha}{x}\right)^{\frac{x}{\alpha} \cdot \alpha\beta} = \left[\lim\limits_{\frac{x}{\alpha} \to \infty}\left(1+\dfrac{\alpha}{x}\right)^{\frac{x}{\alpha}}\right]^{\alpha\beta} = e^{\alpha\beta} =$ 右边，得证．

*1.3.3 无穷小量的比较

在上一节中我们知道两个无穷小量的和、差、积仍然是无穷小量，但两个无穷小量的商却会出现不同的结果．例如，当 $x \to 0$ 时，$2x$，x^2，$\sin x$ 都是无穷小量，而 $\lim\limits_{x \to 0}\dfrac{x^2}{2x} = 0$，$\lim\limits_{x \to 0}\dfrac{2x}{x^2} = \infty$，$\lim\limits_{x \to 0}\dfrac{\sin x}{2x} = \dfrac{1}{2}$，$\lim\limits_{x \to 0}\dfrac{2x}{\sin x} = 2$，$\lim\limits_{x \to 0}\dfrac{\sin x}{x^2} = \infty$，$\lim\limits_{x \to 0}\dfrac{x^2}{\sin x} = 0$．

以上不同的结果，反映了不同的无穷小量趋于零的"快慢"程度不同．下面介绍无穷小量的

无穷小量的比较

阶的概念.

定义 1 设 α 和 β 是当 $x \to x_0$ 时的两个无穷小量，若有

(1) $\lim\limits_{x \to x_0} \dfrac{\beta}{\alpha} = 0$，则称当 $x \to x_0$ 时，β 是 α 的高阶无穷小量，记为 $\beta = o(\alpha)$；

(2) $\lim\limits_{x \to x_0} \dfrac{\beta}{\alpha} = \infty$，则称当 $x \to x_0$ 时，β 是 α 的低阶无穷小量，即 α 是 β 的高阶无穷小量；

(3) $\lim\limits_{x \to x_0} \dfrac{\beta}{\alpha} = C$（$C$ 为不等于零的常数），则称当 $x \to x_0$ 时，β 与 α 是同阶无穷小量．特别地，当 $C=1$ 时，称 β 与 α 是等价无穷小量，记为 $\alpha \sim \beta$．

> **说明**
> 以上定义对 $x \to \infty$ 的情形也适用．

因此，当 $x \to 0$ 时，x^2 是 $2x$ 的高阶无穷小量；$2x$ 是 x^2 的低阶无穷小量；$2x$ 与 $\sin x$ 是同阶无穷小量；x 与 $\sin x$ 是等价无穷小量.

关于等价无穷小量，有以下性质.

定理 2 如果当 $x \to x_0$ 时，α_1 与 α_2 是等价无穷小量，β_1 与 β_2 是等价无穷小量，即 $\alpha_1 \sim \alpha_2$，$\beta_1 \sim \beta_2$，且 $\lim\limits_{x \to x_0} \dfrac{\beta_2}{\alpha_2}$ 存在，则 $\lim\limits_{x \to x_0} \dfrac{\beta_1}{\alpha_1}$ 也存在，且 $\lim\limits_{x \to x_0} \dfrac{\beta_1}{\alpha_1} = \lim\limits_{x \to x_0} \dfrac{\beta_2}{\alpha_2}$．

这个性质表明，求两个无穷小量之比的极限时，分子及分母都可用等价无穷小量来代替．这种方法称为等价无穷小替换法．

常用的等价无穷小有：当 $x \to 0$ 时，$\sin x \sim x$，$\tan x \sim x$，$\arctan x \sim x$，$e^x - 1 \sim x$，$\ln(1+x) \sim x$，$1 - \cos x \sim \dfrac{1}{2}x^2$，$\sqrt[n]{1+x} - 1 \sim \dfrac{1}{n}x$．

> **注意**
> 在利用等价无穷小替换法求极限时，所求极限式中只有相乘或相除的无穷小量才能用其等价无穷小量来替换，相加或相减的无穷小量则不能随意替换，否则会引起计算错误．

例 12 求 $\lim\limits_{x \to 0} \dfrac{\sin 4x}{\tan 3x}$．

解法 1 当 $x \to 0$ 时，$\sin 4x \sim 4x$，$\tan 3x \sim 3x$，所以 $\lim\limits_{x \to 0} \dfrac{\sin 4x}{\tan 3x} = \lim\limits_{x \to 0} \dfrac{4x}{3x} = \dfrac{4}{3}$．

解法 2 原式 $= \lim\limits_{x \to 0} \dfrac{\sin 4x}{\dfrac{\sin 3x}{\cos 3x}} = \lim\limits_{x \to 0} \left(\dfrac{\sin 4x}{4x} \cdot \dfrac{3x}{\sin 3x} \cdot \dfrac{4}{3} \cdot \cos 3x \right) = \dfrac{4}{3}$．

*1.3.4 极限存在准则

准则 1（夹逼准则） 如果在 x_0 的某一去心邻域 $\overset{\circ}{U}(x_0,\delta)$（其中 δ 为一正常数）中，有 $g(x) \leqslant f(x) \leqslant h(x)$，且 $\lim\limits_{x \to x_0} g(x) = \lim\limits_{x \to x_0} h(x) = A$，则必有 $\lim\limits_{x \to x_0} f(x) = A$.

> **说明**
> 去心邻域 $\overset{\circ}{U}(x_0,\delta)$ 表示区间 $(x_0-\delta, x_0) \cup (x_0, x_0+\delta)$.

准则 2（单调有界原理） 单调有界数列必有极限.

例 13 求证：$\lim\limits_{n \to \infty} n\left(\dfrac{1}{n^2+\pi} + \dfrac{1}{n^2+2\pi} + \cdots + \dfrac{1}{n^2+n\pi}\right) = 1$.

证 因为 $\dfrac{n^2}{n^2+n\pi} < n\left(\dfrac{1}{n^2+\pi} + \dfrac{1}{n^2+2\pi} + \cdots + \dfrac{1}{n^2+n\pi}\right) < \dfrac{n^2}{n^2+\pi}$，且有

$$\lim_{n \to \infty} \frac{n^2}{n^2+n\pi} = \lim_{n \to \infty} \frac{1}{1+\frac{\pi}{n}} = 1, \quad \lim_{n \to \infty} \frac{n^2}{n^2+\pi} = \lim_{n \to \infty} \frac{1}{1+\frac{\pi}{n^2}} = 1.$$

所以由夹逼准则可得

$$\lim_{n \to \infty} n\left(\frac{1}{n^2+\pi} + \frac{1}{n^2+2\pi} + \cdots + \frac{1}{n^2+n\pi}\right) = 1.$$

例 14 设 $x_{n+1} = \dfrac{1}{2}\left(x_n + \dfrac{a}{x_n}\right)$ $(n=1,2,\cdots)$，且 $x_1 > 0$，$a > 0$，求 $\lim\limits_{n \to \infty} x_n$.

解 上式两边同时除以 x_n 得 $\dfrac{x_{n+1}}{x_n} = \dfrac{1}{2}\left(1 + \dfrac{a}{x_n^2}\right)$. 因为 $\left(\sqrt{x_{n-1}} - \sqrt{\dfrac{a}{x_{n-1}}}\right)^2 \geqslant 0$ 恒成立，即 $x_{n-1} + \dfrac{a}{x_{n-1}} - 2\sqrt{a} \geqslant 0 \Rightarrow x_{n-1} + \dfrac{a}{x_{n-1}} \geqslant 2\sqrt{a}$，且 $x_{n-1} + \dfrac{a}{x_{n-1}} = 2x_n$，故 $2x_n \geqslant 2\sqrt{a} \Rightarrow x_n^2 \geqslant a$. 又因为 $\dfrac{x_{n+1}}{x_n} = \dfrac{1}{2}\left(1 + \dfrac{a}{x_n^2}\right) \leqslant \dfrac{1}{2}\left(1 + \dfrac{a}{a}\right) = 1$，所以数列单调递减有下界，由单调有界原理知该数列的极限存在.

设 $\lim\limits_{n \to \infty} x_n = A$，则 $x_{n+1} = \dfrac{1}{2}\left(x_n + \dfrac{a}{x_n}\right) \Rightarrow A = \dfrac{1}{2}\left(A + \dfrac{a}{A}\right) \Rightarrow A = \pm\sqrt{a}$. 因为 $x_1 > 0$，所以 $x_n > 0$，故 $\lim\limits_{n \to \infty} x_n = \sqrt{a}$.

习题 1.3

1. 求下列极限.

（1）$\lim\limits_{x \to -\infty}\left(\dfrac{1}{x^2} + e^x\right)$；

（2）$\lim\limits_{x \to +\infty}\left(2^{-x} + \dfrac{1}{x} + \dfrac{1}{x^2}\right)$；

(3) $\lim\limits_{n\to\infty}\dfrac{n^2-n+2}{3n^2+2n-8}$;

(4) $\lim\limits_{x\to\infty}\dfrac{2x^2+x}{3x^4-x+1}$;

(5) $\lim\limits_{x\to 1}\dfrac{x^2+2x+5}{x^2+1}$;

(6) $\lim\limits_{x\to 1}\dfrac{x^2-3x+2}{x-1}$.

2. 求下列极限.

(1) $\lim\limits_{x\to\infty}x\sin\dfrac{1}{x}$;

(2) $\lim\limits_{x\to 0}\dfrac{\sin 2x}{x}$;

(3) $\lim\limits_{x\to 0}\dfrac{\sin 5x}{\sin 3x}$;

(4) $\lim\limits_{x\to 0}x\cot 2x$;

(5) $\lim\limits_{x\to\infty}\left(1+\dfrac{1}{x}\right)^{\frac{x}{2}}$;

(6) $\lim\limits_{x\to\infty}\left(\dfrac{2+x}{x}\right)^{2x}$.

3. 比较下列无穷小量的阶.

(1) 当 $x\to 0$ 时，$5x^2$ 与 $3x$，$6x^2$，x^3，$5\sin^2 x$；

(2) 当 $x\to\infty$ 时，$\dfrac{3}{x^2}$ 与 $\dfrac{4}{x^3}$，$\dfrac{3}{x^2+1}$.

1.4 函数连续性

在现实世界中，变量的变化有渐变与突变两种不同形式. 例如，在火箭的发射过程中，火箭的质量在某段时间内随燃料的消耗而逐渐减小，但当燃料耗尽时，火箭的外壳突然脱落，在这一瞬间火箭的质量就发生了突变. 为了描述变量的不同变化形式，本节将介绍连续和间断的概念.

1.4.1 函数连续的概念

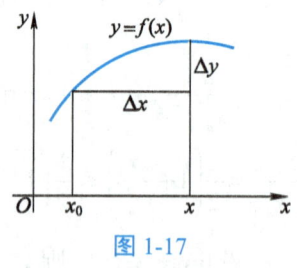

图 1-17

设函数 $y=f(x)$ 在点 x_0 的某一邻域内有定义，当自变量从 x_0 变化到 x 时，称 $\Delta x = x - x_0$ 为自变量的增量. 同时，函数 $y=f(x)$ 的值也由 $f(x_0)$ 变化到 $f(x)$，称 $\Delta y = f(x) - f(x_0) = f(x_0+\Delta x) - f(x_0)$ 为函数的增量，如图 1-17 所示.

定义 1 设函数 $y=f(x)$ 在点 x_0 的某一邻域内有定义，若当自变量 x 在点 x_0 处的增量 Δx 趋于零时，函数 $y=f(x)$ 的相应增量 $\Delta y = f(x_0+\Delta x) - f(x_0)$ 也趋于零，即 $\lim\limits_{\Delta x\to 0}\Delta y = 0$，则称函数 $y=f(x)$ 在点 x_0 处连续，并且称点 x_0 为函数 $y=f(x)$ 的连续点.

注意到 $\Delta x = x - x_0$，$\Delta y = f(x) - f(x_0)$，于是 $y=f(x)$ 在点 x_0 处连续又可有以下定义.

定义 2 设函数 $y=f(x)$ 在点 x_0 的某一邻域内有定义，若 $\lim\limits_{x\to x_0}f(x)=f(x_0)$，则称函数 $y=f(x)$ 在点 x_0 处连续.

函数连续的概念

> **说　明**
>
> 由定义 2 可知，函数 $f(x)$ 在点 x_0 处连续必须同时满足以下三个条件.
>
> （1）函数 $f(x)$ 在点 x_0 处有定义，即函数值 $f(x_0)$ 存在.
>
> （2）函数 $f(x)$ 在点 x_0 处的极限存在.
>
> （3）函数 $f(x)$ 在点 x_0 处的极限等于该点的函数值.

定义 3　若函数 $y=f(x)$ 在点 x_0 处有 $\lim\limits_{x\to x_0^-}f(x)=f(x_0)$ 或 $\lim\limits_{x\to x_0^+}f(x)=f(x_0)$，则称函数 $y=f(x)$ 在点 x_0 处<u>左连续</u>或<u>右连续</u>.

由此可见，函数在某点处连续的充要条件是：函数在该点处既左连续又右连续.

分段函数常需考虑其分界点处的连续性.

例 1　证明函数 $f(x)=\begin{cases} x\sin\dfrac{1}{x}, & x\neq 0, \\ 0, & x=0 \end{cases}$ 在 $x=0$ 处是连续的.

证　$f(x)$ 在 $x=0$ 处及其附近有定义，又 $f(0)=0$，$\lim\limits_{x\to 0}f(x)=\lim\limits_{x\to 0}x\sin\dfrac{1}{x}=0$，从而 $\lim\limits_{x\to 0}f(x)=f(0)$，所以 $f(x)$ 在 $x=0$ 处是连续的.

定义 4　若函数 $y=f(x)$ 在开区间 (a,b) 内的每一点处均连续，则称该函数<u>在开区间 (a,b) 内连续</u>；若函数 $y=f(x)$ 在开区间 (a,b) 内连续，且在左端点 a 处右连续，在右端点 b 处左连续，则称该函数<u>在闭区间 $[a,b]$ 内连续</u>.

从几何上看，在某个区间内连续的函数，其图形是一条连续不断的曲线.

基本初等函数在其定义区间内都是连续的.

1.4.2　函数的间断点

定义 5　若函数 $f(x)$ 在点 x_0 处不连续，则称点 x_0 为函数 $f(x)$ 的<u>间断点</u>.

由函数连续的定义知，满足下列条件之一的点 x_0 都是函数 $f(x)$ 的间断点.

（1）$f(x)$ 在点 x_0 处没有定义.

（2）$\lim\limits_{x\to x_0}f(x)$ 不存在.

（3）$\lim\limits_{x\to x_0}f(x)\neq f(x_0)$.

定义 6　设点 x_0 为 $f(x)$ 的一个间断点. 若当 $x\to x_0$ 时，$f(x)$ 的左、右极限都存在，则称点 x_0 为 $f(x)$ 的<u>第一类间断点</u>；否则，称点 x_0 为 $f(x)$ 的<u>第二类间断点</u>.

若点 x_0 为 $f(x)$ 的第一类间断点，则有

（1）当 $\lim\limits_{x\to x_0^+}f(x)=\lim\limits_{x\to x_0^-}f(x)$，即 $\lim\limits_{x\to x_0}f(x)$ 存在时，称点 x_0 为 $f(x)$ 的<u>可去间断点</u>.

（2）当 $\lim\limits_{x\to x_0^+}f(x)\neq\lim\limits_{x\to x_0^-}f(x)$ 时，称点 x_0 为 $f(x)$ 的<u>跳跃间断点</u>.

函数的间断点

例 2 设 $f(x)=\begin{cases} x, & x\neq 1, \\ \dfrac{1}{2}, & x=1, \end{cases}$ 讨论 $f(x)$ 在 $x=1$ 处的连续性.

解 $f(x)$ 在 $x=1$ 处及其附近有定义. 因为 $f(1)=\dfrac{1}{2}$, $\lim\limits_{x\to 1}f(x)=\lim\limits_{x\to 1}x=1$, 可见 $\lim\limits_{x\to 1}f(x)\neq f(1)$, 所以 $f(x)$ 在 $x=1$ 处不连续, 如图 1-18 所示. 因为 $\lim\limits_{x\to 1}f(x)$ 存在, 所以 $x=1$ 是函数 $f(x)$ 的可去间断点.

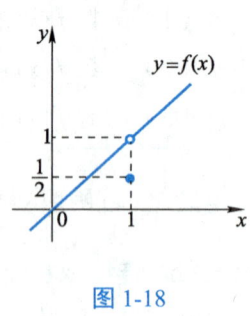

图 1-18

例 3 设 $f(x)=\begin{cases} x^2, & 0\leqslant x\leqslant 1, \\ x+1, & x>1, \end{cases}$ 讨论 $f(x)$ 在 $x=1$ 处的连续性.

解 因为 $\lim\limits_{x\to 1^-}f(x)=\lim\limits_{x\to 1^-}x^2=1$, $\lim\limits_{x\to 1^+}f(x)=\lim\limits_{x\to 1^+}(x+1)=2$, 可见, $f(x)$ 的左、右极限虽然都存在但不相等, 即 $\lim\limits_{x\to 1}f(x)$ 不存在, 所以 $f(x)$ 在 $x=1$ 处不连续, 且 $x=1$ 为 $f(x)$ 的跳跃间断点, 如图 1-19 所示.

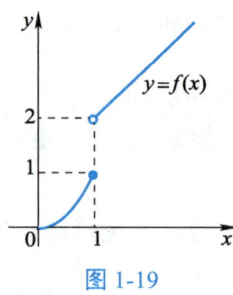

图 1-19

1.4.3 初等函数的连续性

根据函数连续的定义和函数极限的四则运算法则, 可得到以下结论.

定理 1 若函数 $f(x)$ 和 $g(x)$ 在点 x_0 处连续, 则它们的和 $f(x)+g(x)$、差 $f(x)-g(x)$、积 $f(x)g(x)$、商 $\dfrac{f(x)}{g(x)}$ ($g(x_0)\neq 0$) 在点 x_0 处也连续.

定理 2（复合函数的连续性） 设 $u=\varphi(x)$ 在点 x_0 处连续且其值为 u_0, $y=f(u)$ 在点 u_0 处连续. 若复合函数 $f[\varphi(x)]$ 在点 x_0 附近有定义, 则复合函数 $f[\varphi(x)]$ 在点 x_0 处连续.

定理 3 设复合函数 $y=f[\varphi(x)]$ 在点 x_0 附近（点 x_0 本身可以除外）有定义, 若当 $x\to x_0$ 时函数 $u=\varphi(x)$ 的极限存在且 $\lim\limits_{x\to x_0}\varphi(x)=u_0$, 而函数 $y=f(u)$ 在点 u_0 处连续, 则当 $x\to x_0$ 时复合函数 $y=f[\varphi(x)]$ 的极限存在, 且

$$\lim_{x\to x_0}f[\varphi(x)]=f[\lim_{x\to x_0}\varphi(x)]=f(u_0).$$

定理 4 初等函数在其定义区间内是连续的.

由定理 4 可知, 求初等函数的连续区间就是求其定义区间; 初等函数在其定义区间内某点处的极限等于该点处的函数值.

例 4 求下列极限.

(1) $\lim\limits_{x \to \frac{\pi}{4}} \sqrt{3 - \sin 2x}$； (2) $\lim\limits_{x \to 0} \sqrt{2 - \dfrac{\sin 2x}{x}}$； (3) $\lim\limits_{x \to 0} \dfrac{\ln(1+x)}{x}$.

解 (1) $\lim\limits_{x \to \frac{\pi}{4}} \sqrt{3 - \sin 2x} = \sqrt{3 - \sin\left(2 \times \dfrac{\pi}{4}\right)} = \sqrt{2}$.

(2) $\lim\limits_{x \to 0} \sqrt{2 - \dfrac{\sin 2x}{x}} = \sqrt{2 - \lim\limits_{x \to 0} \dfrac{\sin 2x}{x}} = \sqrt{2 - \lim\limits_{x \to 0}\left(\dfrac{2\sin 2x}{2x}\right)} = \sqrt{2-2} = 0$.

(3) $\lim\limits_{x \to 0} \dfrac{\ln(1+x)}{x} = \lim\limits_{x \to 0} \ln(1+x)^{\frac{1}{x}} = \ln \lim\limits_{x \to 0}(1+x)^{\frac{1}{x}} = \ln e = 1$.

*1.4.4 闭区间内连续函数的性质

定理 5（最值定理） 闭区间内的连续函数一定有最大值和最小值.

例如，函数 $y = \sin x$ 在闭区间 $[0, 2\pi]$ 内连续，它在 $\dfrac{\pi}{2}$ 处的函数值为 $\sin \dfrac{\pi}{2} = 1$，是最大值；它在 $\dfrac{3\pi}{2}$ 处的函数值为 $\sin \dfrac{3\pi}{2} = -1$，是最小值.

若函数在开区间内连续或函数在闭区间内有间断点，则函数在该区间内未必能取得最大值和最小值.

例如，函数 $y = x^2$ 在区间 $(0,1)$ 内就没有最大值和最小值，如图 1-20 所示.

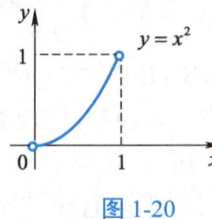

图 1-20

又如，函数 $f(x) = \begin{cases} -x+1, & 0 \leqslant x < 1, \\ 1, & x = 1, \\ -x+3, & 1 < x \leqslant 2 \end{cases}$ 在闭区间 $[0,2]$ 内有间断点 $x = 1$，所以该函数在闭区间 $[0,2]$ 内既无最大值也无最小值，如图 1-21 所示.

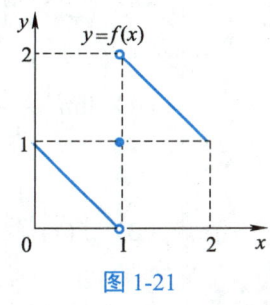

图 1-21

定理 6（介值定理） 若函数 $f(x)$ 在闭区间 $[a,b]$ 内连续，且 $f(a) \neq f(b)$，C 为介于 $f(a)$ 与 $f(b)$ 之间的任一实数，则至少存在一点 $\xi \in (a,b)$，使得 $f(\xi) = C$.

定理 6 的几何意义是：连续曲线 $y = f(x)$ 与水平直线 $y = C$ 至少有一个交点，如图 1-22 所示.

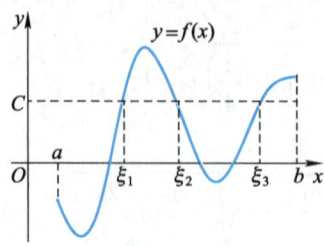

图 1-22

推论（零点定理） 若函数 $f(x)$ 在闭区间 $[a,b]$ 内连续，且 $f(a)f(b) < 0$，则至少存在一点 $\xi \in (a,b)$，使得 $f(\xi) = 0$.

上述推论的几何意义是：若连续函数 $f(x)$ 在闭区间 $[a,b]$ 的端点处的函数值异号，则函数 $f(x)$ 的图形与 x 轴至少有一个交点，如图 1-23 所示.

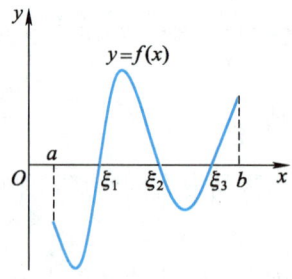

图 1-23

例 5 证明方程 $x^3 - 4x^2 + 1 = 0$ 在 $(0,1)$ 内至少有一个实数根.

证 设 $f(x) = x^3 - 4x^2 + 1$. 因为 $f(x)$ 在 $(-\infty, +\infty)$ 内连续，所以它在 $[0,1]$ 内也连续. 又因为 $f(0) = 1 > 0$，$f(1) = -2 < 0$，由零点定理知，至少存在一点 $\xi \in (0,1)$，使得 $f(\xi) = 0$，即 $\xi^3 - 4\xi^2 + 1 = 0$. 所以方程 $x^3 - 4x^2 + 1 = 0$ 在区间 $(0,1)$ 内至少有一个实数根.

习题 1.4

1. 求下列极限.

（1）$\lim\limits_{x \to \frac{\pi}{4}} \dfrac{1 + \sin 2x}{1 - \cos 4x}$；

（2）$\lim\limits_{x \to 0} \sqrt{e^{2x} + x^2 + 3}$；

（3）$\lim\limits_{x \to 0} \dfrac{\ln(1 + x^2)}{\sin(1 + x^3)}$；

（4）$\lim\limits_{x \to 0} \dfrac{\ln(1 + 2x)}{\sin 3x}$.

2. 求下列函数的间断点.

（1）$f(x) = \dfrac{x^2 - 1}{x^2 + 2x - 3}$；

（2）$f(x) = \begin{cases} x - 1, & x \leqslant 1, \\ 3 - x, & x > 1. \end{cases}$

3. 设 $f(x)=\begin{cases}a+x^2, & x<0,\\ 1, & x=0,\\ \ln(b+x+x^2), & x>0,\end{cases}$ 若 $f(x)$ 在 $x=0$ 处连续，试确定 a 和 b 的值．

4. 证明方程 $x^3-3x^2-1=0$ 在区间 $(3,4)$ 内至少有一个实数根．

本章小结

1. 主要内容

本章主要介绍了函数、极限与连续的相关内容．

2. 重点与难点

重点：函数定义域的求法、初等函数的构成、函数极限的运算、函数连续性的判断．
难点：函数极限和函数连续的概念．

3. 学习方法

（1）函数是微积分研究的对象，因此要掌握函数定义域的求法．初等函数由基本初等函数构成，因此要熟悉六类基本初等函数的相关知识，为后续内容的学习奠定基础；

（2）极限是微积分的重要研究工具，因此要理解函数极限的定义．极限运算是极限方法的基础，应掌握在不同情形下求极限的方法；

（3）连续是函数的重要性质，要结合函数的表达式和图形，理解函数在某点处连续和在闭区间内连续的含义．

趣味数学　谁发现了"极限"

庞加莱说过："能够在数学领域有所发现的人，是具有感受数学中的秩序、和谐、对称、整齐和神秘美等能力的人，而且只限于这种人."一切数学概念都来源于社会实践和现实生活，它们被数学家们捕捉到并提炼；然后经过使用、推敲、充实、拓展、不断完善，从而形成经典的理论．极限也是如此．

1. 中国古代极限思想

在 1.2 节的引例 2 中，惠施（名家思想的鼻祖）的"截丈问题"已有"无限分割"思想：一尺之棰按照惠施的截法一直截取下去，随着截取的次数增加，棰会越来越短，长度会越接近于零，但又永远不会等于零．

墨家与惠施的观点不同，提出一个"非半"的命题．墨子（墨家学派创始人）说"非半弗，则不动，说在端"，意思是说将一线段一半一半地无限分割下去，就必将出现一个不能再分割的"非半"，这个"非半"就是点．墨家的思想是无限分割最后会达到一个"不可分"的情况．

谁发现了"极限"

名家的命题论述了有限长度的"无限可分"性，墨家的命题指出了无限分割的变化和结果．名家和墨家的讨论，对数学理论的发展具有巨大的推动作用．现在看来，名、墨两家对宇宙的无限性与连续性的认识已相当深刻，但这些认识是零散的，更多地属于哲学范畴，但也算是极限思想的萌芽．

公元 3 世纪，魏晋时期的数学家刘徽在注释《九章算术》时创立了有名的"割圆术"．他创造性地将极限思想应用到数学领域，在人类历史上首次将极限和无穷小分割引入数学证明，成为人类文明史中不朽的篇章．刘徽按此法算到了正 3 072 边形的面积，由此求出的圆周率为 3.141 6，这是世界上最早也是最准确的关于圆周率的数据．后来，祖冲之用这个方法把圆周率的数值计算到小数点后第七位．这种思想就是后来建立极限概念的基础．

虽然上述历史人物在数学领域取得了一些成就，但他们远远不及西方同时期的阿基米德、欧几里得等数学家，主要原因是我国古代数学理论研究没有得到相应的重视，而农业经济又使人们终日疲于劳作，经济的困顿使得极少人能学习文化知识，学数学的人自然更少．农业社会的经济特点限制了人们对自然的探险和对理论的求索，从而阻碍了数学的发展．

2．极限概念的发展

16 世纪初，西方社会处于资本主义起步时期，是思想与科学技术的迅速发展时期，同时科学、生产、技术中也出现了许多问题困扰着数学家，如怎样求瞬时速度、曲线弧长、曲边形面积、曲面体体积等．因此，只研究常量的初等数学早已不能满足现实的需求．

进入 17 世纪，特别是牛顿在建立微积分的过程中，由于极限没有准确的概念，也就无法确定无穷小的身份．利用无穷小运算时，牛顿做出了自相矛盾的推导：在用无穷小量作分母进行除法运算时，无穷小量不能为零，而在一些运算中又把无穷小量看作零，约掉那些包含它的项，从而得到所要的公式，显然这种数学推导在逻辑上是站不住脚的．那么，无穷小量究竟是零还是非零？这个问题一直困扰牛顿，也困扰着与牛顿同时代的众多数学家．

真正意义上的极限概念产生于 17 世纪，英国数学家约翰瓦里斯提出了变量极限的概念．他认为，变量的极限是变量无限逼近的一个常数，它们的差是一个给定的任意小的量．他的这种描述，把两个无限变化的过程表述了出来，揭示了极限的核心内容．

19 世纪，法国数学家柯西在《分析教程》中比较完整地说明了极限的概念及理论．柯西认为：当一个变量逐次所取的值无限趋于一个定值，最终使变量的值和该定值之差要多小就多小，这个定值就称为所有其他值的极限．柯西还指出零是无穷小的极限．这个思想已经摆脱了常量数学的束缚，走向变量数学，表现了无限与有限的辩证关系．柯西的定义已经用数学语言准确表达了极限的思想，但这种表达仍然是定性的、描述性的．

被誉为"现代分析之父"的德国数学家魏尔斯特拉斯提出了极限的定量定义："如果对任意 $\varepsilon > 0$，总存在自然数 N，使得当 $n > N$ 时，不等式 $|x_n - A| < \varepsilon$ 恒成立，则称 A 为 x_n 的极限"，给微积分提供了严格的理论基础．这个定义定量而具体地刻画了两个"无限过程"之间的联系，除去了以前极限概念中的直观痕迹，将极限思想转化为数学的语言，完成了从思想到数学的一个转变．在数学分析书籍中，这种描述一直沿用至今．

第1章 函数、极限与连续

> **砥节砺行**
>
> 　　1859 年，清朝学者李善兰把微积分引进中国．在至今一百多年的历史中，众多学者奋起直追，中国在数学方面的发展发生了翻天覆地的变化，解决了诸多世界性的难题，取得了影响现代数学发展的诸多辉煌成果．著名数学家华罗庚、陈省身、陈景润家喻户晓，童叟皆知．从古至今，从国内到国外，数学家们对数学、科学执着追求，他们在艰难环境下专心研究、聚精会神地思考，不受一切外界干扰，才有了今日严谨庞大的数学体系．数学家们发奋钻研、敢于质疑、勇于创新、吃苦耐劳、挑战陈旧思想，为了突破难题，为此付出一生心血也在所不惜的精神是伟大的．因此，当代大学生应当树立强烈的民族责任感和制度自信、文化自信，凭借吃苦耐劳的精神，为了国家跻身于世界科学的快速发展轨道而奋勇拼搏，努力学习，积极创新．

建模应用　椅子能在不平的地面上放稳吗？

椅子能在不平的地面放稳吗

1. 问题陈述

　　将椅子放在不平的地面，通常一开始只有三只脚能着地，椅子并不会稳．然而只需稍微挪动几次，就可以使四只脚都着地，将椅子放稳．试用数学语言来描述这个问题，并用数学工具予以证实．

2. 模型假设

　　（1）椅子四条腿一样长，椅脚与地面接触处可视为一点，四脚的连线呈正方形；

　　（2）地面高度是连续变化的，沿任何方向都没有间断（无台阶），即地面可视为数学上的连续曲面；

　　（3）对于椅脚的间距和椅腿的长度而言，地面是相对平坦的，使椅子在任何位置至少有三只脚能同时着地．

3. 模型建立

　　首先，需引入合适的变量来表示椅子位置的改变．把正方形绕它的对称中心 O 旋转一定角度 θ，这个角度可以表示椅子位置的改变．于是，旋转角 θ 这一变量就表示了椅子的位置．为此，在平面上建立直角坐标系来解决问题．注意到椅脚连线呈正方形，正方形是中心对称图形，绕它的对称中心 O 旋转 90°后，椅子仍在原地，因此 θ 的范围为 $0 \leqslant \theta \leqslant \dfrac{\pi}{2}$．

　　如图 1-24 所示，设椅脚连线为正方形 $ABCD$，以对角线 AC 所在直线为 x 轴，对称中心为原点，建立平面直角坐标系．椅子绕 O 点沿逆时针方向旋转 θ 后，正方形 $ABCD$ 转至 $A'B'C'D'$ 的位置，这样可以用旋转角 $\theta\left(0 \leqslant \theta \leqslant \dfrac{\pi}{2}\right)$ 表示出椅子绕 O 点旋转 θ 后的位置．

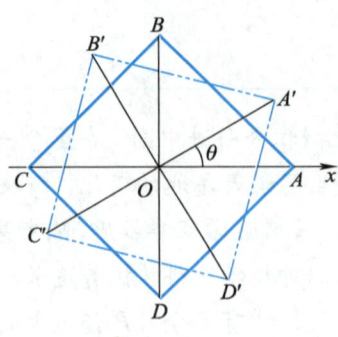

图 1-24

其次,需把椅脚是否着地用数学形式表示出来.当椅脚与地面的垂直距离为零时,椅脚就着地了,而当这个距离大于零时,椅脚未着地.椅子在不同位置时椅脚与地面的距离不同,所以这个距离是椅子位置变量 θ 的函数.

由于椅子有四只脚,因而有四个距离,然而正方形有中心对称性,只需两个距离函数即可.记 A,C 两脚与地面距离之和为 $f(\theta)\left(0\leqslant\theta\leqslant\dfrac{\pi}{2}\right)$,$B$,$D$ 两脚与地面距离之和为 $g(\theta)\left(0\leqslant\theta\leqslant\dfrac{\pi}{2}\right)$.

最后,将原问题数学化.原问题的条件是:

(1) $f(\theta)\geqslant 0$,$g(\theta)\geqslant 0$;

(2) 由假设 2,$f(\theta)$ 和 $g(\theta)$ 都是 θ 的连续函数;

(3) 由假设 3,$f(\theta)$ 和 $g(\theta)$ 中至少有一个为零,即 $f(\theta)g(\theta)=0$;

(4) $f\left(\dfrac{\pi}{2}\right)=g(0)$,$g\left(\dfrac{\pi}{2}\right)=f(0)$.

所以,要证明的结论是:存在 $\theta_0\in\left[0,\dfrac{\pi}{2}\right]$,使得 $f(\theta_0)=g(\theta_0)=0$ 成立.

4. 模型求解

如果 $f(0)=g(0)=0$,那么结论成立.如果 $f(0)$ 与 $g(0)$ 不同时为 0,不妨设 $f(0)>0$,$g(0)=0$.这时,将正方形 $ABCD$ 绕 O 点沿逆时针方向旋转 90°后,对角线 AC 与 BD 互换,但正方形 $ABCD$ 在地面上所处的位置不变,由此可知 $f\left(\dfrac{\pi}{2}\right)=g(0)$,$g\left(\dfrac{\pi}{2}\right)=f(0)$,而由 $f(0)>0$,$g(0)=0$,得 $g\left(\dfrac{\pi}{2}\right)>0$,$f\left(\dfrac{\pi}{2}\right)=0$.

令 $h(\theta)=f(\theta)-g(\theta)$,由于 $f(\theta)$ 和 $g(\theta)$ 都是关于 θ 的连续函数,因此 $h(\theta)$ 也是关于 θ 的连续函数.又 $h(0)=f(0)-g(0)>0$,$h\left(\dfrac{\pi}{2}\right)=f\left(\dfrac{\pi}{2}\right)-g\left(\dfrac{\pi}{2}\right)<0$,根据介值定理可知,一定存在 $\theta_0\in\left[0,\dfrac{\pi}{2}\right]$,使得 $h(\theta_0)=0$ 成立,即 $f(\theta_0)=g(\theta_0)$,又因为 $f(\theta_0)g(\theta_0)=0$,所以 $f(\theta_0)=g(\theta_0)=0$.于是,在 $\theta=\theta_0$ 处,椅子的四只脚能同时着地,椅子能放稳.问题得证.

5. 模型的分析与应用

这个模型的巧妙之处在于用一元变量 θ 表示椅子的位置,用 θ 的两个函数表示椅子四脚与地面的距离，进而把模型假设和椅脚同时着地的结论用简单、精确的数学语言表达出来，构成了这个实际问题的数学模型.

模型假设中"四脚连线呈正方形"不是本质的，我们还可以考虑四脚连线呈长方形的情况.

复习题一

A 组

1. 火车站行李收费规定如下：行李的重量若在 20 千克以下则不收费，若在 20 到 50 千克之间则按照每千克 0.20 元收费，若超出 50 千克则超出部分按照每千克 0.30 元收费. 试建立行李收费 $f(x)$ 与行李重量 x 之间的函数关系，并作出图形.

2. 求下列极限.

(1) $\lim\limits_{x\to\infty}\left(\dfrac{5x^2}{1-x^2}+2^{\frac{1}{x}}\right)$；

(2) $\lim\limits_{x\to+\infty}\left(\dfrac{2^x-1}{4^x+1}\right)$；

(3) $\lim\limits_{x\to\infty}\left(\dfrac{x^3}{2x^2-1}-\dfrac{x^2}{2x+1}\right)$；

(4) $\lim\limits_{x\to 1}\left(\dfrac{1}{1-x}-\dfrac{3}{1-x^3}\right)$；

(5) $\lim\limits_{n\to\infty}\left(1+\dfrac{1}{2}+\dfrac{1}{4}+\cdots+\dfrac{1}{2^n}\right)$；

(6) $\lim\limits_{x\to 1}\dfrac{x-1}{\sqrt{x}-1}$；

(7) $\lim\limits_{x\to 2}\dfrac{2-\sqrt{x+2}}{2-x}$；

(8) $\lim\limits_{x\to\frac{\pi}{2}}\dfrac{\cos x}{x-\dfrac{\pi}{2}}$；

(9) $\lim\limits_{x\to\pi}\dfrac{\sin 3x}{x-\pi}$；

(10) $\lim\limits_{x\to 3}\dfrac{x^2-4x+3}{\sin(x-3)}$；

(11) $\lim\limits_{x\to 1}\dfrac{\tan(x-1)}{x^2-1}$；

(12) $\lim\limits_{x\to 0}(1+\tan x)^{\cot x}$；

(13) $\lim\limits_{x\to 0}(1-3x)^{\frac{2}{x}}$；

(14) $\lim\limits_{x\to\infty}\left(\dfrac{x^2-1}{x^2}\right)^{x^2}$.

3. 设函数 $f(x)=\begin{cases} x\sin\dfrac{1}{x}+b, & x<0, \\ a, & x=0, \\ \dfrac{\sin 2x}{x}, & x>0, \end{cases}$ 求：

（1）当 a，b 为何值时，$f(x)$ 在 $x=0$ 处的极限存在？

（2）当 a，b 为何值时，$f(x)$ 在 $x=0$ 处连续？

4. 讨论下列函数的连续性，如有间断点，指出其类型.

（1）$y=\dfrac{x^2-4}{x^2-3x+2}$；

（2）$y=\begin{cases} e^{\frac{1}{x}}, & x<0, \\ 1, & x=0, \\ x, & x>0. \end{cases}$

B 组

1. 设 $y=f(x)$ 的定义域为 $[0,1]$，$\varphi(x)=\ln x-1$，求 $f[\varphi(x)]$ 的定义域.

2. 设 $f(x)$ 的定义域为 $[-\lambda,\lambda]$，证明必有 $[-\lambda,\lambda]$ 上的偶函数 $g(x)$ 和奇函数 $h(x)$，使得 $f(x)=g(x)+h(x)$ 成立.

3. 判断下列函数的间断点和间断点类型.

   (1) $f(x)=\dfrac{x^3-x}{\sin \pi x}$；
   (2) $f(x)=\dfrac{x}{\tan x}$.

4. 求下列极限.

   (1) $\lim\limits_{x\to 1}\dfrac{\sqrt{x}-1}{x^2-3x+2}$；
   (2) $\lim\limits_{x\to 0}\dfrac{\sin 2x}{\sqrt{x+1}-1}$；

   (3) $\lim\limits_{n\to\infty}(\sqrt{n+3\sqrt{n}}-\sqrt{n-\sqrt{n}})$；
   (4) $\lim\limits_{x\to 0}\dfrac{\sin x^3}{\sin^2 x}$；

   (5) $\lim\limits_{x\to 0}\dfrac{\tan x-\sin x}{x^3}$；
   (6) $\lim\limits_{x\to 0}\dfrac{x(e^x-1)}{\cos x-1}$；

   (7) $\lim\limits_{x\to\infty}\left(\dfrac{x+1}{x-2}\right)^x$；
   (8) $\lim\limits_{x\to 0}(1-x)^{\frac{3}{x}+5}$；

   (9) $\lim\limits_{x\to 0}\dfrac{\arcsin\dfrac{x}{\sqrt{1-x^2}}}{\sin x+\cos x-1}$；
   (10) $\lim\limits_{x\to\frac{\pi}{4}}(\tan x)^{\frac{1}{\cos x-\sin x}}$.

5. 求满足以下函数条件的 a，b 的值.

   (1) $\lim\limits_{x\to+\infty}(\sqrt{x^2-x+1}-ax-b)=0$；
   (2) $\lim\limits_{x\to-\infty}(\sqrt{x^2-x+1}-ax-b)=0$.

6. 当 $x\to 0$ 时，无穷小量 $1-\cos x$ 与 mx^n 等价，求 m，n 的值.

7. 利用介值定理证明：当 n 为奇数时，方程 $a_0x^n+a_1x^{n-1}+a_2x^{n-2}+\cdots+a_{n-1}x+a_n=0$（$a_0\neq 0$）至少有一个实根.

8. 已知 $1^2+2^2+\cdots+n^2=\dfrac{n(n+1)(2n+1)}{6}$，求 $\lim\limits_{x\to\infty}\left(\dfrac{1^2}{n^3+1}+\dfrac{2^2}{n^3+2}+\cdots+\dfrac{n^2}{n^3+n}\right)$.

第2章 一元函数微分学

在实际问题中,既要建立变量之间的函数关系,也要研究由自变量变化而引起的函数变化的快慢程度,如变速直线运动物体的速度问题、曲线的切线斜率问题和人口增长的速度问题等. 这类问题就是所谓函数变化率的问题,在高等数学中即为导数问题.

微分学是微积分的重要组成部分. 本章将介绍一元微分学的主要内容,即一元函数的导数和微分以及它们的应用.

2.1 导数概念

2.1.1 导数的定义

引例 1 当运动员从 10 m 高台跳水时,从腾空到进入水面的过程中,其在不同时刻的速度是不同的. 假设 t s 后运动员相对水面的高度为 $H(t) = -4.9t^2 + 6.5t + 10$. 请问在 2 s 时运动员的速度(瞬时速度)为多少?

导数的定义

分析 该运动员在 2 s 到 2.1 s 之间(记为 [2, 2.1])的平均速度为

$$\frac{H(2.1) - H(2)}{2.1 - 2} = \frac{2.041 - 3.4}{0.1} = -13.59 \text{ (m/s)}.$$

同样,可以计算出该运动员在 [2, 2.01],[2, 2.001],… 上的平均速度(见表 2-1),以及在 [1.99, 2],[1.999, 2],… 上的平均速度(见表 2-2).

表 2-1

时间/s	间隔/s	平均速度/(m/s)
[2, 2.1]	0.1	−13.59
[2, 2.01]	0.01	−13.149
[2, 2.001]	0.001	−13.104 9
[2, 2.000 1]	0.000 1	−13.100 49
[2, 2.000 01]	0.000 01	−13.100 049
…	…	…

表 2-2

时间/s	间隔/s	平均速度/（m/s）
[1.9, 2]	0.1	-12.61
[1.99, 2]	0.01	-13.051
[1.999, 2]	0.001	-13.095 1
[1.999 9, 2]	0.000 1	-13.099 51
[1.999 99, 2]	0.000 01	-13.099 951
…	…	…

由表 2-1 和表 2-2 可以看出：当时间间隔越来越小时，平均速度趋于一个常数，这一常数就是该运动员在 2 s 时的瞬时速度，通过对平均速度取极限就可以得到瞬时速度．

引例 2　（做变速直线运动物体的速度）　设物体做直线运动所经过的路程为 $s = f(t)$．当时间从 t_0 变到 $t_0 + \Delta t$ 时，物体在 Δt 时间内的平均速度为

$$\overline{v} = \frac{\Delta s}{\Delta t} = \frac{f(t_0 + \Delta t) - f(t_0)}{\Delta t}.$$

$\overline{v}$ 可作为物体在 t_0 时刻速度的近似值．Δt 越小，近似的效果就越好，所以当 $\Delta t \to 0$ 时，极限 $\lim\limits_{\Delta t \to 0} \dfrac{\Delta s}{\Delta t}$ 就是物体在 t_0 时刻的瞬时速度，即

$$v(t_0) = \lim_{\Delta t \to 0} \frac{\Delta s}{\Delta t} = \lim_{\Delta t \to 0} \frac{f(t_0 + \Delta t) - f(t_0)}{\Delta t}.$$

引例 3　（平面曲线的切线斜率）　如图 2-1 所示，求曲线 $y = f(x)$ 在点 $M_0(x_0, y_0)$ 处的切线斜率．

在曲线上另取一点 $M(x_0 + \Delta x, y_0 + \Delta y)$，当点 M 沿着曲线无限接近于点 M_0，即 $\Delta x \to 0$ 时，如果割线 M_0M 的极限位置 M_0T 存在，那么直线 M_0T 就是曲线在点 M_0 处的切线．此时割线 M_0M 的斜率 k 趋向于切线 M_0T 的斜率，即

$$k = \tan \alpha = \lim_{\Delta x \to 0} \tan \varphi = \lim_{\Delta x \to 0} \frac{\Delta y}{\Delta x} = \lim_{\Delta x \to 0} \frac{f(x_0 + \Delta x) - f(x_0)}{\Delta x}.$$

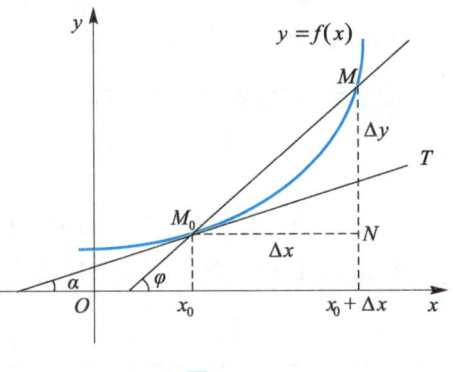

图 2-1

由引例 2 和引例 3，我们得到做变速直线运动物体的瞬时速度和平面曲线的切线斜率为

$$v(t_0) = \lim_{\Delta t \to 0} \frac{\Delta s}{\Delta t} = \lim_{\Delta t \to 0} \frac{f(t_0 + \Delta t) - f(t_0)}{\Delta t},$$

$$k = \lim_{\Delta x \to 0} \frac{\Delta y}{\Delta x} = \lim_{\Delta x \to 0} \frac{f(x_0 + \Delta x) - f(x_0)}{\Delta x}.$$

上述两实际问题虽然意义不同，但所得结果的数学表达式结构完全相同，即这两个量都是当自变量增量趋于 0 时，函数增量与自变量增量之比的极限．由此，我们给出导数的定义．

定义 1　设函数 $y = f(x)$ 在点 x_0 的某一邻域内有定义，当自变量 x 在 x_0 处取得增量 Δx 时，函数有相应的增量 $\Delta y = f(x_0 + \Delta x) - f(x_0)$．如果极限 $\lim\limits_{\Delta x \to 0} \dfrac{\Delta y}{\Delta x} = \lim\limits_{\Delta x \to 0} \dfrac{f(x_0 + \Delta x) - f(x_0)}{\Delta x}$ 存在，则称函

数 $f(x)$ 在 x_0 处**可导**,并称此极限为 $f(x)$ 在点 x_0 处的**导数**,记为 $f'(x_0)$,即

$$f'(x_0) = \lim_{\Delta x \to 0} \frac{\Delta y}{\Delta x} = \lim_{\Delta x \to 0} \frac{f(x_0 + \Delta x) - f(x_0)}{\Delta x}.$$

如果上述极限不存在,则称函数 $f(x)$ 在点 x_0 处**不可导**.

例如,引例 2 中,瞬时速度 $v(t_0) = \lim\limits_{\Delta t \to 0} \frac{\Delta s}{\Delta t} = \lim\limits_{\Delta t \to 0} \frac{f(t_0 + \Delta t) - f(t_0)}{\Delta t}$ 为函数 $f(t)$ 在 t_0 处的导数 $f'(t_0)$;引例 3 中,切线斜率 $k = \lim\limits_{\Delta x \to 0} \frac{\Delta y}{\Delta x} = \lim\limits_{\Delta x \to 0} \frac{f(x_0 + \Delta x) - f(x_0)}{\Delta x}$ 为函数 $f(x)$ 在 x_0 处的导数 $f'(x_0)$.

函数 $f(x)$ 在 x_0 处的导数还可以记作

$$y'|_{x=x_0}, \quad \left.\frac{dy}{dx}\right|_{x=x_0} \text{ 或 } \left.\frac{df(x)}{dx}\right|_{x=x_0}.$$

导数还可定义为

$$f'(x_0) = \lim_{h \to 0} \frac{f(x_0 + h) - f(x_0)}{h}.$$

若记 $x = x_0 + \Delta x$,当 $\Delta x \to 0$ 时,$x \to x_0$,那么有

$$f'(x_0) = \lim_{x \to x_0} \frac{f(x) - f(x_0)}{x - x_0}.$$

特别地,当 $x_0 = 0$ 且 $f(0) = 0$ 时,有

$$f'(0) = \lim_{x \to 0} \frac{f(x)}{x}.$$

定义 2 如果函数 $y = f(x)$ 在区间 I 内的每一个 x 处都有一个对应的导数值,则由这一对应关系所确定的函数称为函数 $y = f(x)$ 的**导函数**,简称**导数**,记作

$$f'(x), \quad y', \quad \frac{dy}{dx} \text{ 或 } \frac{df(x)}{dx}.$$

导函数的定义式为

$$y' = \lim_{\Delta x \to 0} \frac{f(x + \Delta x) - f(x)}{\Delta x} = \lim_{h \to 0} \frac{f(x + h) - f(x)}{h}.$$

$f'(x_0)$ 与 $f'(x)$ 之间的关系为

$$f'(x_0) = f'(x)|_{x=x_0},$$

即函数 $y = f(x)$ 在 x_0 处的导数值等于其导函数在 x_0 处的函数值.

在定义 1 中,如果极限 $\lim\limits_{\Delta x \to 0^-} \frac{f(x_0 + \Delta x) - f(x_0)}{\Delta x}$ 存在,则称此极限为 $f(x)$ 在点 x_0 处的**左导数**,记作 $f'_-(x_0)$;如果极限 $\lim\limits_{\Delta x \to 0^+} \frac{f(x_0 + \Delta x) - f(x_0)}{\Delta x}$ 存在,则称此极限为 $f(x)$ 在点 x_0 处的**右导数**,记作 $f'_+(x_0)$.

导数与左右导数的关系为

$$f'(x_0) = A \Leftrightarrow f'_-(x_0) = f'_+(x_0) = A.$$

函数在区间上的可导性:函数 $f(x)$ 在**开区间** (a,b) **内可导**是指函数在 (a,b) 内的每一点处都可导;函数 $f(x)$ 在**闭区间** $[a,b]$ **上可导**是指函数在开区间 (a,b) 内可导,且在 a 点有右导数、在 b 点有左导数.

由导数的定义,可以得到求导数的一般步骤:

(1) 求增量:$\Delta y = f(x+\Delta x) - f(x)$;

(2) 算比值:$\dfrac{\Delta y}{\Delta x} = \dfrac{f(x+\Delta x) - f(x)}{\Delta x}$;

(3) 求极限:$y' = \lim\limits_{\Delta x \to 0} \dfrac{\Delta y}{\Delta x}$.

例 1 求函数 $f(x) = C$(C 为常数)的导数.

解 (1) 求增量:$\Delta y = f(x+\Delta x) - f(x) = C - C = 0$;

(2) 算比值:$\dfrac{\Delta y}{\Delta x} = \dfrac{f(x+\Delta x) - f(x)}{\Delta x} = \dfrac{0}{\Delta x} = 0$;

(3) 求极限:$y' = \lim\limits_{\Delta x \to 0} \dfrac{\Delta y}{\Delta x} = 0$.

因此,可得 $f(x) = C$ 的导数为 0.

例 2 已知函数 $f(x) = x^2$,求 $f'(x)$,$f'(4)$.

解 (1) 求增量:$\Delta y = f(x+\Delta x) - f(x) = (x+\Delta x)^2 - x^2 = 2x \cdot \Delta x + (\Delta x)^2$;

(2) 算比值:$\dfrac{\Delta y}{\Delta x} = \dfrac{2x \cdot \Delta x + (\Delta x)^2}{\Delta x} = 2x + \Delta x$;

(3) 求极限:$f'(x) = \lim\limits_{\Delta x \to 0} \dfrac{\Delta y}{\Delta x} = \lim\limits_{\Delta x \to 0} (2x + \Delta x) = 2x$.

因此,$f'(x) = 2x$,$f'(4) = 2x|_{x=4} = 8$.

可以证明:$(x^\mu)' = \mu x^{\mu-1}$(μ 为任意实数).

特别地,$\left(\dfrac{1}{x}\right)' = -\dfrac{1}{x^2}$,$(\sqrt{x})' = \dfrac{1}{2\sqrt{x}}$.

例 3 设 $y = \log_a x$,求 y'.

解 (1) 求增量:$\Delta y = f(x+\Delta x) - f(x) = \log_a(x+\Delta x) - \log_a x = \log_a\left(1 + \dfrac{\Delta x}{x}\right)$;

(2) 算比值:$\dfrac{\Delta y}{\Delta x} = \dfrac{1}{\Delta x} \log_a\left(1 + \dfrac{\Delta x}{x}\right) = \dfrac{1}{x} \log_a\left(1 + \dfrac{\Delta x}{x}\right)^{\frac{x}{\Delta x}}$;

(3) 求极限:$y' = \lim\limits_{\Delta x \to 0} \dfrac{\Delta y}{\Delta x} = \lim\limits_{\Delta x \to 0} \dfrac{1}{x} \log_a\left(1 + \dfrac{\Delta x}{x}\right)^{\frac{x}{\Delta x}}$

$= \dfrac{1}{x} \lim\limits_{\Delta x \to 0} \log_a\left(1 + \dfrac{\Delta x}{x}\right)^{\frac{x}{\Delta x}} = \dfrac{1}{x} \log_a e = \dfrac{1}{x \ln a}$,

即 $y' = (\log_a x)' = \dfrac{1}{x \ln a}$.

特别地,$(\ln x)' = \dfrac{1}{x}$.

2.1.2 可导与连续的关系

定理 1 如果函数 $y=f(x)$ 在点 x_0 处可导，则它在点 x_0 处连续.

证 函数 $y=f(x)$ 在点 x_0 处可导，即 $f'(x_0)$ 存在且 $f'(x_0)=\lim\limits_{\Delta x\to 0}\dfrac{\Delta y}{\Delta x}$. 由于

$$\lim_{\Delta x\to 0}\Delta y = \lim_{\Delta x\to 0}\left(\dfrac{\Delta y}{\Delta x}\cdot\Delta x\right)=\lim_{\Delta x\to 0}\dfrac{\Delta y}{\Delta x}\cdot\lim_{\Delta x\to 0}\Delta x=f'(x_0)\cdot 0=0,$$

所以，函数 $y=f(x)$ 在点 x_0 处连续.

> **注意**
>
> 函数 $y=f(x)$ 在点 x_0 处连续时，在点 x_0 处不一定可导.

例 4 设 $f(x)=|x|$，讨论 $f(x)$ 在点 $x=0$ 处的连续性与可导性.

解 因为 $\lim\limits_{x\to 0}f(x)=\lim\limits_{x\to 0}|x|=0=f(0)$，所以 $f(x)=|x|$ 在点 $x=0$ 处连续. 但

$$f'_-(0)=\lim_{x\to 0^-}\dfrac{f(x)-f(0)}{x}=\lim_{x\to 0^-}\dfrac{|x|}{x}=\lim_{x\to 0^-}\dfrac{-x}{x}=-1,$$

$$f'_+(0)=\lim_{x\to 0^+}\dfrac{f(x)-f(0)}{x}=\lim_{x\to 0^+}\dfrac{|x|}{x}=\lim_{x\to 0^+}\dfrac{x}{x}=1,$$

由 $f'_-(0)\neq f'_+(0)$ 得 $f(x)=|x|$ 在点 $x=0$ 处不可导. $f(x)=|x|$ 的函数图形如图 2-2 所示.

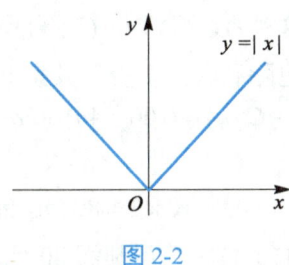

图 2-2

2.1.3 导数的意义

1. 导数的几何意义

由引例 3 可知，函数 $y=f(x)$ 在点 x_0 处的导数 $f'(x_0)$ 是曲线 $y=f(x)$ 在点 $M(x_0,y_0)$ 处切线的斜率，这就是导数的几何意义.

应用直线的点斜式方程，可得到曲线 $y=f(x)$ 在点 $M(x_0,y_0)$ 处切线方程和法线方程分别为

$$y-y_0=f'(x_0)(x-x_0),$$

$$y-y_0=-\dfrac{1}{f'(x_0)}(x-x_0)\ (f'(x_0)\neq 0).$$

特别地，若 $f'(x_0)=\infty$，则切线垂直于 x 轴，切线的方程就是 x 轴的垂线 $x=x_0$.

例5 求曲线 $y = \dfrac{1}{x}$ 在点 $(1,1)$ 处的切线方程和法线方程.

解 因为 $y' = -\dfrac{1}{x^2}$，所以曲线 $y = \dfrac{1}{x}$ 在点 $(1,1)$ 处的切线与法线的斜率分别为

$$k_1 = y'|_{x=1} = -1, \quad k_2 = -\dfrac{1}{k_1} = 1.$$

因此，所求的切线方程为 $y - 1 = -(x-1)$，即 $x + y - 2 = 0$；法线方程为 $x - y = 0$.

2. 导数的经济意义

经济学中，经常用到成本、收入、利润等量，其中利润等于收入与成本之差. 将产量或销量 q 作为自变量，成本、收入、利润分别作为因变量，可以得到成本函数 $C(q)$、收入函数 $R(q)$ 和利润函数 $L(q)$. 其导数的经济意义如下.

1）边际成本函数 $C'(q)$

成本函数 $C(q)$ 的导数 $C'(q)$ 称为**边际成本**，其经济意义为：当产量为 q 时，再生产一个单位产品所增加的成本为 $C'(q)$.

2）边际收入函数 $R'(q)$

收入函数 $R(q)$ 的导数 $R'(q)$ 称为**边际收入**，其经济意义为：当销量为 q 时，再销售一个单位产品所增加的收入为 $R'(q)$.

3）边际利润函数 $L'(q)$

利润函数 $L(q)$ 的导数 $L'(q)$ 称为**边际利润**，其经济意义为：当销量为 q 时，再销售一个单位产品利润的改变量为 $L'(q)$.

例6 生产某产品的边际成本为 $C'(q) = 6q$（元/台），边际收入为 $R'(q) = 100 - 4q$（元/台），其中 q 为产量. 请问产量为 2 台时，边际利润是多少？其意义是什么？（此处假设销量等于产量）

解 边际利润函数为 $L'(q) = R'(q) - C'(q) = (100 - 4q) - 6q = 100 - 10q$，所以当 $q = 2$ 时，边际利润为

$$L'(2) = 100 - 10 \times 2 = 80 \,(\text{元/台}).$$

其经济意义是当产量为 2 台时，再增加 1 台将获得利润 80 元.

3. 导数的物理意义

导数的物理意义是非均匀变化量的瞬时变化率，常见有如下几种情况.

（1）变速直线运动. 路程对时间的导数为物体的瞬时速度，即

$$v(t) = \lim_{\Delta t \to 0} \dfrac{\Delta s}{\Delta t} = \dfrac{\mathrm{d}s}{\mathrm{d}t}.$$

（2）交流电路. 电量对时间的导数为电流，即

$$i(t) = \lim_{\Delta t \to 0} \dfrac{\Delta q}{\Delta t} = \dfrac{\mathrm{d}q}{\mathrm{d}t}.$$

（3）非均匀的物体. 质量对长度（面积、体积）的导数为物体的线（面、体）密度，如线密度为

$$\rho = \lim_{\Delta x \to 0} \dfrac{\Delta m}{\Delta x} = \dfrac{\mathrm{d}m}{\mathrm{d}x}.$$

习题 2.1

1. 设 $f(x) = \ln x$,则 $\lim\limits_{x \to 1} \dfrac{f(x)}{x-1} = $ (   ).

   A. 1   B. $e^{-\frac{1}{2}}$ C. 0   D. 不存在

2. 一物体的运动方程为 $s = t^3$,求其在 $t = 1$ 时的瞬时速度.
3. 求曲线 $y = \sqrt{x}$ 在点 $(1,1)$ 处的切线斜率.
4. 设 $f(x) = 4x^2$,试用导数定义求 $f'(-1)$.
5. 设 $f(x) = |\sin x|$,讨论 $f(x)$ 在点 $x = 0$ 处的连续性与可导性.

2.2 导数运算

2.2.1 导数公式

按定义求导数通常比较麻烦. 为了便于应用,我们直接给出基本初等函数的导数公式.

(1) $(C)' = 0$ (C 为常数);   (2) $(x^\mu)' = \mu x^{\mu-1}$ (μ 为常数);

(3) $(a^x)' = a^x \ln a$ ($a > 0$,$a \neq 1$);   (4) $(e^x)' = e^x$;

(5) $(\log_a x)' = \dfrac{1}{x \ln a}$ ($a > 0$,$a \neq 1$);   (6) $(\ln x)' = \dfrac{1}{x}$;

(7) $(\sin x)' = \cos x$;   (8) $(\cos x)' = -\sin x$;

(9) $(\tan x)' = \sec^2 x = \dfrac{1}{\cos^2 x}$;   (10) $(\cot x)' = -\csc^2 x = -\dfrac{1}{\sin^2 x}$;

(11) $(\sec x)' = \sec x \tan x$;   (12) $(\csc x)' = -\csc x \cot x$;

(13) $(\arcsin x)' = \dfrac{1}{\sqrt{1-x^2}}$;   (14) $(\arccos x)' = -\dfrac{1}{\sqrt{1-x^2}}$;

(15) $(\arctan x)' = \dfrac{1}{1+x^2}$;   (16) $(\text{arccot}\, x)' = -\dfrac{1}{1+x^2}$.

基本初等函数的导数公式

例 1 求函数 $y = x\sqrt{x\sqrt{x}}$ 的导数.

解 $y' = \left(x\sqrt{x\sqrt{x}}\right)' = \left(x^{1+\frac{1}{2}+\frac{1}{4}}\right)' = \left(x^{\frac{7}{4}}\right)' = \dfrac{7}{4} x^{\frac{3}{4}}$.

> **砥节砺行**
>
> 在讲解导数时,我们常会使用一个特殊函数: e^x. 它的求导结果可以描述为始终不变. 如果将求导看成人生中的一次挫折,那么我们在面对挫折时,应该像"e^x"那样,坚定信念,百折不挠,始终坚持自己的理想,勇敢地面对困难,如党的十九大报告中提出的,不忘初心,方得始终.

2.2.2 函数和、差、积、商的求导法则

定理 1 设函数 $u = u(x)$ 及 $v = v(x)$ 都在点 x 处具有导数，那么它们的和、差、积、商（分母不为零）都在点 x 处具有导数，并且有

（1）$(u \pm v)' = u' \pm v'$；

（2）$(uv)' = u'v + uv'$；

（3）$\left(\dfrac{u}{v}\right)' = \dfrac{u'v - uv'}{v^2}$ $(v \neq 0)$.

下面我们给出上述第（2）项的证明，其余的请读者自证.

证 $[u(x)v(x)]' = \lim\limits_{\Delta x \to 0} \dfrac{1}{\Delta x}[u(x+\Delta x)v(x+\Delta x) - u(x)v(x)]$

$= \lim\limits_{\Delta x \to 0} \dfrac{1}{\Delta x}[u(x+\Delta x)v(x+\Delta x) - u(x)v(x+\Delta x) + u(x)v(x+\Delta x) - u(x)v(x)]$

$= \lim\limits_{\Delta x \to 0} \dfrac{u(x+\Delta x) - u(x)}{\Delta x} \lim\limits_{\Delta x \to 0} v(x+\Delta x) + u(x) \lim\limits_{\Delta x \to 0} \dfrac{v(x+\Delta x) - v(x)}{\Delta x}$

$= u'(x)v(x) + u(x)v'(x)$.

定理 1 的第（1），（2）项可推广到任意有限个可导函数的情形，如 $(u \pm v \pm w)' = u' \pm v' \pm w'$ 和 $(uvw)' = u'vw + uv'w + uvw'$ 等.

由定理 1 的第（2），（3）项可得到 $(Cu)' = Cu'$（C 为常数），$\left(\dfrac{1}{v}\right)' = -\dfrac{v'}{v^2}$ $(v \neq 0)$.

例 2 设函数 $y = x^2 + \cos x - 2\ln x + e^2$，求 y'.

解 $y' = (x^2 + \cos x - 2\ln x + e^2)' = (x^2)' + (\cos x)' - 2(\ln x)' + (e^2)' = 2x - \sin x - \dfrac{2}{x}$.

例 3 求证 $y = \tan x$ 的导数为 $y' = \sec^2 x$.

证 $y' = (\tan x)' = \left(\dfrac{\sin x}{\cos x}\right)' = \dfrac{(\sin x)' \cos x - \sin x (\cos x)'}{\cos^2 x} = \dfrac{\cos^2 x + \sin^2 x}{\cos^2 x} = \dfrac{1}{\cos^2 x} = \sec^2 x$.

问题得证.

例 4 设函数 $y = (\sqrt{x} - 1)\left(\dfrac{1}{\sqrt{x}} + 1\right)$，求 y'.

解 因为 $y = (\sqrt{x} - 1)\left(\dfrac{1}{\sqrt{x}} + 1\right) = \sqrt{x} - \dfrac{1}{\sqrt{x}}$，所以可得

$$y' = \left(\sqrt{x} - \dfrac{1}{\sqrt{x}}\right)' = \dfrac{1}{2\sqrt{x}} + \dfrac{1}{2\sqrt{x^3}} = \dfrac{1}{2\sqrt{x}}\left(1 + \dfrac{1}{x}\right).$$

注意

求导数时，要先观察函数，看能否将函数化简. 若能，应先将函数化简后再求导数，以简化计算过程.

例 5 求 $f(x)=|x+1|$ 的导数.

解 $f(x)=|x+1|=\begin{cases} x+1, & x>-1, \\ 0, & x=-1, \\ -(x+1), & x<-1. \end{cases}$ 当 $x>-1$ 时，$f'(x)=1$；当 $x<-1$ 时，$f'(x)=-1$；当 $x=-1$ 时，$f'_-(-1)=-1$，$f'_+(-1)=1$，故 $f(x)$ 在点 $x=-1$ 处不可导. 于是可得

$$f'(x)=\begin{cases} 1, & x>-1, \\ -1, & x<-1. \end{cases}$$

2.2.3 复合函数的求导法则

引例 1 求 $y=\sin 2x$ 的导数.

分析 由 $(\sin x)'=\cos x$，是否可得 $(\sin 2x)'=\cos 2x$ 呢？

一方面，$y'=(\sin 2x)'=(2\sin x\cos x)'=2(\cos x\cos x-\sin x\sin x)=2\cos 2x$，由此可见 $(\sin 2x)'\neq \cos 2x$.

另一方面，$y=\sin 2x$ 可看成由 $y=\sin u$，$u=2x$ 复合而成，其中 u 是中间变量. 由 $y'_u=\cos u$，$u'_x=2$，可得 $y'_u u'_x=2\cos u=2\cos 2x$，即

$$y'_x=y'_u u'_x.$$

说 明

y'_u 表示 y 对 u 求导，u'_x 表示 u 对 x 求导.

定理 2 设 $y=f(u)$，$u=\varphi(x)$，且 $\varphi(x)$ 在点 x 处可导，$f(u)$ 在相应的点 u 处可导，则复合函数 $y=f[\varphi(x)]$ 在点 x 处也可导，且有

$$\{f[\varphi(x)]\}'=f'(u)\varphi'(x)，\quad y'_x=y'_u u'_x \text{ 或 } \frac{\mathrm{d}y}{\mathrm{d}x}=\frac{\mathrm{d}y}{\mathrm{d}u}\frac{\mathrm{d}u}{\mathrm{d}x}.$$

定理 2 说明：复合函数对自变量的导数，等于复合函数对中间变量的导数乘以中间变量对自变量的导数.

复合函数的求导法则可以推广到多个中间变量的情形. 例如，$y=f(u)$，$u=\varphi(v)$，$v=\psi(x)$ 均可导，则复合函数 $y=f\{\varphi[\psi(x)]\}$ 的导数为

$$y'_x=y'_u u'_v v'_x \text{ 或 } \frac{\mathrm{d}y}{\mathrm{d}x}=\frac{\mathrm{d}y}{\mathrm{d}u}\frac{\mathrm{d}u}{\mathrm{d}v}\frac{\mathrm{d}v}{\mathrm{d}x}.$$

复合函数的求导法则一般称为**链式法则**.

例 6 求函数 $y=(x^2-1)^4$ 的导数.

解 把 x^2-1 看成中间变量 u，将 $y=(x^2-1)^4$ 看成是由 $y=u^4$，$u=x^2-1$ 复合而成的，可得

$$\frac{\mathrm{d}y}{\mathrm{d}x}=\frac{\mathrm{d}y}{\mathrm{d}u}\frac{\mathrm{d}u}{\mathrm{d}x}=4u^3\cdot 2x=8x(x^2-1)^3.$$

注 意

在应用复合函数求导法则时，可以不必明确写出中间变量，只需在心中记清楚每步的求导对象即可. 对于例 6 可以采用以下方式直接计算：

复合函数的求导法则

$$\frac{dy}{dx} = 4(x^2-1)^3(x^2-1)' = 4(x^2-1)^3 \cdot 2x = 8x(x^2-1)^3.$$

例7 设 $y = e^{\sin^2 x}$，求 y'.

解 $y' = (e^{\sin^2 x})' = e^{\sin^2 x} \cdot (\sin^2 x)' = e^{\sin^2 x} \cdot 2\sin x \cdot (\sin x)' = e^{\sin^2 x} \sin 2x$.

例8 设 $y = \ln(x + \sqrt{1+x^2})$，求 y'.

解 $y' = [\ln(x+\sqrt{1+x^2})]' = \dfrac{1}{x+\sqrt{1+x^2}}(x+\sqrt{1+x^2})' = \dfrac{1}{x+\sqrt{1+x^2}}[1+(\sqrt{1+x^2})']$

$= \dfrac{1}{x+\sqrt{1+x^2}}\left(1+\dfrac{x}{\sqrt{1+x^2}}\right) = \dfrac{1}{\sqrt{1+x^2}}.$

例9 求函数 $y = \ln\dfrac{1+x^2}{1-x^2}$ 的导数.

解 先根据对数性质将函数展开，即 $y = \ln(1+x^2) - \ln(1-x^2)$，然后对其求导得

$$y' = \frac{1}{1+x^2}(1+x^2)' - \frac{1}{1-x^2}(1-x^2)' = \frac{2x}{1+x^2} + \frac{2x}{1-x^2} = \frac{4x}{1-x^4}.$$

*例10 已知 $f'(x) = x - 1$，$y = f\left(\dfrac{x-1}{x+1}\right)$，求 $\dfrac{dy}{dx}$.

解 令 $u = \dfrac{x-1}{x+1}$，则 $\dfrac{du}{dx} = \dfrac{2}{(x+1)^2}$，于是有

$$\frac{dy}{dx} = \frac{dy}{du}\frac{du}{dx} = f'(u)\frac{du}{dx} = (u-1)\frac{2}{(x+1)^2} = -\frac{4}{(x+1)^3}.$$

*2.2.4 反函数的求导法则

定理3 如果单调连续函数 $x = \varphi(y)$ 在某区间内可导，且 $\varphi'(y) \neq 0$，则它的反函数 $y = f(x)$ 在对应区间内也可导，且有

$$f'(x) = \frac{1}{\varphi'(y)} \text{ 或 } \frac{dy}{dx} = \frac{1}{\dfrac{dx}{dy}}.$$

反函数的求导法则

证 因 $y = f(x)$ 是 $x = \varphi(y)$ 的反函数，故可将函数 $x = \varphi(y)$ 中的 y 看作中间变量，从而组成复合函数 $x = \varphi(y) = \varphi[f(x)]$. 将这个式子两边对 x 求导可得

$$1 = \varphi'_y f'_x \text{ 或 } 1 = \frac{dx}{dy}\frac{dy}{dx}.$$

进一步可得

$$f'(x) = \frac{1}{\varphi'(y)} \text{ 或 } \frac{dy}{dx} = \frac{1}{\dfrac{dx}{dy}} \quad \left(\frac{dx}{dy} = \varphi'(y) \neq 0\right).$$

例11 求证：$y = \arcsin x$ 的导数为 $y' = \dfrac{1}{\sqrt{1-x^2}}$.

证 $y = \arcsin x$ 是 $x = \sin y$ 的反函数，而 $x = \sin y$ 在区间 $y \in \left(-\dfrac{\pi}{2}, \dfrac{\pi}{2}\right)$ 内可导，且 $\dfrac{dx}{dy} = \cos y \neq 0$，

故在对应的区间 $x \in (-1,1)$ 内，有

$$\frac{dy}{dx} = \frac{1}{\frac{dx}{dy}} = \frac{1}{\cos y} = \frac{1}{\sqrt{1-\sin^2 y}} = \frac{1}{\sqrt{1-x^2}}.$$

问题得证．

类似地，可证明 $(\arccos x)' = -\dfrac{1}{\sqrt{1-x^2}}$，$(\arctan x)' = \dfrac{1}{1+x^2}$，$(\operatorname{arccot} x)' = -\dfrac{1}{1+x^2}$．

2.2.5 几种特殊函数的求导

1. 隐函数的求导

因变量 y 用自变量 x 的表达式表示的函数 $y = f(x)$ 称为 **显函数**．但有时两个变量之间的函数关系是由一个方程 $F(x,y) = 0$ 来确定的，这种由方程所确定的函数称为 **隐函数**，如 $x^2 + y^2 = 4$，$y = 2 + xe^y$ 等．有些隐函数可以直接转化为显函数，而有些隐函数要转化为显函数较困难或不可能实现．

下面举例说明隐函数的求导方法．

例 12 设 $y = y(x)$ 由 $\sin y + xe^y = 0$ 确定，求 y'．

解 将方程 $\sin y + xe^y = 0$ 两边同时对 x 求导，得 $(\sin y)' + (xe^y)' = 0$，即

$$\cos y \cdot y' + e^y + xe^y \cdot y' = 0.$$

进一步可得

$$y' = \frac{-e^y}{\cos y + xe^y}.$$

> **注意**
>
> y 是关于 x 的函数，所以将方程两边同时对 x 求导时，要把 y 看成中间变量．

例 13 求曲线 $x^2 + y^2 = 8$ 在点 $(2,2)$ 处的切线方程，如图 2-3 所示．

解 将方程两边同时对 x 求导，得 $2x + 2y \cdot y' = 0$．解出 y'，得

$$y' = -\frac{x}{y}.$$

所以曲线在点 $(2,2)$ 处的切线斜率为

$$k = y'\big|_{(2,2)} = -\frac{x}{y}\bigg|_{(2,2)} = -1.$$

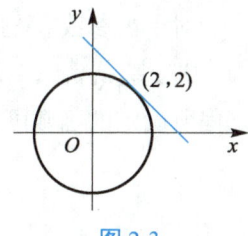

图 2-3

应用直线的点斜式方程可得所求切线方程为 $y - 2 = -(x - 2)$，即 $x + y - 4 = 0$．

上述这种隐函数的求导方法，即对方程左右两边同时求导的方法，也可用在显函数上．

*例 14 设 $y = x^{\sin x}$ $(x > 0)$，求 y'．

解 对 $y = x^{\sin x}$ 两边取对数得 $\ln y = \sin x \ln x$，将该式两边同时对 x 求导得

$$\frac{1}{y}y' = \cos x \ln x + \sin x \frac{1}{x}.$$

所以有

$$y' = x^{\sin x}\left(\cos x \ln x + \frac{1}{x}\sin x\right).$$

说 明

形如 $y = [f(x)]^{\varphi(x)}$ ($f(x) > 0$) 的函数既不是幂函数也不是指数函数，其底数与指数均含有自变量 x，故称为**幂指函数**.

幂指函数尽管是显函数，但不易直接求导，其求导方法是先对幂指数两边取对数，然后用隐函数的求导方法求出 y'，我们将这种方法称为**对数求导法**.

*例 15 计算函数 $y = x^2\sqrt{\dfrac{1+x}{1-x}}$ 的导数 y'.

解法 1 对函数两边取对数得 $\ln y = 2\ln x + \dfrac{1}{2}\ln(1+x) - \dfrac{1}{2}\ln(1-x)$. 再将该式两边同时对 x 求导，得 $\dfrac{y'}{y} = \dfrac{2}{x} + \dfrac{1}{2(1+x)} + \dfrac{1}{2(1-x)} = \dfrac{2}{x} + \dfrac{1}{1-x^2}$，进一步可得

$$y' = y\left(\frac{2}{x} + \frac{1}{1-x^2}\right) = x^2\sqrt{\frac{1+x}{1-x}}\left(\frac{2}{x} + \frac{1}{1-x^2}\right).$$

解法 2 由于 $y = e^{\ln x^2\sqrt{\frac{1+x}{1-x}}} = e^{2\ln x + \frac{1}{2}\ln(1+x) - \frac{1}{2}\ln(1-x)}$，将该式两边同时对 x 求导可得

$$y' = e^{2\ln x + \frac{1}{2}\ln(1+x) - \frac{1}{2}\ln(1-x)}\left[\frac{2}{x} + \frac{1}{2}\left(\frac{1}{1+x} + \frac{1}{1-x}\right)\right] = x^2\sqrt{\frac{1+x}{1-x}}\left(\frac{2}{x} + \frac{1}{1-x^2}\right).$$

*2. 由参数方程所确定函数的求导

一般地，如果参数方程 $\begin{cases} x = \varphi(t), \\ y = \psi(t) \end{cases}$ 确定了 y 与 x 之间的函数关系，则称此方程所表示的函数为**由参数方程所确定的函数**.

对于由参数方程所确定的函数，求导时通常不必消去参数，可利用参数方程直接求得.

若 $x = \varphi(t)$，$y = \psi(t)$ 都可导，$\varphi'(t) \neq 0$，且 $x = \varphi(t)$ 具有单调连续的反函数 $t = \varphi^{-1}(x)$，则由参数方程所确定的函数可以看成是由 $y = \psi(t)$ 与 $t = \varphi^{-1}(x)$ 复合而成的函数，则有

$$\frac{dy}{dx} = \frac{dy}{dt} \cdot \frac{dt}{dx} = \frac{dy}{dt} \cdot \frac{1}{\frac{dx}{dt}} = \psi'(t) \cdot \frac{1}{\varphi'(t)} = \frac{\psi'(t)}{\varphi'(t)},$$

即

$$\frac{dy}{dx} = \frac{\psi'(t)}{\varphi'(t)} \quad 或 \quad \frac{dy}{dx} = \frac{\frac{dy}{dt}}{\frac{dx}{dt}}.$$

这就是由参数方程所确定的函数的求导方法.

例16 已知摆线的参数方程为 $\begin{cases} x = a(t-\sin t), \\ y = a(1-\cos t) \end{cases}$ $(0 \leqslant t \leqslant 2\pi)$，求 $\dfrac{dy}{dx}$.

解 $\dfrac{dy}{dx} = \dfrac{\frac{dy}{dt}}{\frac{dx}{dt}} = \dfrac{a\sin t}{a(1-\cos t)} = \dfrac{\sin t}{1-\cos t}$.

例17 求曲线 $\begin{cases} x = t^2 - 3, \\ y = 2t - t^3 \end{cases}$ 在 $t = 1$ 处的切线方程.

解 曲线上对应 $t = 1$ 的点为 $(-2, 1)$，则曲线在 $t = 1$ 处的切线斜率为

$$k = \dfrac{dy}{dx}\bigg|_{t=1} = \dfrac{\frac{dy}{dt}}{\frac{dx}{dt}}\bigg|_{t=1} = \dfrac{2-3t^2}{2t}\bigg|_{t=1} = -\dfrac{1}{2}.$$

应用直线的点斜式方程，可得所求的切线方程为 $y - 1 = -\dfrac{1}{2}(x+2)$，即

$$x + 2y = 0.$$

习题 2.2

1. 已知 $f(x) = \ln 2x$，则 $[f(2)]' = $ _____.

2. 计算下列函数的导数.
   （1）$y = x^2 + 2^x + \log_2 x - 2^2$；
   （2）$y = \sqrt{x} - xe^x$.

3. 计算下列函数的导数.
   （1）$y = \dfrac{1}{\sqrt{3x-5}}$；
   （2）$y = \sqrt{3 - 4x^2}$；
   （3）$y = \sin^2 x$.

4. 计算下列函数的导数.
   （1）$y = \cos^2 2x$；
   （2）$y = \sqrt[3]{1 + \ln^2 x}$；
   （3）$y = \ln \sin x^2$.

5. 下列各方程中 y 是 x 的隐函数，试求 y'.
   （1）$e^x - y^2 = xy$；
   （2）$\sin(x+y) = e^{xy} + 4x$.

6. 已知有下列参数方程（t 为参数），求 $\dfrac{dy}{dx}$.
   （1）$\begin{cases} x = 2t^2 + 1, \\ y = \sin t; \end{cases}$
   （2）$\begin{cases} x = t^2, \\ y = \dfrac{1}{1+t}. \end{cases}$

2.3 高阶导数

高阶导数

引例1（做变速直线运动物体的加速度） 由 2.1 节的引例 2 知，物体在做变速直线运动时，其速度函数 $v(t)$ 是路程函数 $s = f(t)$ 对时间 t 的导数，即 $v(t) = \dfrac{ds}{dt} = f'(t)$. 那么，如何求做变速直线运动物体的加速度呢？

分析 从 t 到 $t+\Delta t$，物体在 Δt 时间内速度的平均变化率为 $\dfrac{\Delta v}{\Delta t} = \dfrac{v(t+\Delta t)-v(t)}{\Delta t}$，这个平均变化率称为物体在 Δt 时间内的平均加速度. 于是，物体在 t 时刻速度的瞬时变化率即加速度为

$$a(t) = \lim_{\Delta t \to 0} \frac{\Delta v}{\Delta t} = \lim_{\Delta t \to 0} \frac{v(t+\Delta t)-v(t)}{\Delta t} = v'(t).$$

这就是说，加速度是速度 $v(t)$ 对时间 t 的导数，即

$$a(t) = \frac{dv}{dt} = \frac{d}{dt}\left(\frac{ds}{dt}\right) \text{ 或 } a(t) = v'(t) = [f'(t)]'.$$

这种导数的导数 $\dfrac{d}{dt}\left(\dfrac{ds}{dt}\right)$ 或 $[f'(t)]'$ 称为二阶导数，我们有如下定义.

定义 1 如果函数 $y = f(x)$ 的导数 $y' = f'(x)$ 仍然可导，则称 $y' = f'(x)$ 的导数为函数 $y = f(x)$ 的**二阶导数**，记作 y'' 或 $\dfrac{d^2 y}{dx^2}$，即

$$y'' = (y')' \text{ 或 } \frac{d^2 y}{dx^2} = \frac{d}{dx}\left(\frac{dy}{dx}\right).$$

类似地，二阶导数的导数称为**三阶导数**，三阶导数的导数称为**四阶导数**，……. 一般地，$n-1$ 阶导数的导数称为 n **阶导数**，分别记作

$$y''',\ y^{(4)},\ \cdots,\ y^{(n)} \text{ 或 } \frac{d^3 y}{dx^3},\ \frac{d^4 y}{dx^4},\ \cdots,\ \frac{d^n y}{dx^n}.$$

二阶及二阶以上的导数统称为**高阶导数**. 相应地，函数 $y = f(x)$ 的导数 y' 称为**一阶导数**.

例1 设 $y = x^2 - 5x + \ln 2$，求 y''，y'''.

解 $y' = 2x - 5$，$y'' = 2$，$y''' = 0$.

例2 设 $y = \ln(1+x)$，求 $y''|_{x=1}$.

解 $y' = \dfrac{1}{1+x}$，$y'' = -\dfrac{1}{(1+x)^2}$，$y''|_{x=1} = -\dfrac{1}{(1+x)^2}\bigg|_{x=1} = -\dfrac{1}{4}$.

例3 求函数 $y = e^{2x}$ 的 n 阶导数.

解 $y' = (e^{2x})' = e^{2x}(2x)' = 2e^{2x}$,

$y'' = (2e^{2x})' = 2(e^{2x})' = 2^2 e^{2x}$,

$y''' = (2^2 e^{2x})' = 2^2(e^{2x})' = 2^3 e^{2x}$,

…

$y^{(n)} = 2^n e^{2x}$.

例 4 求由参数方程 $\begin{cases} x = a\cos^3 t \\ y = a\sin^3 t \end{cases}$ 所确定的函数的二阶导数.

解 $\dfrac{dy}{dx} = \dfrac{\dfrac{dy}{dt}}{\dfrac{dx}{dt}} = \dfrac{3a\sin^2 t\cos t}{3a\cos^2 t(-\sin t)} = -\tan t$，再求导一次即可得二阶导数为

$$\dfrac{d^2 y}{dx^2} = \dfrac{d}{dx}\left(\dfrac{dy}{dx}\right) = \dfrac{d}{dx}(-\tan t) = \dfrac{d}{dt}(-\tan t) \cdot \dfrac{dt}{dx} = \dfrac{d(-\tan t)}{dt} \cdot \dfrac{1}{\dfrac{dx}{dt}} = \dfrac{-\dfrac{1}{\cos^2 t}}{-3a\cos^2 t\sin t} = \dfrac{1}{3a\cos^4 t\sin t}.$$

例 5 设 $y = y(x)$ 由方程 $e^y + xy = e$ 所确定，试求 $y'(0)$，$y''(0)$.

解 将方程两边同时对 x 求导得 $e^y y' + y + xy' = 0$，再求导得 $e^y(y')^2 + (e^y + x)y'' + 2y' = 0$. 当 $x = 0$ 时，$y = 1$，代入上述两式即可得

$$y'(0) = -\dfrac{1}{e}, \quad y''(0) = \dfrac{1}{e^2}.$$

习题 2.3

1. 若 $f(x) = x\cos x$，则 $f''(x) = $（   ）.

   A. $\cos x + x\sin x$ B. $\cos x - x\sin x$

   C. $2\sin x + x\cos x$ D. $-2\sin x - x\cos x$

2. 设 $y = \dfrac{1-x}{\sqrt{x}}$，求 y'' 及 $y''(1)$.

3. 若物体的运动方程为 $s(t) = t^3 - 4t^2 + 2t + 3$，其中 t 的单位是 s，$s(t)$ 的单位是 m. 求物体在 3 s 时的速度和加速度.

4. 求函数 $y = \ln x$ 的 n 阶导数.

2.4 导数应用

*2.4.1 中值定理

定理 1（拉格朗日中值定理） 若函数 $f(x)$ 满足下列条件：

（1）在闭区间 $[a, b]$ 上连续；

（2）在开区间 (a, b) 内可导，

则在开区间 (a, b) 内至少存在一点 ξ，使得

$$f'(\xi) = \dfrac{f(b) - f(a)}{b - a}.$$

定理 1 的证明从略，这里从几何意义加以说明.

中值定理

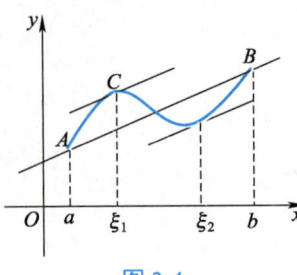

图 2-4

如图 2-4 所示,平移经过曲线 $y=f(x)$ 两个端点 A,B 的直线,将其移到与曲线只有一个交点的地方,如 ξ_1 的对应点 C 处. 在 C 处切线的斜率为 $f'(\xi_1)$,而直线 AB 的斜率为 $k_{AB}=\dfrac{f(b)-f(a)}{b-a}$. 因为两条直线平行,斜率相等,所以 $f'(\xi_1)=\dfrac{f(b)-f(a)}{b-a}$. $x=\xi_1$ 就是满足拉格朗日中值定理结论的点.

例 1 求函数 $f(x)=x^3$ 在 $(-1,2)$ 内满足拉格朗日中值定理条件的 ξ 值.

解 因为 $f(x)=x^3$ 在 $[-1,2]$ 上连续,且在 $(-1,2)$ 内可导,故满足拉格朗日中值定理条件的 ξ 值满足

$$f'(\xi)=\dfrac{2^3-(-1)^3}{2-(-1)}=3,$$

即 $f'(\xi)=3\xi^2=3$,解得:$\xi_1=1$ 或 $\xi_2=-1$(舍去). 所以,$\xi=1$ 为所求的值.

例 2 求证:$|\sin x-\sin y|\leqslant|x-y|$ 成立.

证 令 $f(x)=\sin x$,显然 $f(x)$ 满足拉格朗日中值定理的条件. 不妨设 $x<y$,故存在 $\xi\in(x,y)$,使得

$$f'(\xi)=\dfrac{\sin x-\sin y}{x-y},$$

即 $\sin x-\sin y=\cos\xi\cdot(x-y)$,故

$$|\sin x-\sin y|=|\cos\xi|\cdot|x-y|\leqslant|x-y|.$$

问题得证.

在拉格朗日中值定理中,如果 $f(a)=f(b)$,则可得到以下罗尔中值定理.

定理 2(罗尔中值定理) 如果函数 $f(x)$ 在闭区间 $[a,b]$ 上连续,在开区间 (a,b) 内可导,且 $f(a)=f(b)$,那么在 (a,b) 内至少存在一点 ξ,使得 $f'(\xi)=0$.

利用拉格朗日中值定理,还可得到以下推论.

推论 1 如果函数 $f(x)$ 在开区间 (a,b) 内满足 $f'(x)\equiv 0$,那么在 (a,b) 内 $f(x)\equiv C$(C 为常数).

推论 2 如果两个函数 $f(x)$,$g(x)$ 在开区间 (a,b) 内满足 $f'(x)\equiv g'(x)$,那么在 (a,b) 内有 $f(x)\equiv g(x)+C$(C 为常数).

拉格朗日中值定理的一个十分重要的推广是以下柯西中值定理.

定理 3(柯西中值定理) 设函数 $f(x)$ 和 $g(x)$ 满足下列条件:

(1) 在闭区间 $[a,b]$ 上连续;

(2) 在开区间 (a,b) 内可导;

(3) $g'(x)$ 在 (a,b) 内的每一点均不为零,

则在 (a,b) 内至少有一点 ξ,使得

$$\dfrac{f(b)-f(a)}{g(b)-g(a)}=\dfrac{f'(\xi)}{g'(\xi)}.$$

> **注意**
>
> 在上式中,如果取 $g(x)=x$,那么 $g(b)-g(a)=b-a$,$g'(x)=1$,从而上式就变为 $\dfrac{f(b)-f(a)}{b-a}=f'(\xi)$,即拉格朗日中值定理的形式. 因此,拉格朗日中值定理是柯西中值定理的特例.

拉格朗日中值定理、罗尔中值定理和柯西中值定理统称为**中值定理**,它们给出了函数及其导数之间的关系,为我们利用导数研究函数的某些特性提供了方法.

2.4.2 洛必达法则

在求极限的过程中,如果当 $x \to x_0$ 或 $x \to \infty$ 时,两个函数 $f(x)$,$g(x)$ 都趋于 0 或都趋于 ∞,这时极限 $\lim\limits_{x \to x_0}\dfrac{f(x)}{g(x)}$ 或 $\lim\limits_{x \to \infty}\dfrac{f(x)}{g(x)}$ 可能存在也可能不存在,通常称这类极限为"$\dfrac{0}{0}$"型或"$\dfrac{\infty}{\infty}$"型未定式.

例如,$\lim\limits_{x \to \frac{\pi}{2}}\dfrac{2x-\pi}{\cos x}$,$\lim\limits_{x \to 0}\dfrac{e^x - e^{-x}}{\sin x}$ 都是"$\dfrac{0}{0}$"型未定式,$\lim\limits_{x \to +\infty}\dfrac{\ln x}{x^2}$,$\lim\limits_{x \to +\infty}\dfrac{x \sin x}{x + \sin x}$ 都是"$\dfrac{\infty}{\infty}$"型未定式. 显然,用第一章所学方法很难求出其极限值. 下面介绍求这类极限的一种简便而有效的方法——洛必达法则.

定理 4(洛必达法则) 如果函数 $f(x)$ 和 $g(x)$ 在 x_0 附近可导,且满足下列条件:

(1) $\lim\limits_{x \to x_0} f(x) = 0$;$\lim\limits_{x \to x_0} g(x) = 0$;

(2) $g'(x) \neq 0$;

(3) $\lim\limits_{x \to x_0}\dfrac{f'(x)}{g'(x)} = A$(或 ∞),

则有
$$\lim_{x \to x_0}\frac{f(x)}{g(x)} = \lim_{x \to x_0}\frac{f'(x)}{g'(x)} = A(\text{或}\infty).$$

证 由于 $\lim\limits_{x \to x_0}\dfrac{f(x)}{g(x)}$ 与 $f(x_0)$ 及 $g(x_0)$ 的值无关,故可设 $f(x_0) = g(x_0) = 0$,于是 $f(x)$ 与 $g(x)$ 在点 x_0 处连续. 在点 x_0 附近任取一点 x,由柯西中值定理得

$$\frac{f(x)}{g(x)} = \frac{f(x)-f(x_0)}{g(x)-g(x_0)} = \frac{f'(\xi)}{g'(\xi)} \quad (\xi \text{ 介于 } x \text{ 与 } x_0 \text{ 之间}).$$

由于 $x \to x_0$ 时,$\xi \to x_0$,所以对上式两端取 $x \to x_0$ 时的极限,便得要证的结果.

> **说明**
>
> (1) 这个定理告诉我们,当 $x \to x_0$ 时,在符合定理条件下,"$\dfrac{0}{0}$"型未定式的值可以通过分子、分母分别求导,再求极限而确定.

洛必达法则

（2）定理只对 $x \to x_0$ 时进行了描述，对于 x 的其他变化趋势也都成立.

（3）"$\frac{\infty}{\infty}$"型未定式也有类似于"$\frac{0}{0}$"型未定式的洛必达法则，这里不再描述.

例3 求 $\lim\limits_{x \to 0} \dfrac{e^x - e^{-x}}{\sin x}$.

解 $\lim\limits_{x \to 0} \dfrac{e^x - e^{-x}}{\sin x} \xlongequal{\text{属"}\frac{0}{0}\text{"型未定式}} \lim\limits_{x \to 0} \dfrac{e^x + e^{-x}}{\cos x} = \dfrac{1+1}{1} = 2$.

例4 求 $\lim\limits_{x \to 0} \dfrac{1 - \cos x}{x^3}$.

解 $\lim\limits_{x \to 0} \dfrac{1 - \cos x}{x^3} \xlongequal{\text{属"}\frac{0}{0}\text{"型未定式}} \lim\limits_{x \to 0} \dfrac{\sin x}{3x^2} \xlongequal{\text{属"}\frac{0}{0}\text{"型未定式}} \lim\limits_{x \to 0} \dfrac{\cos x}{6x} = \infty$.

例5 求 $\lim\limits_{x \to +\infty} \dfrac{\ln x}{x^n}\ (n > 0)$.

解 $\lim\limits_{x \to +\infty} \dfrac{\ln x}{x^n} \xlongequal{\text{属"}\frac{\infty}{\infty}\text{"型未定式}} \lim\limits_{x \to +\infty} \dfrac{\frac{1}{x}}{nx^{n-1}} = \lim\limits_{x \to +\infty} \dfrac{1}{nx^n} = 0$.

使用洛必达法则求极限时，还应注意以下几点.

（1）每次使用洛必达法则前，必须检验式子是否属于"$\frac{0}{0}$"型或"$\frac{\infty}{\infty}$"型未定式. 若不是，则不能使用洛必达法则.

（2）当 $\lim \dfrac{f'(x)}{g'(x)}$ 不存在时，并不能判定所求极限 $\lim \dfrac{f(x)}{g(x)}$ 是否存在，此时应寻求其他方法求极限.

除上述"$\frac{0}{0}$"型或"$\frac{\infty}{\infty}$"型未定式外，还有"$0 \cdot \infty$""$\infty - \infty$""0^0""1^∞""∞^0"等形式的未定式，这些未定式往往可以通过适当变形转化为"$\frac{0}{0}$"型或"$\frac{\infty}{\infty}$"型未定式后，再使用洛必达法则.

例6 求 $\lim\limits_{x \to 0}\left(\dfrac{1}{\sin x} - \dfrac{1}{x}\right)$.

解 $\lim\limits_{x \to 0}\left(\dfrac{1}{\sin x} - \dfrac{1}{x}\right) \xlongequal{\text{属"}\infty - \infty\text{"型未定式}} \lim\limits_{x \to 0} \dfrac{x - \sin x}{x \sin x} \xlongequal{\text{属"}\frac{0}{0}\text{"型未定式}} \lim\limits_{x \to 0} \dfrac{1 - \cos x}{\sin x + x \cos x}$

$\xlongequal{\text{属"}\frac{0}{0}\text{"型未定式}} \lim\limits_{x \to 0} \dfrac{\sin x}{\cos x + \cos x - x \sin x} = 0$.

2.4.3 函数的单调性

引例1 讨论函数 $y = e^x - x - 1$ 的单调性.

分析 任取 $x_1 < x_2$，有

$$f(x_2) - f(x_1) = (e^{x_2} - e^{x_1}) + (x_1 - x_2).$$

上式的正负值难以判断. 由此可见，利用单调性的定义判断函数单调性有时会比较困难. 下面我们利用导数来研究函数的单调性.

如图 2-5 所示，若函数 $y=f(x)$ 在某区间上单调递增，则它的图形是随 x 的增大而上升的曲线，曲线上各点处的切线斜率非负，即 $y'=f'(x)\geqslant 0$.

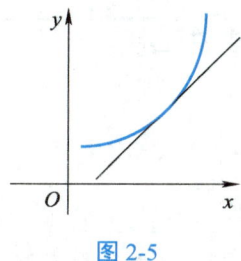

图 2-5

如图 2-6 所示，若函数 $y=f(x)$ 在某区间上单调递减，则它的图形是随 x 的增大而下降的曲线，曲线上各点处的切线斜率非正，即 $y'=f'(x)\leqslant 0$.

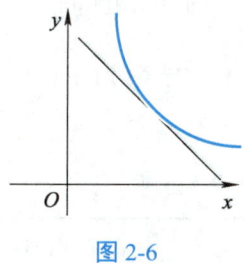

图 2-6

由此可见，函数的单调性与导数的符号有着密切的关系.

定理 5　设函数 $y=f(x)$ 在区间 $[a,b]$ 上连续，在 (a,b) 内可导，则

（1）如果在 (a,b) 内 $f'(x)>0$，那么函数 $y=f(x)$ 在 $[a,b]$ 上单调递增；

（2）如果在 (a,b) 内 $f'(x)<0$，那么函数 $y=f(x)$ 在 $[a,b]$ 上单调递减.

证　因为 $y=f(x)$ 在区间 $[a,b]$ 上连续，在 (a,b) 内可导，在区间 $[a,b]$ 上任取两点 x_1，x_2 $(x_1<x_2)$，由拉格朗日中值定理得 $f(x_2)-f(x_1)=f'(\xi)(x_2-x_1)$ $(x_1<\xi<x_2)$. 若 (a,b) 内 $f'(x)>0$，则 $f'(\xi)>0$，且 $x_2-x_1>0$，故有 $f(x_2)-f(x_1)>0$，即 $f(x_2)>f(x_1)$. 所以函数 $y=f(x)$ 在 $[a,b]$ 上单调递增.

同理可证 $f'(x)<0$ 的情况.

说　明

定理 5 中的闭区间换成其他各种区间（包括无穷区间），结论也成立；如果在 (a,b) 内 $f'(x)\geqslant 0$（或 $f'(x)\leqslant 0$），但等号只在个别点处成立，那么定理 5 的结论也成立.

例 7　用定理 5 来解答引例 1 的问题.

解　函数 $y=\mathrm{e}^x-x-1$ 的定义域为 $(-\infty,+\infty)$，导数为 $y'=\mathrm{e}^x-1$.

因为在 $(-\infty,0)$ 内 $y'<0$，所以函数 $y=\mathrm{e}^x-x-1$ 在 $(-\infty,0]$ 上单调递减；因为在 $(0,+\infty)$ 内 $y'>0$，所以函数 $y=\mathrm{e}^x-x-1$ 在 $[0,+\infty)$ 上单调递增，如图 2-7 所示.

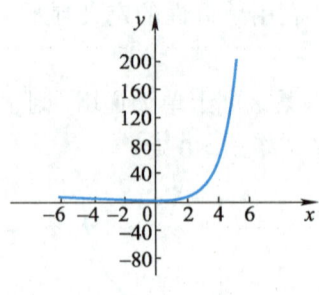

图 2-7

> **注 意**
>
> 函数的单调性是一个区间上的性质,要用导数在这一区间上的符号来判定,而不能用一点处的导数符号来判定一个区间上的单调性.

例 8 求函数 $f(x)=\dfrac{1}{3}x^3-x-\dfrac{2}{3}$ 的单调区间.

解 该函数的定义域为 $(-\infty,+\infty)$,导数为 $f'(x)=x^2-1=(x-1)(x+1)$. 令 $f'(x)=0$,得 $x=\pm 1$. 列表讨论,如表 2-3 所示.

表 2-3

x	$(-\infty,-1)$	-1	$(-1,1)$	1	$(1,+\infty)$
$f'(x)$	$+$	0	$-$	0	$+$
$f(x)$	↗		↘		↗

注:表中箭头"↗""↘"分别表示函数在此区间单调递增与单调递减.

所以,$(-\infty,-1]$ 和 $[1,+\infty)$ 是 $f(x)$ 的单调递增区间,$[-1,1]$ 是 $f(x)$ 的单调递减区间,如图 2-8 所示.

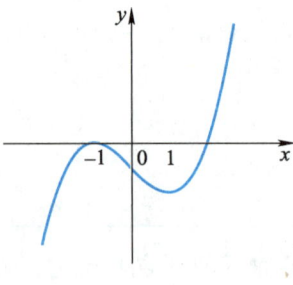

图 2-8

例 9 求函数 $f(x)=(x-1)x^{\frac{2}{3}}$ 的单调区间.

解 该函数的定义域为 $(-\infty,+\infty)$,导数为 $f'(x)=x^{\frac{2}{3}}+\dfrac{2}{3}(x-1)x^{-\frac{1}{3}}=\dfrac{5x-2}{3x^{\frac{1}{3}}}$.

令 $f'(x)=0$,得 $x=\dfrac{2}{5}$. 此外,显然 $x=0$ 为 $f(x)$ 的不可导点. 列表讨论,如表 2-4 所示.

表 2-4

x	$(-\infty, 0)$	0	$\left(0, \dfrac{2}{5}\right)$	$\dfrac{2}{5}$	$\left(\dfrac{2}{5}, +\infty\right)$
$f'(x)$	+	不存在	−	0	+
$f(x)$	↗		↘		↗

所以 $(-\infty, 0]$ 和 $\left[\dfrac{2}{5}, +\infty\right)$ 是 $f(x)$ 的单调递增区间，$\left[0, \dfrac{2}{5}\right]$ 是 $f(x)$ 的单调递减区间.

从例 8 和例 9 可以看出，有些函数在它的定义域上不是单调的，但用导数等于零的点（称为**驻点**）和导数不存在的点对函数的定义域进行划分后，就可以判断函数在各个子区间上的单调性．因此，利用导数对函数单调区间的讨论一般可按如下步骤进行：

（1）确定函数的定义域；

（2）求出使 $f'(x) = 0$ 和 $f'(x)$ 不存在的点，并以这些点为分界点，将定义域分为若干个子区间；

（3）确定 $f'(x)$ 在各个子区间内的符号，从而判断出 $f(x)$ 的单调区间（列表判断）.

*例 10 求证：$\sin x < x\ \left(0 < x < \dfrac{\pi}{2}\right)$.

证 令 $f(x) = \sin x - x$，则 $f(x)$ 在 $\left[0, \dfrac{\pi}{2}\right]$ 上连续，在 $\left(0, \dfrac{\pi}{2}\right)$ 内可导．$f(x)$ 的导数为

$$f'(x) = \cos x - 1 < 0\ \left(0 < x < \dfrac{\pi}{2}\right),$$

即 $f(x)$ 在 $\left[0, \dfrac{\pi}{2}\right]$ 上单调递减，所以有 $f(x) < f(0) = 0$，即 $\sin x - x < 0$．故当 $0 < x < \dfrac{\pi}{2}$ 时，$\sin x < x$．问题得证.

2.4.4 函数的极值

引例 2 在本节例 8 中，分别考察点 $x = -1$ 和 $x = 1$ 左右两侧邻近函数值的大小.

分析 点 $x = -1$ 和 $x = 1$ 是函数 $f(x) = \dfrac{1}{3}x^3 - x - \dfrac{2}{3}$ 的单调区间分界点．在点 $x = -1$ 的左侧邻近，函数 $f(x)$ 是单调递增的；在点 $x = -1$ 的右侧邻近，函数 $f(x)$ 是单调递减的．因此，对于点 $x = -1$ 左右两侧邻近的某一个范围内的任何一个点 $x\ (x \neq -1)$，都有 $f(x) < f(-1)$ 成立．类似地，对于点 $x = 1$ 左右两侧邻近的某一个范围内的任何一个点 $x\ (x \neq 1)$，都有 $f(x) > f(1)$ 成立.

具有上述性质的点 $x = -1$ 和 $x = 1$ 具有重要的实际意义，我们给出以下定义.

定义 1 设函数 $f(x)$ 在 x_0 的某一邻域有定义，如果对于该区域内任何异于 x_0 的 x 都有

（1）$f(x) < f(x_0)$ 成立，则称 $f(x_0)$ 为 $f(x)$ 的**极大值**，称 x_0 为 $f(x)$ 的**极大值点**；

（2）$f(x) > f(x_0)$ 成立，则称 $f(x_0)$ 为 $f(x)$ 的**极小值**，称 x_0 为 $f(x)$ 的**极小值点**.

极大值、极小值统称为**极值**，极大值点、极小值点统称为**极值点**.

引例 3 分别考察图 2-9 中函数在点 $x_1, \cdots, x_5$ 处的极值情况.

函数的极值

分析 （1）x_1，x_4 为极大值点，其对应极大值分别为 $f(x_1)$ 和 $f(x_4)$；x_2，x_5 为极小值点，其对应极小值分别为 $f(x_2)$ 和 $f(x_5)$．其中极大值 $f(x_1)$ 比极小值 $f(x_5)$ 还小，说明函数的极值是一种局部性概念．

（2）函数的极值通常在曲线的上升与下降的转折处取得，这些极值点是函数单调区间的分界点，因此驻点和导数不存在的点是可能的极值点．

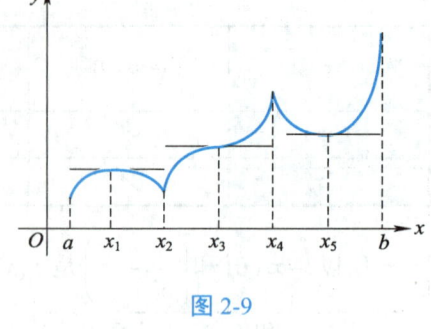

图 2-9

（3）曲线在点 $(x_3, f(x_3))$ 处的切线是水平的，但函数在 x_3 处并没有取得极值．

现在来讨论取得极值的必要条件和充分条件．

定理 6（极值存在的必要条件） 设函数 $f(x)$ 在 x_0 处可导，且在 x_0 处取得极值，那么 $f'(x_0)=0$．

> **注意**
>
> （1）定理 6 表明：可导函数 $f(x)$ 的极值点必定是它的驻点；反之，函数的驻点却不一定是极值点．例如，$x=0$ 是 $y=x^3$ 的驻点，但不是其极值点．
>
> （2）定理 6 的条件是 $f(x)$ 在 x_0 处可导，但是在导数不存在的点，函数也可能有极值．例如，函数 $f(x)=|x|$ 在点 $x=0$ 处不可导，但函数在该点处取得极小值．

哪些驻点或不可导点是函数的极值点呢？下面给出判断极值的充分条件．

定理 7（极值存在的第一充分条件） 设函数 $f(x)$ 在点 x_0 处连续，在点 x_0 的某一邻域可导（x_0 可除外），且 $f'(x_0)=0$（或 $f'(x_0)$ 不存在）．当 x 由小增大经过 x_0 时，如果

（1）$f'(x)$ 的符号由正变负，那么 $f(x)$ 在 x_0 处取得极大值；

（2）$f'(x)$ 的符号由负变正，那么 $f(x)$ 在 x_0 处取得极小值；

（3）$f'(x)$ 的符号不改变，那么 $f(x)$ 在 x_0 处没有极值．

例 11 求函数 $f(x)=\dfrac{1}{3}x^3-x^2-3x+5$ 的极值．

解 该函数的定义域为 $(-\infty,+\infty)$，导数为 $f'(x)=x^2-2x-3=(x+1)(x-3)$．令 $f'(x)=0$ 得驻点 $x_1=-1$，$x_2=3$．列表讨论，如表 2-5 所示．

表 2-5

x	$(-\infty,-1)$	-1	$(-1,3)$	3	$(3,+\infty)$
$f'(x)$	$+$	0	$-$	0	$+$
$f(x)$	↗	极大值	↘	极小值	↗

所以 $x=-1$ 是函数的极大值点，极大值为 $f(-1)=\dfrac{20}{3}$；$x=3$ 是函数的极小值点，极小值为 $f(3)=-4$．

例 12 求函数 $f(x)=2x-3x^{\frac{2}{3}}$ 的极值．

解 该函数的定义域为 $(-\infty,+\infty)$，导数为 $f'(x)=2-2x^{-\frac{1}{3}}=2(1-x^{-\frac{1}{3}})$.

令 $f'(x)=0$，得驻点 $x=1$；此外，显然 $x=0$ 为 $f(x)$ 的不可导点. 列表讨论，如表 2-6 所示.

表 2-6

x	$(-\infty,0)$	0	$(0,1)$	1	$(1,+\infty)$
$f'(x)$	+	不存在	−	0	+
$f(x)$	↗	极大值	↘	极小值	↗

所以，$x=0$ 是函数的极大值点，极大值为 $f(0)=0$；$x=1$ 是函数的极小值点，极小值为 $f(1)=-1$.

定理 8（极值存在的第二充分条件） 设函数 $f(x)$ 在 x_0 处具有二阶导数且 $f'(x_0)=0$，$f''(x_0)\neq 0$，那么

（1）当 $f''(x_0)<0$ 时，函数 $f(x)$ 在 x_0 处取得极大值；

（2）当 $f''(x_0)>0$ 时，函数 $f(x)$ 在 x_0 处取得极小值.

> **注意**
>
> 若 $f''(x_0)=0$，则定理 8 不适用，此时需用定理 7 进行讨论.

例 13 求函数 $f(x)=3x^4-4x^3-1$ 的极值.

解 该函数的定义域为 $(-\infty,+\infty)$，导数为 $f'(x)=12x^3-12x^2=12x^2(x-1)$，二阶导数为 $f''(x)=36x^2-24x$.

令 $f'(x)=0$，得驻点 $x_1=1$，$x_2=0$.

因为 $f''(1)=36-24=12>0$，所以 $x_1=1$ 是 $f(x)$ 的极小值点，极小值为 $f(1)=-2$.

又 $f''(0)=0$，当 $x\in(-\infty,0)$ 时，$f'(x)<0$；当 $x\in(0,1)$ 时，$f'(x)<0$. 故 $x_2=0$ 不是 $f(x)$ 的极值点，$f(x)$ 在 $x_2=0$ 处无极值.

> **说明**
>
> 求函数极值的一般步骤归纳如下：
>
> （1）确定函数的定义域；
>
> （2）求出驻点和导数不存在的点；
>
> （3）利用定理 7 和定理 8 判断函数的极值.

砥节砺行

极小值是一段递减函数的结束，也是一段递增函数的开始. 同样，极大值是一段递增函数的结束，也是一段递减函数的开始. 在现实生活中，"低谷"和"高峰"也都是暂时的，我们在遭遇挫折、处于低谷时不能悲观绝望，因为低谷往往意味着一段低潮的结束和一个新生活的开始；而在获得成功、处于高峰时也不应骄傲自满，要警惕高峰之后随之而来的低潮.

2.4.5 函数的最值及应用

函数的最值

在实际问题中经常遇到需要解决在一定条件下的最大、最小、最远、最近、最好、最优等问题，这类问题在数学上通常可以归结为求某一函数（通常称为目标函数）在给定区间上的最大值或最小值问题，这里统称为最值问题.

我们把函数在某一范围内取得函数值的最大者称为<u>函数的最大值</u>，最小者称为<u>函数的最小值</u>，最大值与最小值统称为<u>函数的最值</u>.

可以证明，如果 $f(x)$ 在 $[a,b]$ 上连续，则 $f(x)$ 在 $[a,b]$ 上必定能取得最大值与最小值. 如果 x_0 是函数 $f(x)$ 的一个最大值点或最小值点，且 $x_0 \in (a,b)$，则 x_0 一定是函数 $f(x)$ 的极值点. 所以，闭区间上的连续函数只能在极值点处或在区间的端点处取得最大或最小值. 于是我们可以归纳出求函数 $f(x)$ 在闭区间 $[a,b]$ 上最值的步骤：

（1）求出所有可能极值点（驻点和不可导点）；

（2）计算出上述驻点、不可导点及区间端点的函数值；

（3）通过比较上述各函数值的大小，求得函数的最大值和最小值.

例 14 求函数 $f(x)=3x^4-4x^3-1$ 在区间 $[-1,2]$ 上的最大值和最小值.

解 （1）由例 13 可知 $f(x)$ 的驻点为 $x_1=1$，$x_2=0$；

（2）$f(1)=-2$，$f(0)=-1$，$f(-1)=6$，$f(2)=15$；

（3）函数 $f(x)$ 的最大值是 $f(2)=15$，函数 $f(x)$ 的最小值是 $f(1)=-2$.

函数最值应用

> **注 意**
>
> 极值与最值的比较：
>
> （1）极值是局部性的，最值是全局性的；
>
> （2）极值一定在区间内部取得，最值可在区间端点处取得；
>
> （3）极值可有多个，而最值唯一.

例 15 某房地产公司有 50 套公寓要出租. 当房租定为每月 900 元时，公寓会全部租出去；当房租每月增加每 50 元时，就有一套公寓租不出去. 而租出去的房子每套每月需花费 100 元的整修维护费. 试问房租定为多少可使收入最大？

分析 对于最值问题，往往根据问题的性质就可以断定函数 $f(x)$ 在定义区间内是否有最大值或最小值. 如果函数 $f(x)$ 在定义区间内有唯一的驻点 x_0，则 x_0 就是最值点，$f(x_0)$ 就是定义区间内的最大（或最小）值.

解 （1）建立目标函数.

要想收入不为负，房租每月至少要不少于 100 元. 当房租为 3 400 元时刚好一套公寓都租不出去. 所以，房租的变化范围为 $x \in [100, 3\,400]$.

设房租为每月 x 元，则租出去的房子有 $50-\left(\dfrac{x-900}{50}\right)$ 套，每月总收入为

$$R(x)=(x-100)\left(50-\dfrac{x-900}{50}\right)=(x-100)\left(68-\dfrac{x}{50}\right), \quad x \in [100, 3\,400].$$

(2) 求目标函数的最值点.

对 $R(x)$ 求导得 $R'(x) = \left(68 - \dfrac{x}{50}\right) + (x - 100)\left(-\dfrac{1}{50}\right) = 70 - \dfrac{x}{25}$. 令 $R'(x) = 0$, 得唯一驻点 $x = 1\,750$. 由于房租收入必存在最大值, 故 $x = 1\,750$ 即是收入函数的最大值点.

(3) 因此, 每月每套公寓房租定为 1 750 元时可使收入最高. 此时最大收入为
$$R(1\,750) = (1\,750 - 100)\left(68 - \dfrac{1\,750}{50}\right) = 54\,450\,(\text{元}).$$

> **注 意**
>
> 实际问题中最值问题的求法:
> (1) 建立目标函数;
> (2) 求出目标函数在定义区间内的最值点;
> (3) 按问题的要求写出结论.

例 16 制作一个体积为 54π m³ 的封口的圆柱体容器（见图 2-10）, 怎样设计才能使得用料最省?

解 (1) 建立目标函数.

用料最省即为圆柱体的表面积最小. 设圆柱体表面积为 S m², 高为 h m, 底面半径为 r m, 则
$$S = 2\pi r^2 + 2\pi r h.$$

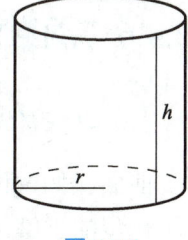

图 2-10

又圆柱体的体积为 $\pi r^2 h = 54\pi$, 得 $h = \dfrac{54}{r^2}$. 故有
$$S = 2\pi r^2 + \dfrac{108\pi}{r}, \quad r \in (0, +\infty).$$

(2) 求目标函数的最值点.

对 S 求导得 $S' = 4\pi r - \dfrac{108\pi}{r^2}$. 令 $S' = 0$, 得唯一驻点 $r = 3$. 由于此圆柱体表面积一定有最小值, 故 $r = 3$ 就是最小值点, 此时 $h = \dfrac{54}{r^2} = 6$.

(3) 因此, 当底面半径为 3 m、高为 6 m 时, 用料最省.

> **说 明**
>
> 由例 16 可知, 若圆柱体体积为定值, 则当高和底面直径相等时用料最省. 许多圆柱体容器都是根据这个原理设计制造的.

例 17 设某企业每季度生产某种产品 q 个单位时, 总成本函数为 $C(q) = q^3 - 4q^2 + 7q$. 求使得平均成本最小的产量.

解 (1) 建立目标函数.

平均成本函数为 $\overline{C}(q) = \dfrac{C(q)}{q} = q^2 - 4q + 7$, $q \in (0, +\infty)$.

(2) 求目标函数的最值点.

对函数求导得 $\bar{C}'(q) = 2q - 4$. 令 $\bar{C}'(q) = 0$, 得唯一驻点 $q = 2$. 由于平均成本一定存在最小值, 故 $q = 2$ 就是最小值点.

(3) 因此, 每季度产量为 2 个单位时平均成本 $\bar{C}(q)$ 最小.

> **砥节砺行**
>
> 数学来源于实践. 在工农业生产、工程技术中, 人们常常会遇到这样一类问题: 如何才能使产品最多、用料最省、成本最低、效率最高等, 这一类问题在数学上归结为求目标函数的最大值或最小值问题. 例如, 要制造一个体积为 V 的圆柱形油罐, 底半径 R 和高 H 各等于多少时, 才能使表面积最小? 还有经济数学中的边际成本、边际收入、边际利润问题等. 因此, 当代大学生应树立数学意识, 在生活中多观察、多思考, 同时, 培养刻苦钻研、实事求是、严谨踏实、勇于探索的科学精神.

函数图形的描绘

*2.4.6 函数图形的描绘

1. 曲线的凹凸性与拐点

前面我们讨论了函数的单调性与极值, 这让我们对函数的变化情况有了初步的了解, 对描绘函数的图形很有帮助. 但是, 仅仅知道这些还不能全面反映出函数图形的特征. 例如, 图 2-11 中的 ACB 与 ADB 同是单调递增的两条曲线, 但弯曲方向却不同, 前者是凸的, 后者是凹的, 仅用单调性无法描述图形的凹凸性. 本节将用导数来研究曲线的凹凸性与拐点.

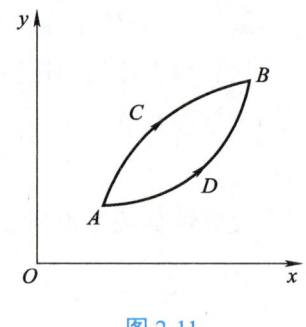

图 2-11

如图 2-11 所示, 曲线 ACB 上每一点的切线都位于曲线的上方, 曲线 ADB 上每一点的切线都位于曲线下方, 从而我们有如下定义.

定义 2 如果在某区间 (a, b) 内, 曲线 $y = f(x)$ 上每一点处的切线都位于曲线的上方, 则称曲线 $y = f(x)$ 在此区间 (a, b) 内是凸的（或称为凸弧, 也称下凹）; 如果在某区间 (a, b) 内, 曲线 $y = f(x)$ 上每一点处的切线都位于曲线的下方, 则称曲线 $y = f(x)$ 在此区间 (a, b) 内是凹的（或称为凹弧, 也称上凹）.

下面我们给出曲线凹凸性的判断法则.

定理 9 设函数 $f(x)$ 在 (a, b) 内具有二阶导数, 则

(1) 若在 (a, b) 内, $f''(x) > 0$, 则曲线 $y = f(x)$ 在 $[a, b]$ 上是凹的;

(2) 若在 (a, b) 内, $f''(x) < 0$, 则曲线 $y = f(x)$ 在 $[a, b]$ 上是凸的.

> **说明**
>
> (1) 若把定理 9 中的区间改为无穷区间, 结论仍然成立.
>
> (2) 如果在 (a, b) 内, $f''(x) \geq 0$（或 $f''(x) \leq 0$）, 但仅在个别孤立点处时才等于 0, 则定理 9 仍然成立.

定理 9 的几何说明如下.

当 $f''(x) > 0$ 时，$f'(x)$ 单调递增，即曲线斜率 $\tan\alpha$ 由小变大，所以曲线是凹的（见图 2-12）. 同理当 $f''(x) < 0$ 时，曲线是凸的.

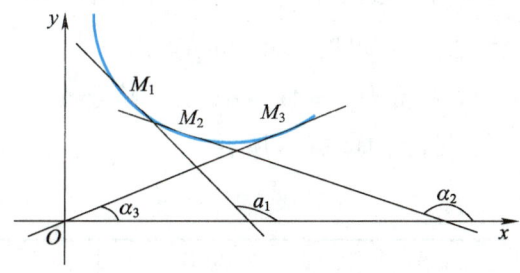

图 2-12

例 18　讨论曲线 $y = \dfrac{1}{x}$ 的凹凸性.

解　函数的定义域为 $(-\infty, 0)$ 和 $(0, +\infty)$，导数为 $y' = -\dfrac{1}{x^2}$，二阶导数为 $y'' = \dfrac{2}{x^3}$. 当 $x \in (-\infty, 0)$ 时，$y'' < 0$，曲线是凸的；当 $x \in (0, +\infty)$ 时，$y'' > 0$，曲线是凹的.

由例 18 可以看出，函数在它的不同定义区间内的图形的凹凸性可能不同，我们称连续曲线凹弧与凸弧的分界点为曲线的**拐点**（见图 2-13）. 由此可知，在拐点附近，左右两侧的 $f''(x)$ 必然异号；而在拐点处，$f''(x)$ 等于零或不存在.

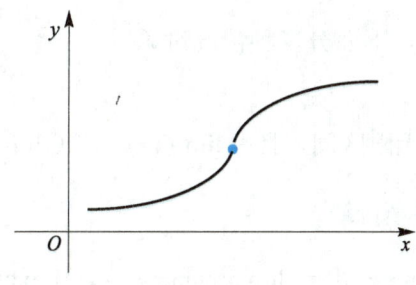

图 2-13

例 19　求曲线 $y = \sqrt[3]{x}$ 的凹凸性与拐点.

解　对函数求导得 $y' = \dfrac{1}{3} x^{-\frac{2}{3}}$，$y'' = -\dfrac{2}{9} x^{-\frac{5}{3}}$. 当 $x = 0$ 时，y' 和 y'' 都不存在. 列表讨论，如表 2-7 所示.

表 2-7

x	$(-\infty, 0)$	0	$(0, +\infty)$
y''	$+$	∞	$-$
y	$\cup$	拐点 $(0, 0)$	$\cap$

注：表中"$\cup$"表示曲线是凹的，"$\cap$"表示曲线是凸的.

因此，曲线的凹区间为 $(-\infty, 0)$，凸区间为 $(0, +\infty)$，拐点为 $(0, 0)$.

一般地，求曲线 $y=f(x)$ 的凹凸区间和拐点的步骤如下：

（1）求出函数 $y=f(x)$ 的定义域；

（2）求出使 $f''(x)=0$ 的点及 $f''(x)$ 不存在的点，用这些点把定义域分成若干个子区间；

（3）列表讨论在上述子区间内 $f''(x)$ 的符号，确定曲线的凹凸区间和拐点.

例 20 求曲线 $y=x^4-2x^3+1$ 的凹凸区间和拐点.

解 函数定义域为 $(-\infty,+\infty)$，导数为 $y'=4x^3-6x^2$，二阶导数为 $y''=12x^2-12x=12x(x-1)$. 令 $y''=0$，得 $x_1=0$，$x_2=1$. 列表讨论，如表 2-8 所示.

表 2-8

x	$(-\infty,0)$	0	$(0,1)$	1	$(1,+\infty)$
y''	+	0	−	0	+
y	∪	拐点 $(0,1)$	∩	拐点 $(1,0)$	∪

因此，曲线的凹区间为 $(-\infty,0)$ 和 $(1,+\infty)$，凸区间为 $(0,1)$，拐点为 $(0,1)$ 和 $(1,0)$.

2. 曲线的渐近线

有些函数的定义域与值域都是有限区间，此时函数的图形局限在一定的范围之内，如圆、椭圆等；而有些函数的定义域或值域是无穷区间，此时函数的图形向无穷远处延伸，如双曲线、抛物线等. 有些向无穷远延伸的曲线会呈现出越来越接近某一直线的趋势，这种直线就是曲线的渐近线.

定义 3 若曲线上一点沿曲线无限远离原点时，该点与某条直线的距离趋于零，则称此直线为曲线的渐近线.

并不是任何曲线都有渐近线，下面分三种情况讨论.

1）水平渐近线

若函数 $y=f(x)$ 的定义域是无限区间，且有 $\lim\limits_{x\to\infty}f(x)=a$（$\lim\limits_{x\to+\infty}f(x)=a$ 或 $\lim\limits_{x\to-\infty}f(x)=a$），则直线 $y=a$ 称为曲线 $y=f(x)$ 的水平渐近线.

例如，对于曲线 $f(x)=\arctan x$，由于 $\lim\limits_{x\to+\infty}\arctan x=\dfrac{\pi}{2}$，$\lim\limits_{x\to-\infty}\arctan x=-\dfrac{\pi}{2}$，所以直线 $y=\dfrac{\pi}{2}$ 与 $y=-\dfrac{\pi}{2}$ 是曲线 $f(x)=\arctan x$ 的水平渐近线.

2）垂直渐近线

若 x_0 是函数 $y=f(x)$ 的间断点，且 $\lim\limits_{x\to x_0}f(x)=\infty$（$\lim\limits_{x\to x_0^+}f(x)=\infty$ 或 $\lim\limits_{x\to x_0^-}f(x)=\infty$），则直线 $x=x_0$ 称为曲线 $y=f(x)$ 的垂直渐近线.

例如，对于曲线 $f(x)=\dfrac{1}{x-1}$，因为 $\lim\limits_{x\to 1^+}\dfrac{1}{x-1}=+\infty$，所以 $x=1$ 是曲线的一条垂直渐近线.

3）斜渐近线

若曲线 $y=f(x)$ 的定义域为无限区间，且有 $\lim\limits_{x\to+\infty}[f(x)-(ax+b)]=0$ 或 $\lim\limits_{x\to-\infty}[f(x)-(ax+b)]=0$ （a，b 为常数），则直线 $y=ax+b$ 称为曲线 $y=f(x)$ 的斜渐近线.

斜渐近线求法：如果 $y=f(x)$ 满足 $\lim\limits_{x\to\infty}\dfrac{f(x)}{x}=a$，$\lim\limits_{x\to\infty}[f(x)-ax]=b$，那么直线 $y=ax+b$ 就是曲线 $y=f(x)$ 的一条斜渐近线．

例如，曲线 $y=\dfrac{x^2}{1+x}$，因为 $\lim\limits_{x\to-1}\dfrac{x^2}{1+x}=\infty$，所以直线 $x=-1$ 是曲线的垂直渐近线；又

$a=\lim\limits_{x\to\infty}\dfrac{f(x)}{x}=\lim\limits_{x\to\infty}\dfrac{\frac{x^2}{1+x}}{x}=\lim\limits_{x\to\infty}\dfrac{x}{1+x}=1$，$b=\lim\limits_{x\to\infty}[f(x)-ax]=\lim\limits_{x\to\infty}\left(\dfrac{x^2}{1+x}-x\right)=\lim\limits_{x\to\infty}\left(-\dfrac{x}{1+x}\right)=-1$，所以 $y=x-1$ 为曲线的斜渐近线．

3. 描绘函数图形的一般步骤

描绘函数的图形可按以下步骤进行．

（1）确定函数的定义域，观察奇偶性、周期性；

（2）求函数的一、二阶导数，确定可能的极值点及拐点；

（3）列表，确定函数的单调性、凹凸性、极值、拐点；

（4）求曲线的渐近线；

（5）描绘函数的图形．

例 21 描绘函数 $y=\mathrm{e}^{-x^2}$ 的图形．

解 （1）函数的定义域为 $(-\infty,+\infty)$，且 $y>0$，故图形在 x 轴的上半平面内．$y=\mathrm{e}^{-x^2}$ 是偶函数，图形关于 y 轴对称．曲线 $y=\mathrm{e}^{-x^2}$ 与 y 轴的交点为 $(0,1)$．

（2）$y'=-2x\mathrm{e}^{-x^2}$，令 $y'=0$ 得驻点 $x=0$．$y''=2(2x^2-1)\mathrm{e}^{-x^2}$，令 $y''=0$ 得拐点 $x=\pm\dfrac{1}{\sqrt{2}}$．

（3）因为函数关于 y 轴对称，故仅针对 $x\geqslant 0$ 的情况列表讨论，如表 2-9 所示．

表 2-9

x	0	$\left(0,\dfrac{1}{\sqrt{2}}\right)$	$\dfrac{1}{\sqrt{2}}$	$\left(\dfrac{1}{\sqrt{2}},+\infty\right)$
y'	0	$-$	$-$	$-$
y''	$-$	$-$	0	$+$
y	极大值 1	$\cap$	拐点 $\left(\dfrac{1}{\sqrt{2}},\mathrm{e}^{-\frac{1}{2}}\right)$	$\cup$

（4）因 $\lim\limits_{x\to\infty}\mathrm{e}^{-x^2}=0$，故 $y=0$ 是曲线的一条水平渐近线．

（5）由上面分析描绘函数的图形，如图 2-14 所示．

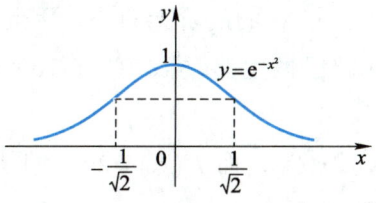

图 2-14

习题 2.4

1. 函数 $f(x)=x^3$ 与 $g(x)=x^2+1$ 在区间 $[1,2]$ 上是否满足柯西中值定理的所有条件？如满足，请求出满足定理的数值 ξ.

2. 用洛必达法则求下列极限.

(1) $\lim\limits_{x\to 0}\dfrac{e^x-e^{-x}}{\sin 2x}$；　　(2) $\lim\limits_{x\to a}\dfrac{\sin x-\sin a}{x-a}$；　　(3) $\lim\limits_{x\to +\infty}x\left(\dfrac{\pi}{2}-\arctan x\right)$.

3. 求函数 $y=x^4-2x^2+2$ 的单调区间.

4. 求函数 $f(x)=x+e^{-x}$ 的极值.

5. 求函数 $f(x)=x^3-3x^2-9x+5$ 在区间 $[-4,4]$ 上的最大值和最小值.

6. 某厂生产某种产品 q 件时的总成本函数为 $C(q)=20+4q+0.01q^2$（元），单位销售价格为 $p=14-0.01q$（元/件）. 请问产量为多少时可使利润达到最大？最大利润是多少？

7. 现欲围建一个面积为 $150\ m^2$ 的矩形场地，所用材料的造价中正面是 6 元$/m^2$，其余三面是 3 元$/m^2$. 问场地的长、宽为多少米时，才能使所用材料费最少？

8. 求曲线 $y=(x-2)^{\frac{5}{3}}$ 的凹凸区间与拐点.

9. 描绘函数 $y=\dfrac{x}{(1-x^2)^2}$ 的图形.

2.5 微分及其应用

2.5.1 微分的定义

微分的定义

引例 1　如图 2-15 所示，一块正方形金属薄片面积受温度变化的影响，其边长从 x_0 变到 $x_0+\Delta x$，问金属薄片的面积改变了多少？

分析　设金属薄片的边长为 x，则面积为 $y(x)=x^2$. 加热前金属薄片的面积为 $f(x_0)=x_0^2$，加热后金属薄片的面积为 $f(x_0+\Delta x)=(x_0+\Delta x)^2$，加热前后面积 y 的增量为

$$\Delta y=(x_0+\Delta x)^2-x_0^2=2x_0\Delta x+(\Delta x)^2.$$

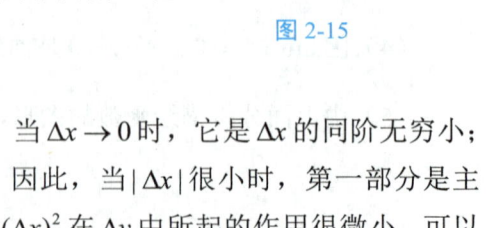

图 2-15

Δy 由两部分组成：第一部分是 Δx 的线性函数 $2x_0\Delta x$，当 $\Delta x\to 0$ 时，它是 Δx 的同阶无穷小；第二部分是 $(\Delta x)^2$，当 $\Delta x\to 0$ 时，它是 Δx 的高阶无穷小. 因此，当 $|\Delta x|$ 很小时，第一部分是主要的，我们称第一部分 $2x_0\Delta x$ 为 Δy 的**线性主部**；第二部分 $(\Delta x)^2$ 在 Δy 中所起的作用很微小，可以忽略.

因此，可得 Δy 的近似值为 $\Delta y\approx 2x_0\Delta x$. 而 $f'(x_0)=2x_0$，于是有 $\Delta y\approx f'(x_0)\Delta x$.

对于一般函数，是否也有类似情形呢？

定义 1 设函数 $y=f(x)$ 在点 x_0 处有导数 $f'(x_0)$，则称 $f'(x_0)\Delta x$ 为函数 $y=f(x)$ 在点 x_0 处的<u>微分</u>，记作 dy，即 $dy = f'(x_0)\Delta x$．此时，称函数 $y=f(x)$ 在点 x_0 处是<u>可微</u>的．

通常将自变量 x 的增量 Δx 称为<u>自变量的微分</u>，记作 dx，即 $dx = \Delta x$．于是，函数的微分可以写成 $dy = f'(x_0)dx$．

函数 $y = f(x)$ 在任意点 x 处的微分称为<u>函数的微分</u>，记作 dy，即 $dy = f'(x)dx$．也就是说，函数的微分 dy 与自变量的微分 dx 之商 $\dfrac{dy}{dx}$ 等于该函数的导数 $f'(x)$．因此，导数又称为<u>微商</u>．

例 1 求函数 $y = x^2 - 1$ 在 $x = 1$，$\Delta x = 0.01$ 时的增量 Δy 及微分．

解 $\Delta y = [(1+0.01)^2 - 1] - (1^2 - 1) = 0.0201$．

$dy = y'\Delta x = (x^2-1)'\Delta x = 2x\Delta x$．故函数在 $x=1$，$\Delta x = 0.01$ 时的微分为

$$dy\bigg|_{\substack{x=1\\ \Delta x=0.01}} = 2 \times 1 \times 0.01 = 0.02．$$

2.5.2 微分的几何意义

设函数 $y=f(x)$ 的图形如图 2-16 所示．过曲线 $y=f(x)$ 上一点 $P(x,y)$ 作切线 PT，设 PT 的倾斜角为 α．根据导数的几何意义，有 $\tan\alpha = f'(x)$．

当自变量 x 有增量 Δx 时，得到曲线上的另一个点 $Q(x+\Delta x, y+\Delta y)$．由图 2-16 知，$PM = \Delta x$，$QM = \Delta y$．切线上点的纵坐标的相应增量为

$$MN = \tan\alpha \cdot \Delta x = f'(x)\Delta x = dy．$$

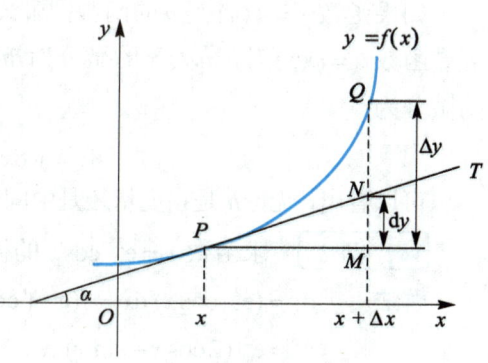

图 2-16

因此，函数 $y=f(x)$ 在点 x 处微分的几何意义，就是曲线 $y=f(x)$ 在点 $P(x,f(x))$ 处对应横坐标增量为 Δx 时切线 PT 的纵坐标增量 MN．用 dy 近似代替 Δy 就是用点 P 处切线的纵坐标增量 MN 来近似代替曲线 $y=f(x)$ 的纵坐标增量 MQ．

2.5.3 微分公式与运算法则

由 $dy = f'(x)dx$ 可知，已知函数求其微分时，只要求出函数的导数再使其乘以自变量的微分即可．因此，根据导数公式和运算法则能直接推出微分公式和运算法则．

1. 基本初等函数的微分公式

（1）$dC = 0$（C 为常数）；　　　　　　（2）$d(x^\mu) = \mu x^{\mu-1}dx$（$\mu$ 为常数）；

（3）$d(a^x) = a^x \ln a\, dx$（$a > 0$，$a \neq 1$）；　（4）$d(e^x) = e^x dx$；

（5）$d(\log_a x) = \dfrac{dx}{x\ln a}$（$a > 0$，$a \neq 1$）；　（6）$d(\ln x) = \dfrac{dx}{x}$；

（7）$d(\sin x) = \cos x\, dx$；　　　　　　（8）$d(\cos x) = -\sin x\, dx$；

（9）$d(\tan x) = \sec^2 x\, dx$；　　　　　　（10）$d(\cot x) = -\csc^2 x\, dx$；

（11）$d(\sec x) = \tan x \sec x\, dx$；　　　　（12）$d(\csc x) = -\cot x \csc x\, dx$；

微分公式与运算法则

（13） $d(\arcsin x) = \dfrac{1}{\sqrt{1-x^2}}dx$；   （14） $d(\arccos x) = -\dfrac{1}{\sqrt{1-x^2}}dx$；

（15） $d(\arctan x) = \dfrac{1}{1+x^2}dx$；   （16） $d(\operatorname{arccot} x) = -\dfrac{1}{1+x^2}dx$．

2. 函数和、差、积、商的微分法则

设函数 u，v 都是 x 的可微函数，则有

（1） $d(u \pm v) = du \pm dv$；

（2） $d(uv) = vdu + udv$；

（3） $d\left(\dfrac{u}{v}\right) = \dfrac{vdu - udv}{v^2}$ $(v \neq 0)$．

3. 一阶微分形式不变性

如果函数 $y = f(u)$ 是 u 的函数，那么函数的微分为 $dy = f'(u)du$．如果 u 不是自变量，而是 x 的可导函数 $u = \varphi(x)$ 时，u 对 x 的微分为 $du = \varphi'(x)dx$．因此，以 u 为中间变量的复合函数 $y = f[\varphi(x)]$ 的微分为

$$dy = y'dx = f'_u(u)\varphi'_x(x)dx = f'(u)du．$$

可以看出，无论 u 是自变量还是中间变量，其微分形式不变，这个性质称为**一阶微分形式不变性**．

例2 求函数 $y = e^{2x}\cos x$ 的微分．

解法1 $dy = (e^{2x}\cos x)'dx = [(e^{2x})'\cos x + e^{2x}(\cos x)']dx = (2e^{2x}\cos x - e^{2x}\sin x)dx$
$= e^{2x}(2\cos x - \sin x)dx．$

解法2 $dy = \cos x d(e^{2x}) + e^{2x}d(\cos x) = \cos x \cdot e^{2x}d(2x) + e^{2x} \cdot (-\sin x)dx$
$= e^{2x}(2\cos x - \sin x)dx．$

例3 已知函数 $x^2 + xy + y^2 = 3$，求 dy，$dy|_{x=1}$．

解 对方程两边同时求微分，即 $d(x^2 + xy + y^2) = d(3) \Rightarrow d(x^2) + d(xy) + d(y^2) = 0 \Rightarrow$ $2xdx + ydx + xdy + 2ydy = 0$，得

$$dy = -\dfrac{2x+y}{x+2y}dx．$$

当 $x = 1$ 时，代入原方程得 $1 + y + y^2 = 3$，解得 $y_1 = 1$，$y_2 = -2$，因此可得

$$dy\bigg|_{\substack{x=1\\y=1}} = -dx, \quad dy\bigg|_{\substack{x=1\\y=-2}} = 0．$$

2.5.4 微分在近似计算中的应用

利用微分可以进行近似计算．若函数 $y = f(x)$ 在区间 (a, b) 内可微，由微分的定义知，当 $|\Delta x|$ 很小时，有

$$\Delta y \approx dy = f'(x_0)\Delta x． \tag{2-1}$$

式（2-1）可以直接用来计算函数增量的近似值．

由于 $\Delta y = f(x_0 + \Delta x) - f(x_0)$，因此式（2-1）也可表示为

微分在近似计算中的应用

$$f(x_0 + \Delta x) \approx f(x_0) + f'(x_0)\Delta x. \tag{2-2}$$

式（2-2）可以用来计算函数在某点附近函数值的近似值．

若在式（2-2）中令 $x_0 + \Delta x = x$，则 $f(x) \approx f(x_0) + f'(x_0)\Delta x$．特别地，当取 $x_0 = 0$，$\Delta x = x$ 时，有 $f(x) \approx f(0) + f'(0)x$．由此可以推导出一些常用的近似公式：当 $|x|$ 很小时，有

（1）$(1+x)^{\alpha} \approx 1 + \alpha x$；　　　　　（2）$e^x \approx 1 + x$；

（3）$\ln(1+x) \approx x$；　　　　　　　　（4）$\sin x \approx x$；

（5）$\tan x \approx x$．

例4 给一个半径为 10 cm 的球表面镀铜，铜的厚度为 0.005 cm．问大约需要多少铜？

解 球的体积为 $V(R) = \dfrac{4}{3}\pi R^3$，由题意知 $R_0 = 10$，$\Delta R = 0.005$，于是

$$\Delta V \approx \mathrm{d}V = V'(R_0)\Delta R = 4\pi R_0^2 \Delta R = 4\pi \times 10^2 \times 0.005 \approx 6.28 \text{ (cm}^3\text{)},$$

即需要约 6.28 cm³ 的铜．

例5 计算 $\sin 31°$ 的近似值．

解 设 $f(x) = \sin x$，则 $f'(x) = \cos x$，由近似公式（2-2），得 $\sin(x_0 + \Delta x) \approx \sin x_0 + \cos x_0 \cdot \Delta x$，

取 $x_0 = \dfrac{\pi}{6}$，$\Delta x = \dfrac{\pi}{180}$ 代入上式，得

$$\sin 31° = \sin\left(\dfrac{\pi}{6} + \dfrac{\pi}{180}\right) \approx \sin\dfrac{\pi}{6} + \cos\dfrac{\pi}{6} \times \dfrac{\pi}{180} = \dfrac{1}{2} + \dfrac{\sqrt{3}}{2} \times \dfrac{\pi}{180} \approx 0.5 + 0.015\,1 = 0.515\,1.$$

习题 2.5

1. 若函数 $f(x)$ 在点 x_0 处可导，则（　　）是错误的．

    A．函数 $f(x)$ 在点 x_0 处有定义　　　　B．$\lim\limits_{x \to x_0} f(x) = A$，但 $A \neq f(x_0)$

    C．函数 $f(x)$ 在点 x_0 处连续　　　　　D．函数 $f(x)$ 在点 x_0 处可微

2. 计算下列函数的微分．

    （1）$y = \cos\sqrt{x} - e^{-x^2}$；　　　（2）$y = \sin^n x + \sin nx$；　　　（3）$y = x\sqrt{x^2+1}$．

3. 计算 $\cos 29°$ 的近似值．

4. 半径为 10 cm 的金属圆片加热后，其半径伸长了 0.05 cm，求面积增大的精确值和近似值．

本章小结

1. 主要内容

本章内容主要包括一元函数的导数、微分及其应用．

2. 重点与难点

重点：导数的概念、导数与微分的计算、导数的应用．

难点：复合函数的求导、最值问题的应用.

3. 学习指导

（1）深入理解导数的概念：导数是增量之比的极限，即 $f'(x) = \lim\limits_{\Delta x \to 0} \dfrac{\Delta y}{\Delta x}$；

（2）必须熟记导数公式和求导法则，它是计算导数的基础；

（3）复合函数求导要注意"由外向内、逐层求导"，隐函数的求导方法是复合函数求导法则的一个应用；

（4）洛必达法则是求未定型极限的一种常用的有效方法，应用时首先要判断能否成为" $\dfrac{0}{0}$ "型或" $\dfrac{\infty}{\infty}$ "型未定式；

（5）求解实际最值问题首先要学会建立目标函数（实际问题的函数模型）.

趣味数学　一年中哪一天白天最长

一年中哪一天白天最"长"

据资料记载，五、六月份白天最长. 某地某年五、六月份间隔 30 天的日出日落时间如表 2-10 所示.

表 2-10

日期		5月1日	5月31日	6月30日
时间	日出	4:51	4:17	4:16
	日落	19:04	19:38	19:50

请问，这一年中哪一天白天最"长"？

分析　为了解决这个问题，我们先简要介绍一下插值的相关知识.

在实际应用当中，许多函数只能通过观测得出其若干点处的函数值，此类函数一般用表格形式来表示，如表 2-11 所示.

表 2-11

x	x_0	x_1	x_2	$\cdots$	x_n
$y = f(x)$	y_0	y_1	y_2	$\cdots$	y_n

由于这类表格函数在观测点以外的函数值是未知的，故不利于分析其性质和变化规律. 因此，我们常常希望能找到这种函数的一个分析表达式，即使是近似的也好.

插值法就是寻求近似函数表达式的一种常用方法. 由于代数多项式最简单，所以常用它来近似表达表格函数. 也就是说，如果已知函数 $y = f(x)$ 在 $n+1$ 个点 $x_0, x_1, \cdots, x_n$ 上的值为 $y_0, y_1, \cdots, y_n$，要求一个次数不超过 n 的多项式 $p(x)$，使得 $p(x_i) = y_i\ (i = 0, 1, 2, \cdots, n)$. 用这种方法求出的多项式 $p(x)$ 就称为函数 $y = f(x)$ 的插值多项式. 插值多项式有多种，这里我

们直接选用拉格朗日插值公式，即

$$f(x) \approx L_n(x) = \sum_{i=0}^{n} \prod_{\substack{j=0 \\ j \neq i}}^{n} \left(\frac{x - x_j}{x_i - x_j} \right) y_i.$$

例如，当 $n=1$ 时，$L_1(x) = \frac{x - x_1}{x_0 - x_1} y_0 + \frac{x - x_0}{x_1 - x_0} y_1$；当 $n=2$ 时，

$$L_2(x) = \frac{(x - x_1)(x - x_2)}{(x_0 - x_1)(x_0 - x_2)} y_0 + \frac{(x - x_0)(x - x_2)}{(x_1 - x_0)(x_1 - x_2)} y_1 + \frac{(x - x_0)(x - x_1)}{(x_2 - x_0)(x_2 - x_1)} y_2.$$

现在来回答前面的问题，我们不妨设从 5 月 1 日开始计算天数为 x，把 5 月 1 日看作是第 0 天（$x=0$），再设每天白天的长度（日出到日落的时数）为 14 小时 13 分 + y 分（因为 5 月 1 日白天的长度为 14 小时 13 分）．于是，天数和白天的长度可以用点 (x, y) 表示．题中记载的三天数据对应于点 $(0, 0)$，$(30, 68)$，$(60, 81)$，将它们代入 $n=2$ 时的拉格朗日插值公式，得

$$y = \frac{(x - 30)(x - 60)}{(0 - 30)(0 - 60)} \times 0 + \frac{(x - 0)(x - 60)}{(30 - 0)(30 - 60)} \times 68 + \frac{(x - 0)(x - 30)}{(60 - 0)(60 - 30)} \times 81.$$

化简得 $y = \frac{x(-11x + 1146)}{360}$．因此，问题转化为求此函数的最大值点．

令 $y' = \frac{-11x + 573}{180} = 0$，得唯一驻点 $x = \frac{573}{11} \approx 52.09$．所以，最长的一天应该是 5 月日以后的第 52 天，即 6 月 22 日．再由 $y_{\max} = y|_{x=52} = 83$ 分，可得这一天的白天长度为 15 小时 36 分．

据《恪遵宪度抄本》记载："日北至，日长之至，日影短至，故曰夏至．至者，极也．"民间也有"吃过夏至面，一天短一线"的说法．"夏至"这一天，太阳直射地面的位置到达一年中的最北端，北半球的白昼达到最长，这一天一般是每年的 6 月 21 日或 22 日．因此，本例所得结果与上述常识是吻合的．

砥节砺行

生活中很多现象都可以用数学知识进行解释，我们应树立起数学应用意识，主动地用数学知识来观察、分析、处理一些问题，同时，理解数学的学科意义和知识的内涵，懂得数学的应用价值．

建模应用　费用最省模型

1. 问题陈述

如图 2-17 所示，已知工厂 A 离铁路线 BC 的最近距离 $AB = 20$ km，铁路线上 C 城距离 B 点 200 km．现要在铁路线 BC 上选定一点 D 修筑一条公路，已知铁路与公路每吨每千米的货运费之比为 $3 : 5$，问 D 点选在何处时，才能使产品从工厂 A 运到 C 城的费用最省？

费用最省模型

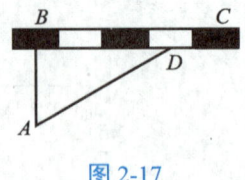

图 2-17

2. 模型假设

（1）假设铁路线和公路线都是直线；
（2）不计修筑公路长度不同造成的费用差别；
（3）不计货物转运过程中发生的费用；
（4）假设铁路与公路的每吨每千米货运费为 3 个单位和 5 个单位.

3. 模型建立

设 D 点选在离 B 点 x km 处，则产品从 A 工厂运到 C 城的每吨总运费为

$$y = 5AD + 3DC = 5\sqrt{20^2 + x^2} + 3(200-x) \quad (0 \leqslant x \leqslant 200).$$

问题转化为求函数 $y = f(x)$ 在区间 $[0, 200]$ 上的最小值问题.

4. 模型求解

对函数求导得 $y' = 5x(400 + x^2)^{-\frac{1}{2}} - 3$．令 $y' = 0$，得 $x = 15$．由于总运费一定存在最小值，故当 D 点选在距离 B 点 15 km 处，货物的总运费最省．

5. 模型的分析与应用

这个模型是优化模型的一个实例，关键是找出问题中的函数关系，转化为求函数在指定区间上的最值问题.

微分建模示例

复习题二

A 组

1．请将正确答案填入下列横线中.

（1）曲线 $y = \sqrt{x} + 1$ 在点 $(1, 2)$ 处的切线方程是＿＿＿＿＿＿＿＿．

（2）设 $f(x) = x\sin x$，则 $f''\left(\dfrac{\pi}{2}\right) =$ ＿＿＿＿＿＿＿＿．

（3）函数 $y = x^2 + 1$ 的单调递增区间为＿＿＿＿＿＿＿＿．

2．计算下列函数的导数.

（1）$y = x\sqrt{x\sqrt{x}} + \ln x$；　　　　（2）$y = \dfrac{1 - \ln x}{4^x}$．

3．设曲线 $y = x^2 + 3x - 5$ 在点 M 处的切线与直线 $2x - 6y + 1 = 0$ 垂直，求该曲线在点 M 处的切线方程．

4．计算下列函数的导数．

（1）$y = \ln \cos x$；　　　　（2）$y = e^{ax} \sin bx$；　　　　（3）$y = e^{\frac{1}{x}} + \sqrt{x}$．

5．计算下列函数的微分．

（1）$y = \dfrac{x}{\sqrt{1+x^2}}$；　　（2）$y = \ln \sin x$；　　（3）$y = \cos^3 x - \dfrac{x-1}{\sqrt{x}}$．

6．计算下列函数的导数．

（1）$y = e^{\sin \frac{1}{x}}$；　　　　（2）$y = (e^x - e^{-x})^2$；　　　（3）$y = \ln \sin \sqrt{x}$．

7．由方程 $x^2 + y^2 - xy + 3x = 1$ 确定 y 是 x 的隐函数，求 dy．

8．求椭圆曲线 $\dfrac{x^2}{2} + \dfrac{y^2}{4} = 1$ 在点 $(1, \sqrt{2})$ 处的切线方程和法线方程．

9．用洛必达法则求下列极限．

（1）$\lim\limits_{x \to 0} x \cot 2x$；　（2）$\lim\limits_{x \to 1} \left(\dfrac{2}{x^2 - 1} - \dfrac{1}{x - 1} \right)$；　（3）$\lim\limits_{x \to 0^+} x^{\sin x}$．

10．求函数 $y = \dfrac{x^2}{1+x}$ 的单调区间．

11．求函数 $f(x) = x - \dfrac{3}{2} \sqrt[3]{x^2}$ 的极值．

12．求函数 $f(x) = x + \sqrt{1-x}$ 在区间 $[-5, 1]$ 上的最大值和最小值．

13．欲做一个底为正方形、容积为 108 m³ 的长方体开口容器，怎样做能使所用材料最省？

B 组

1．设 $f'(x)$ 存在，且 $\lim\limits_{x \to 0} \dfrac{f(1) - f(1-x)}{2x} = -1$，求 $f'(1)$．

2．设 $f(x) = \begin{cases} \sin x, & x < 0 \\ ax, & x \geq 0 \end{cases}$，问 a 取何值时，$f'(x)$ 在 $(-\infty, +\infty)$ 上都存在，并求出 $f'(x)$．

3．计算下列函数的导数．

（1）$y = \dfrac{(x+1) \cdot \sqrt[3]{x-1}}{(x+4)^2 e^x}$；　　　　（2）$y = (x^2 - x + 1)^x$．

4．设 $y = \ln(1+x)$，求 $y^{(n)}$．

5．求函数 $y = \dfrac{x^2}{1+x}$ 在 $\left[-\dfrac{1}{2}, 1 \right]$ 上的最大值和最小值．

6．试问 a 为何值时，函数 $f(x) = a \sin x + \dfrac{1}{3} \sin 3x$ 在 $x = \dfrac{\pi}{3}$ 处取得极值，并求出极值．

7．设某工人连续工作 t 小时后的总产量为 $Q(t) = -t^3 + 6t^2 + 45t$ 件，求这个工人在一天（8 小时）中的第几个小时的工作效率最高？在这个小时内的产量是多少？

8. 试确定曲线 $y = ax^3 + bx^2 + cx + d$ 中的 a，b，c，d，使得曲线在 $x = -2$ 处有水平切线，$(1, -10)$ 为拐点，且点 $(-2, 44)$ 在曲线上．

9. 求曲线 $y = x + \dfrac{x}{x^2 - 1}$ 的拐点及凹凸区间．

10. 若函数 $f(x)$ 在 (a, b) 内具有二阶导函数，且 $f(x_1) = f(x_2) = f(x_3)$ $(a < x_1 < x_2 < x_3 < b)$．求证：在 (x_1, x_3) 内至少有一点 ξ，使得 $f''(\xi) = 0$．

第 3 章 一元函数积分学

前面介绍了一元函数微分学的相关知识，即已知一个可导函数 $F(x)$，求它的导数 $F'(x)$ 的问题．但在实际问题中，常会遇到与此相反的另一类问题，即已知某函数的导数 $F'(x)$，需要求这个函数 $F(x)$．这就是积分学的问题．

积分学主要研究两个问题，即不定积分和定积分．由求导（或求微）的逆运算，可引出不定积分；由对微小量的无限累加，可引出定积分．

3.1 不定积分

3.1.1 不定积分的概念和性质

1. 原函数的概念

不定积分的概念

引例 1 设一质点以速度 $v = 2t$ 做直线运动．开始时，质点的位移为 s_0，求质点的运动规律．

分析 求质点的运动规律就是寻找位移 s 与时间 t 的函数关系，设这个函数关系为 $s = s(t)$．由导数的物理意义知 $v = s'(t)$，即 $s'(t) = 2t$．所以，$s(t) = t^2 + C$，又 $s(0) = s_0$，从而可得 $C = s_0$．于是质点的运动规律为 $s(t) = t^2 + s_0$．

引例 2 设曲线 $y = F(x)$ 上任意一点处的切线斜率为 $3x^2$，且曲线经过坐标原点，求曲线的方程．

分析 由导数的几何意义知 $F'(x) = 3x^2$．因为 $(x^3 + C)' = 3x^2$（C 为常数），所以 $F(x) = x^3 + C$．又曲线经过坐标原点，所以 $C = 0$．于是所求曲线的方程为 $F(x) = x^3$．

定义 1 若 $F'(x) = f(x)$ 或 $\mathrm{d}F(x) = f(x)\mathrm{d}x$，则称 $F(x)$ 为 $f(x)$ 的一个**原函数**．

引例 2 中，因为 $(x^3)' = 3x^2$，所以 x^3 是 $3x^2$ 的一个原函数，又 $(x^3 + C)' = 3x^2$，所以 $x^3 + C$ 也是 $3x^2$ 的一个原函数．可见，一个函数的原函数是不唯一的．

事实上，任何一个连续函数都存在原函数．一个函数的原函数如果存在的话，则它的原函数必有无穷多个．同一个函数的任何两个原函数之间只差一个常数．

若 $F(x)$ 是 $f(x)$ 的一个原函数，则称 $F(x) + C$（C 为任意常数）为 $f(x)$ 的**全体原函数**．

定理 1 若函数 $f(x)$ 在区间 $[a, b]$ 上连续，则必存在原函数．

简单来说，连续函数一定有原函数．此定理称为**原函数存在定理**．

上述条件为原函数存在的充分而非必要条件，即若 $f(x)$ 存在原函数，不能推出 $f(x)$ 在 $[a, b]$ 上连续．

2. 不定积分的概念

定义 2 如果函数 $F(x)$ 是 $f(x)$ 的一个原函数，那么 $f(x)$ 的全体原函数 $F(x)+C$（C 为任意常数）称为 $f(x)$ 的**不定积分**，记作 $\int f(x)\mathrm{d}x$。其中"$\int$"是积分号，$f(x)$ 是被积函数，$f(x)\mathrm{d}x$ 是被积表达式，x 是积分变量，C 是积分常数（它是任意常数）。因此，有

$$F'(x)=f(x) \Leftrightarrow \int f(x)\mathrm{d}x = F(x)+C.$$

可见，求一个函数的不定积分，就是求它的全体原函数，即先求出它的一个原函数，再加上一个积分常数。求已知函数的原函数的方法称为**积分法**。显然，积分是微分的逆运算。

例 1 利用不定积分的定义求下列不定积分。

(1) $\int x^2 \mathrm{d}x$；　　　　　　(2) $\int \dfrac{1}{x} \mathrm{d}x$。

解 (1) 因为 $(x^3)'=3x^2$，即 $\left(\dfrac{1}{3}x^3\right)'=x^2$，所以 $\int x^2 \mathrm{d}x = \dfrac{1}{3}x^3 + C$。

(2) 因为 $(\ln|x|)' = \dfrac{1}{x}$，所以 $\int \dfrac{1}{x}\mathrm{d}x = \ln|x| + C$。

砥节砺行

被积函数与原函数的关系为 $f(x)$ 的原函数是 $F(x)+C$。即一个被积函数的原函数会有无穷多个，其差别也仅在一个常数 C。我们发现，只要 $F(x)$ 不变，那么无论常数 C 变成什么样子，在求导的规则下 $f(x)$ 就不变。可见，要想改变结果，就不要在原函数的 C 上下功夫。因此，当我们在某一方面一直努力但未能达到预期目标时，想想是不是"原函数的 $F(x)$"出了问题，否则我们的努力可能只是重复了无数次的"竹篮打水"。

---

3. 不定积分的几何意义

函数 $f(x)$ 的原函数 $F(x)$ 的图形称为 $f(x)$ 的**积分曲线**。因此，不定积分 $\int f(x)\mathrm{d}x = F(x)+C$ 所对应的是一族积分曲线，称为**积分曲线族**。

积分曲线族 $\int f(x)\mathrm{d}x = F(x)+C$ 有以下几个特点。

(1) 积分曲线族中任意一条曲线，可由其中某一条（如曲线 $y=F(x)$）沿 y 轴平行移动若干个（如 $|C|$ 个）单位而得到。对 $y=F(x)$ 移动 $|C|$ 个单位的情况，当 $C>0$ 时，向上移动；当 $C<0$ 时，向下移动；

(2) 由于 $[F(x)+C]' = F'(x) = f(x)$，所以在横坐标 x 相同的点处，每条积分曲线上相应点的切线斜率相等，都等于 $f(x)$，即相应点的切线相互平行，如图 3-1 所示。

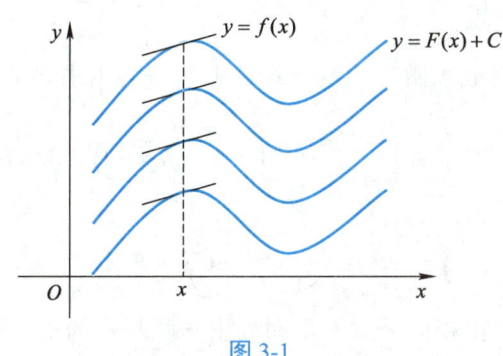

图 3-1

因此，几何上，$f(x)$ 的不定积分表示 $F(x)$ 的一族积分曲线，而 $f(x)$ 正是积分曲线的斜率.

例 2 已知曲线上任一点处的切线斜率等于该点处横坐标平方的 3 倍，且曲线过点 $(0,1)$，求此曲线方程.

解 设所求的曲线方程为 $y = f(x)$. 由导数的几何意义知 $y' = 3x^2$，由不定积分的定义得 $y = \int 3x^2 dx = x^3 + C$. 又曲线过点 $(0,1)$，从而得 $C = 1$. 于是所求的曲线方程为 $y = x^3 + 1$.

4. 不定积分的性质

设函数 $f(x)$，$g(x)$ 都是可积的，则它们满足以下几个性质.

性质 1 求不定积分与求导（或求微）互为逆运算，即

（1）$\left[\int f(x) dx\right]' = f(x)$ 或 $d\left[\int f(x) dx\right] = f(x) dx$；

（2）$\int F'(x) dx = F(x) + C$ 或 $\int dF(x) = F(x) + C$.

例如，对 $f(x) = \sin x$ 有

$$\left(\int \sin x \, dx\right)' = \sin x \text{ 或 } d\left(\int \sin x \, dx\right) = \sin x \, dx;$$

$$\int (\sin x)' dx = \sin x + C \text{ 或 } \int d \sin x = \sin x + C.$$

性质 2 不为零的常数因子可移到积分号前，即

$$\int kf(x) dx = k\int f(x) dx \quad (k \text{ 是常数},\ k \neq 0).$$

性质 3 两个函数和（或差）的不定积分等于这两个函数不定积分的和（或差），即

$$\int [f(x) \pm g(x)] dx = \int f(x) dx \pm \int g(x) dx.$$

性质 3 可推广到有限多个函数的情形.

> **注意**
>
> 两个函数积（或商）的不定积分不等于这两个函数不定积分的积（或商），即
>
> $$\int f(x)g(x) dx \neq \int f(x) dx \int g(x) dx, \quad \int \frac{f(x)}{g(x)} dx \neq \frac{\int f(x) dx}{\int g(x) dx}.$$

不定积分的性质

5. 基本的不定积分公式

既然求不定积分是求导（或求微）的逆运算，那么可否由求导公式推出积分公式呢？例如，因为 $(x^{\mu+1})' = (\mu+1)x^{\mu}$（$\mu$ 为常数），即 $\left(\dfrac{1}{\mu+1}x^{\mu+1}\right)' = x^{\mu}$（$\mu \neq -1$），所以有

$$\int x^{\mu} dx = \dfrac{1}{\mu+1} x^{\mu+1} + C \ (\mu \neq -1).$$

因此，由求导公式可以推出积分公式．下面列出一些基本的不定积分公式．

（1）$\int k\,dx = kx + C$（k 为常数）；

（2）$\int x^{\mu} dx = \dfrac{1}{\mu+1} x^{\mu+1} + C$（$\mu \neq -1$）；

（3）$\int \dfrac{1}{x} dx = \ln|x| + C$；

（4）$\int a^x dx = \dfrac{1}{\ln a} a^x + C$（$a > 0$ 且 $a \neq 1$）．特别地，有 $\int e^x dx = e^x + C$；

（5）$\int \sin x\,dx = -\cos x + C$；

（6）$\int \cos x\,dx = \sin x + C$；

（7）$\int \dfrac{1}{\sin^2 x} dx = \int \csc^2 x\,dx = -\cot x + C$；

（8）$\int \dfrac{1}{\cos^2 x} dx = \int \sec^2 x\,dx = \tan x + C$；

（9）$\int \sec x \tan x\,dx = \sec x + C$；

（10）$\int \csc x \cot x\,dx = -\csc x + C$；

（11）$\int \dfrac{1}{\sqrt{1-x^2}} dx = \arcsin x + C$；

（12）$\int \dfrac{1}{1+x^2} dx = \arctan x + C$．

以上 12 个基本的不定积分公式是求不定积分的基础．

不定积分公式可通过对等式右端求导数，观察其结果是否等于等式左端被积函数来检验其正确性．可通过熟记对应的导数公式来熟记这些基本的不定积分公式．

例 3 利用基本的不定积分公式求下列不定积分．

（1）$\int 2^x dx$；　　　　　　（2）$\int x^2 \sqrt{x}\,dx$．

解 （1）$\int 2^x dx = \dfrac{2^x}{\ln 2} + C$．

(2) $\int x^2 \sqrt{x} \, dx = \int x^{\frac{5}{2}} \, dx = \frac{1}{\frac{5}{2}+1} x^{\frac{5}{2}+1} + C = \frac{2}{7} x^{\frac{7}{2}} + C$.

3.1.2 直接积分法

直接用基本的不定积分公式和性质，或把被积函数适当变形后，再利用基本的不定积分公式和性质来求不定积分的方法，称为**直接积分法**. 例3就是直接积分法，下面再举几例.

不定积分的直接积分法

例 4 求下列各不定积分.

(1) $\int \left(\frac{1}{x^4} + \frac{3}{\sqrt{1-x^2}} \right) dx$;   (2) $\int \frac{e^x}{3^x} dx$;

(3) $\int \frac{dx}{x^2(1+x^2)}$;   (4) $\int \frac{\cos 2x}{\cos x - \sin x} dx$.

解 (1) $\int \left(\frac{1}{x^4} + \frac{3}{\sqrt{1-x^2}} \right) dx = \int x^{-4} dx + 3 \int \frac{1}{\sqrt{1-x^2}} dx = -\frac{1}{3x^3} + 3\arcsin x + C$.

(2) $\int \frac{e^x}{3^x} dx = \int \left(\frac{e}{3} \right)^x dx = \frac{\left(\frac{e}{3} \right)^x}{\ln \left(\frac{e}{3} \right)} + C = \frac{e^x}{3^x(1-\ln 3)} + C$.

(3) $\int \frac{dx}{x^2(1+x^2)} = \int \left(\frac{1}{x^2} - \frac{1}{1+x^2} \right) dx = \int \frac{1}{x^2} dx - \int \frac{1}{1+x^2} dx = -\frac{1}{x} - \arctan x + C$.

(4) $\int \frac{\cos 2x}{\cos x - \sin x} dx = \int \frac{\cos^2 x - \sin^2 x}{\cos x - \sin x} dx = \int (\cos x + \sin x) dx = \sin x - \cos x + C$.

例 5 某产品的边际成本函数为 $C'(q) = 7 + \frac{25}{\sqrt{q}}$，其中 q 为产品产量. 已知固定成本（产量为0时的成本）为200元，求总成本函数.

解 总成本函数为 $C(q) = \int C'(q) \, dq = \int \left(7 + \frac{25}{\sqrt{q}} \right) dq = 7q + 50\sqrt{q} + C_1$. 已知固定成本为200元，即 $C(0) = 200$，代入总成本函数得 $C_1 = 200$ 元. 于是总成本函数为

$$C(q) = 7q + 50\sqrt{q} + 200.$$

3.1.3 换元积分法

利用直接积分法只能求解一些简单的不定积分. 对于一些复杂的不定积分，则需要采用其他方法，下面先介绍换元积分法. 利用中间变量，使被积函数变成容易积分的形式，然后进行积分，这种积分方法称为不定积分的**换元积分法**. 不定积分的换元积分法分为第一类换元积分法和第二类换元积分法两种.

1. 第一类换元积分法

引例 3 求 $\int \cos 2x \, dx$.

分析 被积函数 $y = \cos 2x$ 是复合函数,不能直接积分. 我们可以把原积分做一些变形后再计算. 令 $u = 2x$,则有

$$\int \cos 2x \, dx = \frac{1}{2} \int \cos 2x \, d(2x) = \frac{1}{2} \int \cos u \, du = \frac{1}{2} \sin u + C = \frac{1}{2} \sin 2x + C.$$

这个解法的特点是引入了新变量 $u = \varphi(x)$,从而把原积分化为关于 u 的一个简单积分,再利用直接积分法求解.

定理 2 若 $\int f(x) \, dx = F(x) + C$,则

$$\int f(u) \, du = F(u) + C.$$

其中,$u = \varphi(x)$ 是 x 的任意可导函数.

引例 3 中的解法可归纳为

$$\int f[\varphi(x)] \varphi'(x) \, dx = \int f[\varphi(x)] \, d\varphi(x) = \int f(u) \, du = F(u) + C = F[\varphi(x)] + C.$$

这种先"凑"微分,再进行变量代换求出不定积分的方法,称为**第一类换元积分法**,也称为**凑微分法**.

例 6 求下列各不定积分.

(1) $\int e^{2x} \, dx$; (2) $\int \cos(2x+3) \, dx$.

解 (1) 令 $u = 2x$,则有

$$\int e^{2x} \, dx = \frac{1}{2} \int e^{2x} \, d(2x) = \frac{1}{2} \int e^u \, du = \frac{1}{2} e^u + C = \frac{1}{2} e^{2x} + C.$$

(2) 令 $u = 2x + 3$,则有

$$\int \cos(2x+3) \, dx = \frac{1}{2} \int \cos(2x+3) \, d(2x+3) = \frac{1}{2} \int \cos u \, du$$
$$= \frac{1}{2} \sin u + C = \frac{1}{2} \sin(2x+3) + C.$$

说明

当运算熟练后,中间变量可不写出来.

例 7 求下列各不定积分.

(1) $\int \frac{1}{2x+1} \, dx$; (2) $\int x^4 e^{x^5} \, dx$; (3) $\int (2x+3)^{10} \, dx$; (4) $\int \frac{e^{\sqrt{x}}}{2\sqrt{x}} \, dx$.

解 (1) $\int \frac{1}{2x+1} \, dx = \frac{1}{2} \int \frac{1}{2x+1} \, d(2x+1) = \frac{1}{2} \ln|2x+1| + C.$

(2) $\int x^4 e^{x^5} dx = \frac{1}{5}\int e^{x^5} dx^5 = \frac{1}{5} e^{x^5} + C$.

(3) $\int (2x+3)^{10} dx = \frac{1}{2}\int (2x+3)^{10} d(2x+3) = \frac{1}{22}(2x+3)^{11} + C$.

(4) $\int \frac{e^{\sqrt{x}}}{2\sqrt{x}} dx = \int e^{\sqrt{x}} d(\sqrt{x}) = e^{\sqrt{x}} + C$.

例8 求下列各不定积分.

(1) $\int \frac{(\ln x)^2}{x} dx$; (2) $\int \frac{1}{x^2} \sin \frac{1}{x} dx$; (3) $\int \sin^2 x \cos x \, dx$;

(4) $\int x\sqrt{ax^2 + b} \, dx$; (5) $\int \frac{1}{1+e^x} dx$; (6) $\int \frac{1+x}{\sqrt{4-x^2}} dx$.

解 (1) $\int \frac{(\ln x)^2}{x} dx = \int (\ln x)^2 d(\ln x) = \frac{1}{3}(\ln x)^3 + C$.

(2) $\int \frac{1}{x^2} \sin \frac{1}{x} dx = -\int \sin \frac{1}{x} d\left(\frac{1}{x}\right) = \cos \frac{1}{x} + C$.

(3) $\int \sin^2 x \cos x \, dx = \int \sin^2 x \, d\sin x = \frac{1}{3}\sin^3 x + C$.

(4) $\int x\sqrt{ax^2 + b} \, dx = \frac{1}{2}\int \sqrt{ax^2 + b} \, d(x^2) = \frac{1}{2a}\int (ax^2 + b)^{\frac{1}{2}} d(ax^2 + b)$

$= \frac{1}{2a} \cdot \frac{2}{3}(ax^2 + b)^{\frac{3}{2}} + C = \frac{1}{3a}(ax^2 + b)^{\frac{3}{2}} + C$.

(5) $\int \frac{1}{1+e^x} dx = \int \frac{(1+e^x)-e^x}{1+e^x} dx = \int dx - \int \frac{e^x}{1+e^x} dx = \int dx - \int \frac{1}{1+e^x} d(1+e^x)$

$= x - \ln(1+e^x) + C$.

(6) $\int \frac{1+x}{\sqrt{4-x^2}} dx = \int \frac{1}{\sqrt{4-x^2}} dx + \int \frac{x}{\sqrt{4-x^2}} dx$

$= \int \frac{1}{\sqrt{1-\left(\frac{x}{2}\right)^2}} d\left(\frac{x}{2}\right) - \frac{1}{2}\int \frac{1}{\sqrt{4-x^2}} d(4-x^2) = \arcsin \frac{x}{2} - \sqrt{4-x^2} + C$.

熟悉下面常用的"凑微分"形式,有助于启迪解题思路.

(1) $dx = \frac{1}{a} d(ax+b)$; (2) $x \, dx = \frac{1}{2} dx^2$;

(3) $e^x dx = d(e^x)$; (4) $\frac{1}{\sqrt{x}} dx = 2d(\sqrt{x})$;

(5) $\frac{1}{x} dx = d(\ln|x|)$; (6) $\sin x \, dx = -d(\cos x)$;

(7) $\cos x \, dx = d(\sin x)$; (8) $\csc^2 x \, dx = -d(\cot x)$;

(9) $\sec^2 x \, dx = d(\tan x)$; (10) $\frac{1}{\sqrt{1-x^2}} dx = d(\arcsin x)$;

（11）$\dfrac{1}{1+x^2}dx = d(\arctan x)$.

例 9 求下列各不定积分.

（1）$\displaystyle\int \sin^5 x \cos^3 x \, dx$； （2）$\displaystyle\int \dfrac{1}{1+\sin x} dx$.

解 （1）$\displaystyle\int \sin^5 x \cos^3 x \, dx = \int \sin^5 x \cos^2 x \, d\sin x = \int \sin^5 x(1-\sin^2 x)\, d\sin x$

$$= \int (\sin^5 x - \sin^7 x)\, d\sin x = \dfrac{1}{6}\sin^6 x - \dfrac{1}{8}\sin^8 x + C.$$

（2）$\displaystyle\int \dfrac{1}{1+\sin x} dx = \int \dfrac{1-\sin x}{1-\sin^2 x} dx = \int \dfrac{1-\sin x}{\cos^2 x} dx = \int \dfrac{1}{\cos^2 x} dx - \int \dfrac{\sin x}{\cos^2 x} dx$

$$= \int \sec^2 x \, dx + \int \dfrac{1}{\cos^2 x} d\cos x = \tan x - \dfrac{1}{\cos x} + C = \tan x - \sec x + C.$$

> **说 明**
>
> 当被积函数是三角函数时，一般可先进行三角恒等变形再求积分.

例 10 计算不定积分 $\displaystyle\int \sin 2x \, dx$.

解法 1 $\displaystyle\int \sin 2x \, dx = \dfrac{1}{2}\int \sin(2x)\, d(2x) = -\dfrac{1}{2}\cos 2x + C$.

解法 2 $\displaystyle\int \sin 2x \, dx = 2\int \sin x \cos x \, dx = 2\int \sin x \, d(\sin x) = \sin^2 x + C$.

解法 3 $\displaystyle\int \sin 2x \, dx = 2\int \sin x \cos x \, dx = -2\int \cos x \, d(\cos x) = -\cos^2 x + C$.

> **说 明**
>
> 例 10 表明选用不同的积分方法时，可能得出不同形式的积分结果.

*2. 第二类换元积分法

引例 4 求不定积分 $\displaystyle\int \dfrac{1}{x-\sqrt{x}} dx$.

分析 令 $\sqrt{x} = t$，即 $x = t^2$，$dx = 2t\, dt$，则

$$\int \dfrac{1}{x-\sqrt{x}} dx = \int \dfrac{2t}{t^2-t} dt = \int \dfrac{2}{t-1} dt = 2\ln|t-1| + C.$$

第一类换元积分法是选择新的积分变量 $u = \varphi(x)$，将积分转化为 $\displaystyle\int f(u)\, du$，但像引例 4 中这样的积分则需做相反的换元，即令 $x = \phi(t)$，把 t 作为新的积分变量，才能顺利求出积分. 换元方式具体如下：

$$\int f(x)\mathrm{d}x = \int f[\phi(t)]\phi'(t)\mathrm{d}t = F[\phi^{-1}(x)] + C,$$

其中 $t = \phi^{-1}(x)$ 是 $x = \phi(t)$ 的反函数. 这种求不定积分的方法称为**第二类换元积分法**.

例 11 求下列各不定积分.

(1) $\int \dfrac{x}{\sqrt{x-3}}\mathrm{d}x$； (2) $\int \dfrac{\mathrm{d}x}{\sqrt{x}+\sqrt[4]{x}}$.

解 （1）令 $\sqrt{x-3} = t\,(t>0)$，则 $x = t^2+3$，得 $\mathrm{d}x = 2t\,\mathrm{d}t$，于是可得

$$\int \frac{x}{\sqrt{x-3}}\mathrm{d}x = \int \frac{t^2+3}{t}\cdot 2t\,\mathrm{d}t = 2\int(t^2+3)\mathrm{d}t = 2\left(\frac{1}{3}t^3+3t\right)+C = 2t\left(\frac{1}{3}t^2+3\right)+C.$$

再将 $t = \sqrt{x-3}$ 代入上式并整理得，原式 $= \dfrac{2}{3}(x+6)\sqrt{x-3} + C$.

（2）令 $\sqrt[4]{x} = t\,(t>0)$，则 $x = t^4$，得 $\mathrm{d}x = 4t^3\mathrm{d}t$，于是可得

$$\int \frac{\mathrm{d}x}{\sqrt{x}+\sqrt[4]{x}} = \int \frac{4t^3\mathrm{d}t}{t^2+t} = 4\int \frac{t^2\mathrm{d}t}{t+1} = 4\int \frac{(t^2-1)+1}{t+1}\mathrm{d}t = 4\left[\int(t-1)\mathrm{d}t + \int \frac{\mathrm{d}t}{t+1}\right]$$

$$= 2t^2 - 4t + 4\ln|t+1| + C = 2\sqrt{x} - 4\sqrt[4]{x} + 4\ln(\sqrt[4]{x}+1) + C.$$

说明

一般来说，当被积函数中含有 $\sqrt[n]{ax+b}$ 时，可令 $\sqrt[n]{ax+b} = t$.

例 12 求 $\int \sqrt{a^2-x^2}\,\mathrm{d}x\,(a>0)$.

解 令 $x = a\sin t\left(-\dfrac{\pi}{2} < t < \dfrac{\pi}{2}\right)$，则 $\mathrm{d}x = a\cos t\,\mathrm{d}t$，$\sqrt{a^2-x^2} = a\cos t$，$t = \arcsin\dfrac{x}{a}$. 于是有

$$\int \sqrt{a^2-x^2}\,\mathrm{d}x = a^2\int \cos^2 t\,\mathrm{d}t = \frac{a^2}{2}\int(1+\cos 2t)\mathrm{d}t = \frac{a^2}{2}\left(t + \frac{1}{2}\sin 2t\right) + C$$

$$= \frac{a^2}{2}t + \frac{a^2}{2}\sin t\cos t + C = \frac{a^2}{2}\arcsin\frac{x}{a} + \frac{x}{2}\sqrt{a^2-x^2} + C.$$

说明

一般来说，当被积函数中含有 $\sqrt{a^2-x^2}$ 或 $\sqrt{x^2\pm a^2}$ 时，可进行如下三角代换：

（1）含有 $\sqrt{a^2-x^2}$ 时，可令 $x = a\sin t$；

（2）含有 $\sqrt{x^2+a^2}$ 时，可令 $x = a\tan t$；

（3）含有 $\sqrt{x^2-a^2}$ 时，可令 $x = a\sec t$.

3.1.4 分部积分法

引例 5 求积分 $\int x\cos x\,\mathrm{d}x$.

分析 此处换元积分法不再适用. 已知 $(x\sin x)' = \sin x + x\cos x$，移项得 $x\cos x = (x\sin x)' - \sin x$，

不定积分的
分部积分法

两边同时求积分,得

$$\int x\cos x\,dx = x\sin x - \int \sin x\,dx = x\sin x + \cos x + C.$$

上式表明,较难求的积分 $\int x\cos x\,dx$(等式左边)可转化成较易求的积分 $\int \sin x\,dx$(等式右边),这样就将复杂积分转化成简单积分的计算.

更一般地,设 $u = u(x)$,$v = v(x)$ 具有导数,因为 $(uv)' = u'v + uv'$,所以 $uv' = (uv)' - u'v$,两边同时积分得 $\int uv'\,dx = uv - \int u'v\,dx$,从而得到不定积分的**分部积分公式**,即

$$\int uv'\,dx = uv - \int u'v\,dx \quad \text{或} \quad \int u\,dv = uv - \int v\,du.$$

利用分部积分公式求不定积分的方法称为**分部积分法**.

例13 求下列各不定积分.

(1)$\int xe^x\,dx$; (2)$\int x\ln x\,dx$;

(3)$\int \arctan x\,dx$; (4)$\int e^x\sin x\,dx$.

解 (1)$\int xe^x\,dx = \int x\,d(e^x) = xe^x - \int e^x\,dx = xe^x - e^x + C.$

(2)$\int x\ln x\,dx = \int \ln x\,d\left(\frac{1}{2}x^2\right) = \frac{1}{2}x^2\ln x - \int \frac{1}{2}x^2\,d(\ln x) = \frac{1}{2}x^2\ln x - \frac{1}{2}\int x\,dx$

$= \frac{1}{2}x^2\ln x - \frac{1}{4}x^2 + C.$

(3)$\int \arctan x\,dx = x\arctan x - \int x\,d(\arctan x) = x\arctan x - \int \frac{x}{1+x^2}\,dx$

$= x\arctan x - \frac{1}{2}\int \frac{1}{1+x^2}\,d(1+x^2) = x\arctan x - \frac{1}{2}\ln(1+x^2) + C.$

(4)$\int e^x\sin x\,dx = \int \sin x\,d(e^x) = e^x\sin x - \int e^x\,d(\sin x) = e^x\sin x - \int e^x\cos x\,dx$

$= e^x\sin x - \int \cos x\,d(e^x) = e^x\sin x - \left[e^x\cos x - \int e^x\,d(\cos x)\right]$

$= e^x\sin x - e^x\cos x - \int e^x\sin x\,dx.$

因此,$\int e^x\sin x\,dx = \frac{e^x}{2}(\sin x - \cos x) + C.$

注意

(1)根据分部积分公式的特点,当被积函数具有如下形式时,可用分部积分法计算不定积分:$x^n e^{ax}$,$x^n\sin ax$,$x^n\cos ax$,$x^n\ln x$,$x^n\arcsin x$,$x^n\arctan x$(其中 n 为非负整数);

(2)用分部积分公式时,关键在于正确选择 u.一个诀窍是记住以下顺序:对反幂三指(对数函数、反三角函数、幂函数、三角函数和指数函数).当同时出现两个函数时,可将排在前面的设为 u.

例 14 求下列不定积分.

(1) $\int e^{\sqrt{x}} dx$；　　　　　(2) $\int \ln(1+\sqrt{x}) dx$.

解 (1) 令 $t = \sqrt{x}$，则 $x = t^2 (t > 0)$，得 $dx = 2t\,dt$，于是有

$$\int e^{\sqrt{x}} dx = \int e^t 2t\,dt = 2\int t\,d(e^t) = 2(te^t - \int e^t dt) = 2te^t - 2e^t + C = 2e^t(t-1) + C = 2e^{\sqrt{x}}(\sqrt{x}-1) + C.$$

(2) 令 $t = \sqrt{x}$，则 $x = t^2 (t > 0)$，于是有

$$\int \ln(1+\sqrt{x})dx = \int \ln(1+t)dt^2 = t^2\ln(1+t) - \int t^2 d\ln(1+t) = t^2\ln(1+t) - \int \frac{t^2}{1+t} dt$$

$$= t^2\ln(1+t) - \int \frac{t^2-1+1}{1+t} dt$$

$$= t^2\ln(1+t) - \int (t-1)dt - \int \frac{dt}{1+t}$$

$$= t^2\ln(1+t) - \frac{t^2}{2} + t - \ln(1+t) + C$$

$$= (x-1)\ln(1+\sqrt{x}) + \sqrt{x} - \frac{x}{2} + C.$$

求不定积分一般按如下顺序选择积分方法：

(1) 首先，考虑能否直接积分；

(2) 其次，考虑能否"凑"微分；

(3) 最后，考虑第二类换元法或分部积分法.

*3.1.5　简单有理函数的不定积分

当被积函数是有理函数（两个多项式的商表示的函数）时，可通过拆项、配方、待定系数、特殊值代入等方法，将有理函数拆成便于积分的简单分式之和.

例 15 求下列不定积分.

(1) $\int \frac{1}{1-x^2} dx$；　　　　　(2) $\int \frac{1}{x(x^6+4)} dx$；

(3) $\int \frac{1+x^2}{1+x^2+x^4} dx$；　　　(4) $\int \frac{1}{x^3-2x^2+x} dx$.

简单有理函数的不定积分

解 (1) 原式 $= \int \frac{1}{(1+x)(1-x)} dx = \frac{1}{2} \int \left(\frac{1}{1+x} + \frac{1}{1-x}\right) dx$

$$= \frac{1}{2}(\ln|1+x| - \ln|1-x|) + C = \frac{1}{2}\ln\left|\frac{1+x}{1-x}\right| + C.$$

(2) 原式 $= \frac{1}{4} \int \left(\frac{1}{x} - \frac{x^5}{x^6+4}\right) dx = \frac{1}{4} \int \frac{1}{x} dx - \frac{1}{24} \int \frac{1}{x^6+4} d(x^6+4)$

$$= \frac{1}{4}\ln|x| - \frac{1}{24}\ln(x^6+4) + C = \frac{1}{24}\ln\frac{x^6}{x^6+4} + C.$$

(3) 由 $1 + x^2 + x^4 = x^4 + 2x^2 + 1 - x^2 = (x^2+1+x)(x^2+1-x)$ 得

不定积分拓展训练

原式 $= \dfrac{1}{2}\int\left(\dfrac{1}{x^2+x+1}+\dfrac{1}{x^2-x+1}\right)dx = \dfrac{1}{2}\int\left(\dfrac{1}{\left(x+\dfrac{1}{2}\right)^2+\dfrac{3}{4}}+\dfrac{1}{\left(x-\dfrac{1}{2}\right)^2+\dfrac{3}{4}}\right)dx$

$= \dfrac{2}{3}\int\left(\dfrac{1}{\left(\dfrac{2}{\sqrt{3}}x+\dfrac{1}{\sqrt{3}}\right)^2+1}+\dfrac{1}{\left(\dfrac{2}{\sqrt{3}}x-\dfrac{1}{\sqrt{3}}\right)^2+1}\right)dx$

$= \dfrac{1}{\sqrt{3}}\int\dfrac{1}{\left(\dfrac{2}{\sqrt{3}}x+\dfrac{1}{\sqrt{3}}\right)^2+1}d\left(\dfrac{2}{\sqrt{3}}x+\dfrac{1}{\sqrt{3}}\right)+\dfrac{1}{\sqrt{3}}\int\dfrac{1}{\left(\dfrac{2}{\sqrt{3}}x-\dfrac{1}{\sqrt{3}}\right)^2+1}d\left(\dfrac{2}{\sqrt{3}}x-\dfrac{1}{\sqrt{3}}\right)$

$= \dfrac{1}{\sqrt{3}}\arctan\dfrac{2x+1}{\sqrt{3}}+\dfrac{1}{\sqrt{3}}\arctan\dfrac{2x-1}{\sqrt{3}}+C$.

（4）令 $\dfrac{1}{x^3-2x^2+x}=\dfrac{1}{x(x-1)^2}=\dfrac{A}{x}+\dfrac{B}{x-1}+\dfrac{C}{(x-1)^2}$，则

$$1 = A(x-1)^2 + Bx(x-1) + Cx,$$

即

$$1 = (A+B)x^2 + (-2A-B+C)x + A.$$

比较上式两边系数得 $\begin{cases} A+B=0, \\ -2A-B+C=0, \\ A=1, \end{cases}$ 从而可得 $A=1$，$B=-1$，$C=1$，于是有

原式 $= \int\left[\dfrac{1}{x}-\dfrac{1}{x-1}+\dfrac{1}{(x-1)^2}\right]dx = \ln|x|-\ln|x-1|-\dfrac{1}{x-1}+C = \ln\left|\dfrac{x}{x-1}\right|-\dfrac{1}{x-1}+C$.

本例也可在 $1=A(x-1)^2+Bx(x-1)+Cx$ 中，取 $x=0$ 得 $A=1$，取 $x=1$ 得 $C=1$，取 $x=2$ 并将 A，B 值代入得 $B=-1$.

习题 3.1

1．请将正确答案填入下列横线上．

（1）已知函数 $f(x)$ 的一个原函数是 $\sin x$，则 $f'(x) =$ ＿＿＿＿＿＿＿＿＿；

（2）$\left(\int 2x\,dx\right)' =$ ＿＿＿＿＿＿＿＿＿；

（3）$\int d(1-\sin x) =$ ＿＿＿＿＿＿＿＿＿；

（4）$\int \dfrac{1}{x^2}\,dx =$ ＿＿＿＿＿＿＿＿＿；

（5）$\int \dfrac{1}{2\sqrt{x}}\,dx =$ ＿＿＿＿＿＿＿＿＿．

2．解答下列各题．

（1）已知函数 $y=f(x)$ 的导数为 $x+2$，且 $x=2$ 时，$y=5$，求这个函数；

（2）已知曲线上任意一点处的切线斜率为 $2x$，且曲线过点 $(1,-2)$，求该曲线方程；

（3）已知质点在时刻 t 的速度为 $v=3t-2$，且 $t=0$ 时，$s=5$，求此质点的运动方程.

3．求下列各不定积分.

（1）$\int(1-3x^2)\,\mathrm{d}x$；

（2）$\int\left(x^2+\dfrac{1}{x}\right)\mathrm{d}x$；

（3）$\int(\cos x-\sin x)\,\mathrm{d}x$；

（4）$\int\dfrac{3}{1+x^2}\,\mathrm{d}x$；

（5）$\int\dfrac{\mathrm{d}x}{x^2\sqrt{x}}$；

（6）$\int\dfrac{5}{\sqrt{1-x^2}}\,\mathrm{d}x$；

（7）$\int\dfrac{1}{\cos^2 x}\,\mathrm{d}x$；

（8）$\int\sin(3x+2)\,\mathrm{d}x$；

（9）$\int\dfrac{1}{1-2x}\,\mathrm{d}x$；

（10）$\int\dfrac{\mathrm{d}x}{(4x+1)^{10}}$；

（11）$\int x\sin x\,\mathrm{d}x$；

（12）$\int\ln 2x\,\mathrm{d}x$.

3.2 定积分及其应用

3.2.1 定积分的概念和性质

引例 1 已知一质点以 $v(t)=t+1\,(\mathrm{m/s})$ 的速度做变速直线运动，求质点从 $t_1=1\,\mathrm{s}$ 到 $t_2=3\,\mathrm{s}$ 这两秒时间内所经过的路程.

分析 路程函数是速度函数的积分，即
$$s(t)=\int v(t)\,\mathrm{d}t=\int(t+1)\,\mathrm{d}t=\dfrac{1}{2}t^2+t+C.$$

于是质点在 $[t_1,t_2]=[1,3]$ 时间段里所经过的路程是 $s(3)-s(1)=6\,\mathrm{m}$.

该质点的速度函数图形如图 3-2 所示，其中，阴影部分的梯形面积正好是质点在两秒内所经过的路程.

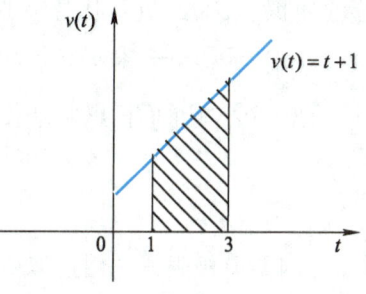

图 3-2

定积分的概念

引例 2 （曲边梯形的面积问题） 如图 3-3 所示，设函数 $y=f(x)$（不妨设 $f(x)\geqslant 0$）在区间 $[a,b]$ 上连续，求由 $y=f(x)$ 与直线 $x_0=a$，$x_n=b$ 及 x 轴所围成的平面图形 $A'B'C'D'$（称为曲边梯形）的面积 A.

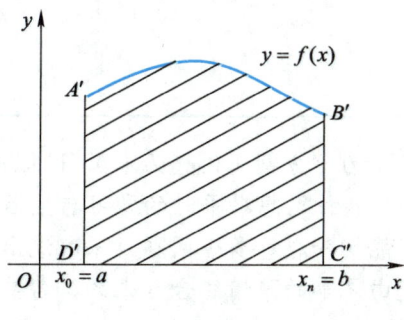

图 3-3

分析 曲边梯形是不规则图形,无法直接计算其面积.将曲边梯形沿 x 轴拆分成多个小曲边梯形,小曲边梯形的面积就可用小矩形的面积近似代替,再将所有小矩形的面积进行累加,即可得到曲边梯形的近似面积.若对区间进行无限细分,就可得到曲边梯形的精确面积,其具体步骤如下.

(1) 分割——拆分曲边梯形为 n 个小曲边梯形(化整为零).

如图 3-4 所示,在区间 $[a,b]$ 内任意插入 $n-1$ 个分点,即
$$a = x_0 < x_1 < x_2 < \cdots < x_{i-1} < x_i < \cdots < x_{n-1} < x_n = b \ (i=1, 2, \cdots, n).$$

把区间 $[a,b]$ 分成 n 个子区间:$[x_0, x_1]$,$[x_1, x_2]$,$\cdots$,$[x_{i-1}, x_i]$,$\cdots$,$[x_{n-1}, x_n]$,这些子区间的长度可记为 $\Delta x_i = x_i - x_{i-1}$.过每个分点作平行于 y 轴的直线,它们把原曲边梯形分成 n 个小曲边梯形.

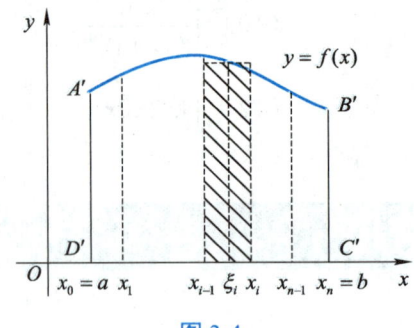

图 3-4

(2) 近似代替——用小矩形面积代替小曲边梯形面积(化曲为直).

在每个子区间 $[x_{i-1}, x_i]$ 上任取一点 ξ_i($x_{i-1} \leqslant \xi_i \leqslant x_i$),以 $f(\xi_i)$ 为高、Δx_i 为底作小矩形,用小矩形的面积 $f(\xi_i)\Delta x_i$ 近似代替小曲边梯形的面积 ΔA_i,即 $\Delta A_i \approx f(\xi_i)\Delta x_i$.

(3) 求和——求 n 个小矩形面积之和(积零为整).

把 n 个小矩形面积累加起来,得和式 $\sum\limits_{i=1}^{n} f(\xi_i)\Delta x_i$,它是曲边梯形面积 A 的近似值,即

$$A = \sum_{i=1}^{n} \Delta A_i \approx \sum_{i=1}^{n} f(\xi_i)\Delta x_i.$$

(4) 取极限——由近似值过渡到精确值(无限逼近).

将区间 $[a,b]$ 无限细分下去,并使每个子区间的长度 Δx_i 都趋于 0,即当 n 无限增加且子区间长度的最大值 λ(即 $\lambda = \max\{\Delta x_1, \Delta x_2, \cdots, \Delta x_n\}$)无限趋于 0 时,若上述和式的极限存在,则此极限就是原曲边梯形面积的精确值,即曲边梯形的面积为

$$A = \lim_{\lambda \to 0} \sum_{i=1}^{n} f(\xi_i)\Delta x_i.$$

砥节砺行

定积分的数学思想可以概括为"分割(化整为零)、近似代替(局部近似)、求和(积零为整)与取极限(无限逼近)".这种思想对平时的学习与生活也有着很大的意义,例如在学习中,我们可以将大问题尽可能切分成许多小问题,深入浅出地学习,这样更容易理解.我们应懂得,再复杂的事情都是由简单的事情组合起来的,需要我们用智慧去分解,理性平和地做事,化大为小,化繁为简.

引例 3 （变速直线运动的路程问题） 将引例 1 的问题一般化. 设某质点做直线运动, 已知速度 $v = v(t)$ 是时间段 $[T_1, T_2]$ 上 t 的一个连续函数, 且 $v(t) \geq 0$, 求质点在这段时间内所经过的路程 s.

分析 整个时间段里, 质点的运动速度是变化的, 把时间段细分成若干小段, 每小段上速度可看作不变, 求出各小段的路程再相加, 便得到路程的近似值. 最后通过对时间段无限细分, 可求得路程的精确值.

（1）分割——将时间区间拆分为 n 个子区间 (化整为零).

在时间段 $[T_1, T_2]$ 内任意插入 $n-1$ 个分点, 即

$$T_1 = t_0 < t_1 < t_2 < \cdots < t_{i-1} < t_i < \cdots < t_{n-1} < t_n = T_2 \ (i = 1, 2, \cdots, n),$$

把 $[T_1, T_2]$ 分成 n 个子区间, 这些子区间的长度可记为 $\Delta t_i = t_i - t_{i-1}$, 相应的路程 s 被分为 n 段小路程 Δs_i.

（2）近似代替——用子区间内某点的速度代替该子区间内的速度 (化变为恒).

在每个子区间 $[t_{i-1}, t_i]$ 上任取一点 $\tau_i\ (t_{i-1} \leq \tau_i \leq t_i)$, 用 τ_i 点的速度 $v(\tau_i)$ 近似代替质点在子区间 $[t_{i-1}, t_i]$ 上的速度, 用乘积 $v(\tau_i)\Delta t_i$ 近似代替质点在子区间 $[t_{i-1}, t_i]$ 上所经过的路程 Δs_i, 即 $\Delta s_i \approx v(\tau_i)\Delta t_i$.

（3）求和——求所有子区间的路程之和 (积零为整).

将所有子区间的路程累加起来, 得到总路程的近似值, 即

$$s = \sum_{i=1}^{n} \Delta s_i \approx \sum_{i=1}^{n} v(\tau_i) \Delta t_i.$$

（4）取极限——由近似值过渡到精确值 (无限逼近).

将时间区间无限细分下去, 并使每个子区间的长度 Δt_i 都趋于 0, 即当 n 无限增加且子区间长度的最大值 λ（即 $\lambda = \max\{\Delta t_1, \Delta t_2, \cdots, \Delta t_n\}$）无限趋于 0 时, 若上述和式的极限存在, 则此极限就是质点总路程的精确值, 即

$$s = \lim_{\lambda \to 0} \sum_{i=1}^{n} v(\tau_i) \Delta t_i.$$

上述两个引例, 虽然实际背景不同, 但处理方式相同, 它们都是通过分割、近似代替、求和、取极限, 将所研究的量先无限细分再求和, 用无限逼近的思想, 由有限过渡到无限, 由近似过渡到精确. 它们都有一个相同形式的结果, 即都得到一个"和式的极限". 这类和式的极限被广泛应用于物理、天文、工程、地质、化学等领域中. 我们舍弃其实际背景, 抽取其共同的本质属性, 给出以下定积分的定义.

1. 定积分的概念

定义 1 设函数 $f(x)$ 在 $[a, b]$ 上有定义, 在 $[a, b]$ 内任意插入 $n-1$ 个分点, 即

$$a = x_0 < x_1 < x_2 < \cdots < x_{i-1} < x_i < \cdots < x_{n-1} < x_n = b\ (i = 1, 2, \cdots, n),$$

把区间 $[a, b]$ 分成 n 个子区间, 各子区间的长度可记为 $\Delta x_i = x_i - x_{i-1}$. 在各子区间上任取一点 $\xi_i\ (\xi_i \in [x_{i-1}, x_i])$, 作和 $\sum_{i=1}^{n} f(\xi_i) \Delta x_i$, 记 $\lambda = \max\{\Delta x_1, \Delta x_2, \cdots, \Delta x_n\}$. 若极限 $\lim_{\lambda \to 0} \sum_{i=1}^{n} f(\xi_i) \Delta x_i$ 存在, 则称此极限为函数 $f(x)$ 在区间 $[a, b]$ 上的**定积分**, 记作

$$\int_a^b f(x)dx = \lim_{\lambda \to 0} \sum_{i=1}^n f(\xi_i)\Delta x_i,$$

也称函数 $f(x)$ 在 $[a,b]$ 上**可积**,符号 $\int_a^b f(x)dx$ 读作函数 $f(x)$ 从 a 到 b 的定积分,$[a,b]$ 是积分区间,a 是积分下限,b 是积分上限.

关于定积分有以下几点说明.

(1)所谓 $\lim_{\lambda \to 0} \sum_{i=1}^n f(\xi_i)\Delta x_i$ 存在(即函数 $f(x)$ 可积),是指无论对区间 $[a,b]$ 如何分割,也不论对点 ξ_i 如何选取,极限都存在,该极限大小与区间的分割方式和点 ξ_i 的取法无关.注意,此处不能用 $n \to \infty$ 来代替 $\lambda \to 0$;

(2)定积分是和式极限,是一个数值,它只与被积函数 $f(x)$ 和积分区间 $[a,b]$ 有关,而与积分变量用什么字母表示无关,即 $\int_a^b f(x)dx = \int_a^b f(t)dt = \int_a^b f(u)du$;

(3)规定 $\int_a^b f(x)dx = -\int_b^a f(x)dx$,$\int_a^a f(x)dx = 0$;

(4)闭区间上的连续函数、单调函数、有界且只有有限个第一类间断点的函数均可积.

根据定积分的定义,引例 2 和引例 3 都可以表示为定积分.

(1)曲边梯形的面积 A 是函数 $f(x)$ 在区间 $[a,b]$ 上的定积分,即 $A = \int_a^b f(x)dx$;

(2)变速直线运动的路程 s 是速度函数 $v(t)$ 在时间 $[T_1, T_2]$ 上的定积分,即 $s = \int_{T_1}^{T_2} v(t)dt$.

2. 定积分的几何意义

(1)在区间 $[a,b]$ 上,当 $f(x) \geqslant 0$ 时,由曲线 $y=f(x)$ 与直线 $y=0$,$x=a$,$x=b$ 所围成的曲边梯形位于 x 轴上方,定积分 $\int_a^b f(x)dx$ 在几何上表示 x 轴上方的曲边梯形的面积 A,即 $\int_a^b f(x)dx = A$;

(2)在区间 $[a,b]$ 上,当 $f(x) \leqslant 0$ 时,由曲线 $y=f(x)$ 与直线 $y=0$,$x=a$,$x=b$ 所围成的曲边梯形位于 x 轴下方,定积分 $\int_a^b f(x)dx$ 在几何上表示 x 轴下方的曲边梯形面积 A 的负值,即 $\int_a^b f(x)dx = -A$;

(3)当 $f(x)$ 在 $[a,b]$ 上有正有负时,定积分 $\int_a^b f(x)dx$ 在几何上表示 x 轴上方曲边梯形的面积减去 x 轴下方曲边梯形的面积.

一般地,曲边梯形的面积是 $\int_a^b |f(x)|dx$,而定积分 $\int_a^b f(x)dx$ 在几何上表示曲边梯形面积的代数和,如图 3-5 所示.

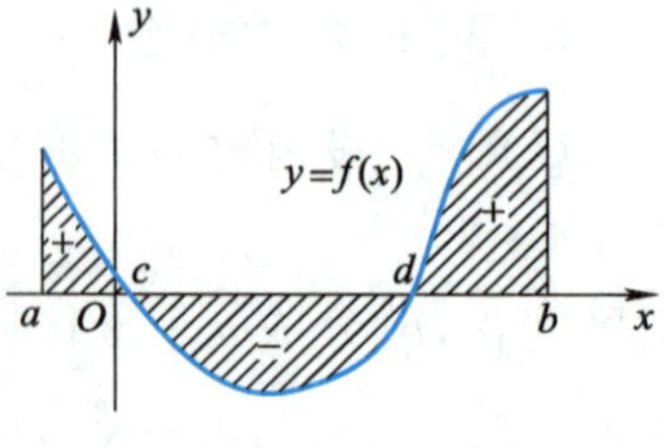

图 3-5

例 1 利用定积分的几何意义计算下列定积分.

(1)$\int_0^2 3dx$;   (2)$\int_{-1}^3 (x+1)dx$;   (3)$\int_{-1}^1 \sqrt{1-x^2}dx$.

解 这三个定积分被积函数的图形分别如图 3-6（a）、图 3-6（b）、图 3-6（c）所示，由定积分的几何意义，不难得到以下定积分的值.

（1）$\int_0^2 3 dx = 6$； （2）$\int_{-1}^3 (x+1) dx = 8$； （3）$\int_{-1}^1 \sqrt{1-x^2} dx = \dfrac{\pi}{2}$.

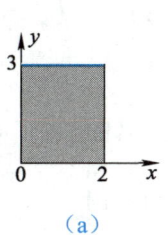 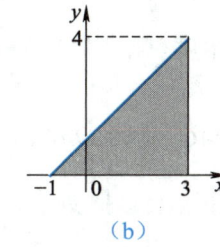 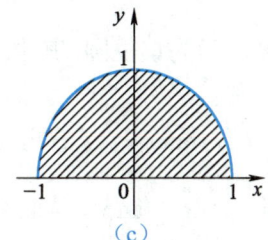

（a） （b） （c）

图 3-6

3. 定积分的性质

设 $f(x)$，$g(x)$ 在区间 $[a,b]$ 上可积，则定积分具有下列性质.

性质 1 $\int_a^b kf(x) dx = k\int_a^b f(x) dx$（$k$ 为常数，$k \neq 0$）.

性质 2 $\int_a^b [f(x) \pm g(x)] dx = \int_a^b f(x) dx \pm \int_a^b g(x) dx$.

性质 2 可推广到有限多个函数代数和的情形.

性质 3 $\int_a^b k dx = k(b-a)$. 特别地，有 $\int_a^b dx = b-a$.

性质 4（定积分关于积分区间的可加性） 设 c 为区间 $[a,b]$ 内的一点，则有

$$\int_a^b f(x) dx = \int_a^c f(x) dx + \int_c^b f(x) dx,$$

在性质 4 中，c 也可为区间 $[a,b]$ 之外的一点，即积分结果与上式中 c 的位置没有关系.
性质 4 常用于求分段函数的定积分.

例 2 已知 $f(x) = \begin{cases} 1+x, & x < 0, \\ 1-x, & x \geq 0, \end{cases}$ 求 $\int_{-1}^1 f(x) dx$.

解 $\int_{-1}^1 f(x) dx = \int_{-1}^0 (1+x) dx + \int_0^1 (1-x) dx$. 如图 3-7 所示为函数 $f(x)$ 的图形，利用定积分的几何意义，有 $\int_{-1}^0 (1+x) dx = \dfrac{1}{2}$，$\int_0^1 (1-x) dx = \dfrac{1}{2}$，于是有 $\int_{-1}^1 f(x) dx = \dfrac{1}{2} + \dfrac{1}{2} = 1$.

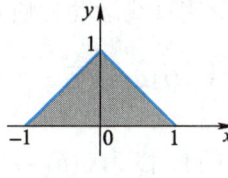

图 3-7

性质 5 在区间 $[a,b]$ 上，若 $f(x) \geq g(x)$，则有

$$\int_a^b f(x) dx \geq \int_a^b g(x) dx.$$

特别地，当 $f(x) \geqslant 0$ 时，有 $\int_a^b f(x)\mathrm{d}x \geqslant 0$．

例 3 证明不等式 $\int_0^{\frac{\pi}{4}} \sin x\,\mathrm{d}x \leqslant \int_0^{\frac{\pi}{4}} x\,\mathrm{d}x \leqslant \int_0^{\frac{\pi}{4}} \tan x\,\mathrm{d}x$．

证 如图 3-8 所示为单位圆，其中 x 为角度（弧度制）．当 $x \in \left[0, \dfrac{\pi}{4}\right]$ 时，$\sin x = BC$，$x = \overset{\frown}{AC}$，$\tan x = AT$．比较 $\triangle OAC$、扇形 OAC、$\triangle OAT$ 三者的面积，不难证得 $\sin x \leqslant x \leqslant \tan x$，从而有 $\int_0^{\frac{\pi}{4}} \sin x\,\mathrm{d}x \leqslant \int_0^{\frac{\pi}{4}} x\,\mathrm{d}x \leqslant \int_0^{\frac{\pi}{4}} \tan x\,\mathrm{d}x$．问题得证．

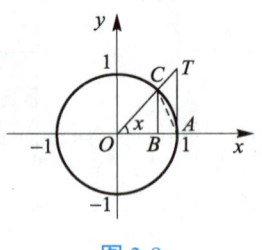

图 3-8

性质 6（估值定理） 设 M 和 m 分别是 $f(x)$ 在 $[a,b]$ 上的最大值和最小值，则

$$m(b-a) \leqslant \int_a^b f(x)\mathrm{d}x \leqslant M(b-a).$$

例 4 估计定积分 $\int_1^4 (x^2+1)\mathrm{d}x$ 的取值范围．

解 令 $f(x) = x^2+1$，则 $f'(x) = 2x$ 在区间 $[1,4]$ 上有 $f'(x) > 0$，所以 $f(x)$ 在区间 $[1,4]$ 上单调递增．因此，最小值 $m = f(1) = 2$，最大值 $M = f(4) = 17$．由估值定理知，$2 \times (4-1) \leqslant \int_1^4 (x^2+1)\mathrm{d}x \leqslant 17 \times (4-1)$，即

$$6 \leqslant \int_1^4 (x^2+1)\mathrm{d}x \leqslant 51.$$

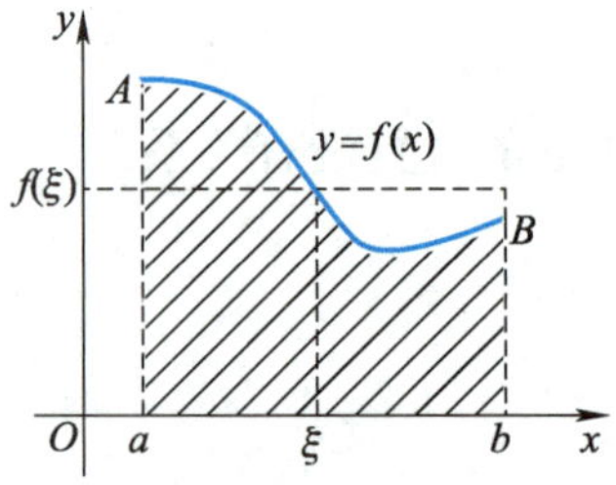

性质 7（定积分中值定理） 如果函数 $f(x)$ 在 $[a,b]$ 上连续，那么在 $[a,b]$ 上至少存在一点 ξ，使得 $\int_a^b f(x)\mathrm{d}x = f(\xi)(b-a)$ 成立．

该性质的几何解释是：一条连续曲线 $y = f(x)$ 在 $[a,b]$ 上的曲边梯形面积等于以区间 $[a,b]$ 长度为底、$[a,b]$ 中一点 ξ 的函数值为高的矩形的面积，如图 3-9 所示．

图 3-9

3.2.2 定积分的计算

由定积分的定义我们知道，如果做变速直线运动的质点速度为 $v = v(t)$，那么质点在时间区间 $[a,b]$ 内的位移 s 可用定积分表示为 $s = \int_a^b v(t)\mathrm{d}t$；另一方面，如果做变速直线运动的物体位移为 $s = s(t)$，那么它在时间区间 $[a,b]$ 内的位移为 $s(b) - s(a)$，因而有 $\int_a^b v(t)\mathrm{d}t = s(b) - s(a)$．因 $s'(t) = v(t)$，故 $s(t)$ 是 $v(t)$ 的一个原函数，这说明定积分 $\int_a^b v(t)\mathrm{d}t$ 等于被积函数 $v(t)$ 的一个原函数 $s(t)$ 在时间区间 $[a,b]$ 上的增量 $s(b) - s(a)$．

于是，我们可以得到一个猜想：$\int_a^b f(x)\mathrm{d}x = F(b) - F(a)$，其中 $F'(x) = f(x)$.

1. 变上限定积分及其导数

如前文所述，定积分只与被积函数和积分区间有关，与积分变量的记号无关．若 x 是区间 $[a,b]$ 上任意一点，则定积分 $\int_a^x f(x)\mathrm{d}x$ 和 $\int_a^x f(t)\mathrm{d}t$ 都表示函数 $y = f(x)$ 在部分区间 $[a,x]$ 上的曲边梯形的面积，即如图 3-10 所示图形的阴影部分的面积．

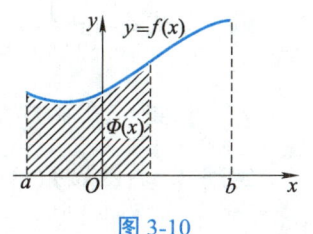

图 3-10

变上限定积分的应用示例

定义 2 当 x 在区间 $[a,b]$ 上变化时，阴影部分的曲边梯形面积也随之变化，它是上限变量 x 的函数，所以称定积分 $\int_a^x f(t)\mathrm{d}t$ 为**变上限定积分**，也称其为**变上限定积分函数**，记作

$$\Phi(x) = \int_a^x f(t)\mathrm{d}t \ (a \leqslant x \leqslant b).$$

定理 1 若 $f(x)$ 在区间 $[a,b]$ 上连续，则 $\Phi(x) = \int_a^x f(t)\mathrm{d}t \ (a \leqslant x \leqslant b)$ 在 (a,b) 内可导，且有 $\Phi'(x) = \left[\int_a^x f(t)\mathrm{d}t\right]' = f(x) \ (a \leqslant x \leqslant b)$，即**变上限定积分函数** $\Phi(x)$ 是 $f(x)$ 的一个原函数．

证 因为

$$\frac{\Phi(x + \Delta x) - \Phi(x)}{\Delta x} = \frac{1}{\Delta x}\left[\int_a^{x+\Delta x} f(t)\mathrm{d}t - \int_a^x f(t)\mathrm{d}t\right] = \frac{1}{\Delta x}\int_x^{x+\Delta x} f(t)\mathrm{d}t = f(\xi) \ (x < \xi < x + \Delta x).$$

所以

$$\Phi'(x) = \lim_{\Delta x \to 0} \frac{\Phi(x + \Delta x) - \Phi(x)}{\Delta x} = \lim_{\Delta x \to 0} f(\xi) = f(x).$$

这个定理说明：连续函数有原函数．因此，这个定理也称为**原函数存在定理**．

推论 1 $\dfrac{\mathrm{d}}{\mathrm{d}x}\int_x^b f(t)\mathrm{d}t = -f(x)$.

推论 2 $\dfrac{\mathrm{d}}{\mathrm{d}x}\int_a^{\varphi(x)} f(t)\mathrm{d}t = f[\varphi(x)]\varphi'(x)$.

推论 3 $\dfrac{\mathrm{d}}{\mathrm{d}x}\int_{\psi(x)}^{\varphi(x)} f(t)\mathrm{d}t = \dfrac{\mathrm{d}}{\mathrm{d}x}\left[\int_{\psi(x)}^a f(t)\mathrm{d}t + \int_a^{\varphi(x)} f(t)\mathrm{d}t\right] = f[\varphi(x)]\varphi'(x) - f[\psi(x)]\psi'(x)$.

例 5 求下列函数的导数．

（1）$\Phi(x) = \int_0^x \cos(2t+1)\mathrm{d}t$； （2）$\Phi(x) = \int_x^0 \mathrm{e}^t \cos 3t \, \mathrm{d}t$；

（3）$\Phi(x) = \int_1^{x^2} \mathrm{e}^{t^2}\mathrm{d}t$.

解 （1）$\Phi'(x) = \cos(2x+1)$.

（2）因为 $\Phi(x) = -\int_0^x \mathrm{e}^t \cos 3t \, \mathrm{d}t$，所以 $\Phi'(x) = -\mathrm{e}^x \cos 3x$.

（3）令 $u = x^2$，则 $\Phi(u) = \int_1^u \mathrm{e}^{t^2}\mathrm{d}t$，$\Phi'(x) = \Phi'(u)u' = \mathrm{e}^{u^2} 2x = 2x\mathrm{e}^{x^4}$.

例6 求 $\lim\limits_{x\to 0}\dfrac{\int_{\cos x}^{1}\mathrm{e}^{-t^2}\mathrm{d}t}{x^2}$.

解 原式 $= -\lim\limits_{x\to 0}\dfrac{\int_{1}^{\cos x}\mathrm{e}^{-t^2}\mathrm{d}t}{x^2}$ 属 "$\dfrac{0}{0}$" 型未定式 $= -\lim\limits_{x\to 0}\dfrac{\mathrm{e}^{-\cos^2 x}(-\sin x)}{2x} = \lim\limits_{x\to 0}\dfrac{\mathrm{e}^{-\cos^2 x}\cos x(1+2\sin^2 x)}{2} = \dfrac{1}{2\mathrm{e}}$.

2. 牛顿—莱布尼茨公式

定理 2 若函数 $f(x)$ 在区间 $[a,b]$ 上连续，$F(x)$ 是 $f(x)$ 的一个原函数，则有

$$\int_a^b f(x)\mathrm{d}x = F(b)-F(a).$$

证 因为变上限函数 $\Phi(x) = \int_a^x f(t)\mathrm{d}t$ 是 $f(x)$ 的一个原函数，又已知 $F(x)$ 也是 $f(x)$ 的一个原函数，所以有 $F(x) = \Phi(x)+C$，于是有

$$F(b)-F(a) = \Phi(b)-\Phi(a) = \int_a^b f(t)\mathrm{d}t - \int_a^a f(t)\mathrm{d}t = \int_a^b f(t)\mathrm{d}t = \int_a^b f(x)\mathrm{d}x,$$

即

$$\int_a^b f(x)\mathrm{d}x = F(b)-F(a). \tag{3-1}$$

为了方便起见，以后把 $F(b)-F(a)$ 记作 $F(x)\big|_a^b$.

式（3-1）称为**牛顿—莱布尼茨公式**，也称为**微积分基本公式**. 它是微积分学中最重要的公式之一，它把计算定积分的问题转化为求被积函数的原函数的问题，揭示了定积分与不定积分之间的内在联系.

牛顿—莱布尼茨公式表明：定积分的值等于被积函数的任一个原函数在积分上限处与积分下限处的函数值之差. 它提供了计算定积分的简便方法，即求定积分的值时，只需求出被积函数 $f(x)$ 的一个原函数 $F(x)$，然后求出这个原函数在区间 $[a,b]$ 上的增量 $F(b)-F(a)$ 即可.

3. 定积分的计算

引例 4 计算 $\int_0^1 \dfrac{x}{x^2+4}\mathrm{d}x$.

分析 用牛顿—莱布尼茨公式计算定积分时，需先求出被积函数的一个原函数. 由

$$\int \dfrac{x}{x^2+4}\mathrm{d}x = \dfrac{1}{2}\int \dfrac{1}{x^2+4}\mathrm{d}(x^2+4) = \dfrac{1}{2}\ln(x^2+4)+C，得$$

$$\int_0^1 \dfrac{x}{x^2+4}\mathrm{d}x = \dfrac{1}{2}\ln(x^2+4)\bigg|_0^1 = \dfrac{1}{2}[\ln(1^2+4)-\ln(0^2+4)] = \dfrac{\ln 5}{2}-\ln 2.$$

本例也可直接写成

$$\int_0^1 \dfrac{x}{x^2+4}\mathrm{d}x = \dfrac{1}{2}\int_0^1 \dfrac{1}{x^2+4}\mathrm{d}(x^2+4) = \dfrac{1}{2}\ln(x^2+4)\bigg|_0^1 = \dfrac{\ln 5}{2}-\ln 2.$$

既然定积分的计算可归结为求原函数的问题，即定积分的值是原函数在积分区间上的增量，那么定积分的计算方法本质上是先用求不定积分的方法找到被积函数的一个原函数，再利

用牛顿—莱布尼茨公式求得结果. 所以此处不再赘述定积分的换元法和分部积分法.

例 7 计算下列各定积分.

(1) $\int_0^1 (x^3+1)\,dx$; (2) $\int_0^\pi \sin 2x\,dx$; (3) $\int_0^{\frac{\pi}{2}} \sin^3 x \cos x\,dx$.

解 (1) $\int_0^1 (x^3+1)\,dx = \left(\frac{1}{4}x^4 + x\right)\Big|_0^1 = \frac{5}{4}$.

(2) $\int_0^\pi \sin 2x\,dx = \frac{1}{2}\int_0^\pi \sin 2x\,d(2x) = -\frac{1}{2}\cos 2x\Big|_0^\pi = -\frac{1}{2}(\cos 2\pi - \cos 0) = 0$.

(3) $\int_0^{\frac{\pi}{2}} \sin^3 x \cos x\,dx = \int_0^{\frac{\pi}{2}} \sin^3 x\,d(\sin x) = \frac{1}{4}\sin^4 x\Big|_0^{\frac{\pi}{2}} = \frac{1}{4}$.

例 8 设 $f(x) = \begin{cases} x, & -1 \leqslant x \leqslant 1, \\ 3-x, & 1 < x \leqslant 2, \end{cases}$ 计算 $\int_{-1}^2 f(x)\,dx$.

解 函数 $f(x)$ 在 $[-1,2]$ 上是分段函数, 根据积分区间的可加性, 有

$$\int_{-1}^2 f(x)\,dx = \int_{-1}^1 f(x)\,dx + \int_1^2 f(x)\,dx = \int_{-1}^1 x\,dx + \int_1^2 (3-x)\,dx = \frac{1}{2}x^2\Big|_{-1}^1 + \left(3x - \frac{1}{2}x^2\right)\Big|_1^2 = \frac{3}{2}.$$

*例 9 计算下列各定积分.

(1) $\int_0^4 \frac{1}{1+\sqrt{x}}\,dx$; (2) $\int_1^5 \frac{\sqrt{x-1}}{x}\,dx$.

解 (1) 令 $\sqrt{x} = t$, 则 $x = t^2$, $dx = 2t\,dt$. 此时, 原积分变量 x 的区间 $[0,4]$ 变成了新积分变量 t 的区间 $[0,2]$. 因此有

$$\text{原式} = \int_0^2 \frac{2t}{1+t}\,dt = 2\int_0^2 \left(1 - \frac{1}{1+t}\right)dt = 2[t - \ln(1+t)]\Big|_0^2 = 4 - 2\ln 3.$$

(2) 令 $t = \sqrt{x-1}$, 则 $x = t^2+1$, $dx = 2t\,dt$. 当 $x=1$ 时, $t=0$; 当 $x=5$ 时, $t=2$. 因此可得

$$\text{原式} = \int_0^2 \frac{2t^2}{t^2+1}\,dt = 2\int_0^2 \left(1 - \frac{1}{t^2+1}\right)dt = 2(t - \arctan t)\Big|_0^2 = 4 - 2\arctan 2.$$

定积分
换元法

> **注 意**
>
> 以上例子采用了换元法计算定积分, 在换元的同时一定要注意更换积分上下限. 这正是定积分换元法与不定积分换元法的不同之处.

例 10 设 $f(x)$ 在 $[-a,a]$ 上连续, 求证:

$$\int_{-a}^a f(x)\,dx = \begin{cases} 0, & \text{当 } f(x) \text{ 为奇函数时}, \\ 2\int_0^a f(x)\,dx, & \text{当 } f(x) \text{ 为偶函数时}. \end{cases}$$

证 由积分区间的可加性得 $\int_{-a}^a f(x)\,dx = \int_{-a}^0 f(x)\,dx + \int_0^a f(x)\,dx$. 在 $\int_{-a}^0 f(x)\,dx$ 中, 令 $x = -t$, 则

$$\int_{-a}^0 f(x)\,dx = -\int_a^0 f(-t)\,dt = \int_0^a f(-t)\,dt = \int_0^a f(-x)\,dx.$$

对称区间上
定积分的
应用示例

所以有 $\int_{-a}^{a}f(x)\mathrm{d}x = \int_{0}^{a}[f(-x)+f(x)]\mathrm{d}x$.

若 $f(x)$ 为奇函数，有 $f(-x)+f(x)=0$，则 $\int_{-a}^{a}f(x)\mathrm{d}x=0$.

若 $f(x)$ 为偶函数，有 $f(-x)+f(x)=2f(x)$，则 $\int_{-a}^{a}f(x)\mathrm{d}x=2\int_{0}^{a}f(x)\mathrm{d}x$.

问题得证.

> **说 明**
>
> 本题的公式可作为结论直接使用. 例如，因为 $x^5\mathrm{e}^{x^2}$ 为奇函数，所以 $f(x)=\int_{-1}^{1}x^5\mathrm{e}^{x^2}\mathrm{d}x=0$.

例 11 计算 $\int_{1}^{\mathrm{e}}x\ln x\,\mathrm{d}x$.

解 由上节例 13（2）知 $\int x\ln x\,\mathrm{d}x = \frac{1}{2}x^2\ln x - \frac{1}{4}x^2 + C$，则

$$\int_{1}^{\mathrm{e}}x\ln x\,\mathrm{d}x = \left(\frac{1}{2}x^2\ln x - \frac{1}{4}x^2\right)\bigg|_{1}^{\mathrm{e}} = \frac{1}{4}(\mathrm{e}^2+1).$$

本例也可直接写成

$$\int_{1}^{\mathrm{e}}x\ln x\,\mathrm{d}x = \int_{1}^{\mathrm{e}}\left(\frac{1}{2}x^2\right)'\ln x\,\mathrm{d}x = \frac{1}{2}x^2\ln x\bigg|_{1}^{\mathrm{e}} - \int_{1}^{\mathrm{e}}\frac{1}{2}x^2(\ln x)'\,\mathrm{d}x = \frac{1}{4}(\mathrm{e}^2+1).$$

一般地，$\int_{a}^{b}uv'\mathrm{d}x = uv\bigg|_{a}^{b} - \int_{a}^{b}u'v\,\mathrm{d}x$ 或 $\int_{a}^{b}u\,\mathrm{d}v = uv\bigg|_{a}^{b} - \int_{a}^{b}v\,\mathrm{d}u$，该式为定积分的分部积分公式，请读者自证. 利用分部积分公式求定积分的方法称为定积分的**分部积分法**.

定积分的
分部积分法

*例 12 计算以下定积分.

（1）$\int_{0}^{1}(x^2+x-2)\mathrm{e}^x\mathrm{d}x$；　　　　（2）$\int_{-1}^{1}\frac{\mathrm{d}x}{(1+x^2)^2}$.

解（1）原式 $= \int_{0}^{1}(x^2+x-2)(\mathrm{e}^x)'\mathrm{d}x = (x^2+x-2)\mathrm{e}^x\bigg|_{0}^{1} - \int_{0}^{1}(2x+1)\mathrm{e}^x\mathrm{d}x$

$= 2 - \int_{0}^{1}(2x+1)(\mathrm{e}^x)'\mathrm{d}x = 2 - (2x+1)\mathrm{e}^x\bigg|_{0}^{1} + \int_{0}^{1}2\mathrm{e}^x\mathrm{d}x = 1 - \mathrm{e}$.

（2）原式 $= \int_{-1}^{1}\frac{1+x^2-x^2}{(1+x^2)^2}\mathrm{d}x = \int_{-1}^{1}\frac{\mathrm{d}x}{1+x^2} + \frac{1}{2}\int_{-1}^{1}x\,\mathrm{d}\left(\frac{1}{1+x^2}\right)$

$= \arctan x\bigg|_{-1}^{1} + \frac{1}{2}\left(\frac{x}{1+x^2}\right)\bigg|_{-1}^{1} - \frac{1}{2}\int_{-1}^{1}\frac{\mathrm{d}x}{1+x^2} = \frac{\pi}{2} + \frac{1}{2} - \frac{1}{2}\arctan x\bigg|_{-1}^{1} = \frac{2+\pi}{4}$.

3.2.3 定积分的应用

定积分实质上是一种特殊形式的极限，是对实际量无限细分后再无限累加，无限就是极限，无限细分就是微分，无限累加就是积分. 定积分对于解决非均匀分布的量的累加问题很有效，因此它被广泛应用于天文学、力学、化学、生物学、工程学、经济学等自然科学、社会科学及应用科学的各个分支中，如求不规则图形的面积或几何体体积、产品产量或利润、变速直线运动的路程、

定积分的
应用（一）

物体所做的功、液体的静压力、平均数、概率等问题.

引例 1 现欲修建一道梯形闸门,它的两条底边长分别为 6 m 和 4 m, 高为 6 m, 较长的底边与水面平齐. 请计算闸门一侧所受水的压力.

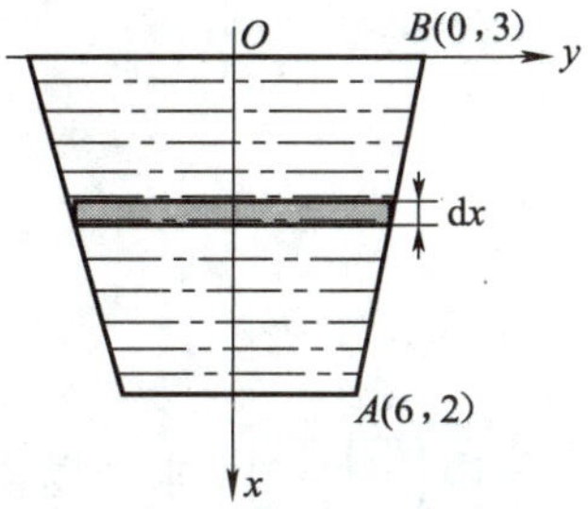

分析 建立如图 3-11 所示的坐标系, AB 的方程为 $y = -\dfrac{1}{6}x + 3$. 由水下压强公式知,在水深 x 处的压强为 $P(x) = \rho g x$. 在 $x \in [0, 6]$ 上任取一子间 $[x, x + dx]$, 当 dx 很小时, 在微区间 $[x, x + dx]$ 上阀门所受水的微压力为 $dF = P(x)dS = \rho g x y dx = 9.8 \times 10^3 x \left(-\dfrac{1}{6}x + 3\right) dx$, 从而所求的压力为

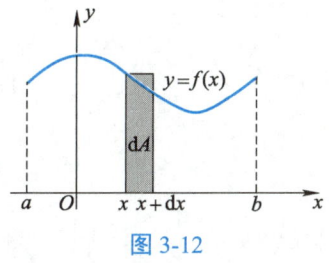

图 3-11

$$F = \int_0^6 9.8 \times 10^3 \left(-\dfrac{1}{6}x^2 + 3x\right) dx = 9.8 \times 10^3 \left(-\dfrac{1}{18}x^3 + \dfrac{3}{2}x^2\right)\bigg|_0^6 \approx 4.116 \times 10^5 \text{N}.$$

1. 微元法的基本思想

我们知道,如图 3-12 所示的曲边与直线 $x = a$, $x = b$ 及 x 轴围成的图形的面积 A 为定积分 $\int_a^b f(x) dx$, 而这个定积分的被积表达式 $f(x)dx$ 正好是区间 $[a, b]$ 上的任一子区间 $[x, x + dx]$ 上以 $f(x)$ 为高、dx 为底的小矩形的面积, 这个小矩形的面积等于或近似等于区间 $[x, x + dx]$ 上的小曲边梯形的面积 ΔA. 当 $\Delta x = dx \to 0$ 时, 有 $\Delta A = f(x)dx + o(dx)$, 其中 $o(dx)$ 是 dx 的高阶无穷小量. 根据微分的定义有 $f(x)dx = dA$, 从而得到曲边梯形的面积为

图 3-12

$$A = \sum \Delta A = \int_a^b dA = \int_a^b f(x)dx.$$

因此,求曲边梯形面积 A 的方法是: 第一步, 在 $[a, b]$ 上任取一子区间 $[x, x + dx]$ (其中 dx 为 x 的微元, 即无限细分), 并求出面积 A 的微分 $dA = f(x)dx$, 即面积微元; 第二步, 以微分表达式 $f(x)dx$ 为被积表达式, 在 $[a, b]$ 上作定积分 $A = \int_a^b dA = \int_a^b f(x)dx$, 即对面积微元进行无限累加求和.

像上述这种处理和解决问题的方法, 我们称之为**微元法**. 微元法使用起来非常方便, 在解决实际问题方面有极为广泛的应用.

2. 利用定积分求平面图形的面积

例 13 求由抛物线 $y = x^2$ 与曲线 $y = \sqrt{x}$ 所围成图形的面积.

解 如图 3-13 所示, 由 $\begin{cases} y = x^2, \\ y = \sqrt{x} \end{cases}$ 得交点 $(0, 0)$ 和 $(1, 1)$. 在关于 x 的区间 $[0, 1]$ 上任取一子区间 $[x, x + dx]$, 得面积微元为 $dA = (\sqrt{x} - x^2)dx$. 于是, 所求图形的面积为

$$A = \int_0^1 (\sqrt{x} - x^2)dx = \left(\dfrac{2}{3}x^{\frac{3}{2}} - \dfrac{1}{3}x^3\right)\bigg|_0^1 = \dfrac{1}{3}.$$

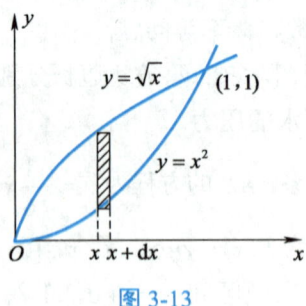

图 3-13

例 14 求由抛物线 $y^2=2x$ 与直线 $y=x-4$ 所围成图形的面积.

解 如图 3-14 所示,由 $\begin{cases} y^2=2x \\ y=x-4 \end{cases}$ 得交点 $(2,-2)$ 和 $(8,4)$. 在关于 y 的区间 $[-2,4]$ 上任取一子区间 $[y,y+\mathrm{d}y]$,得面积微元为 $\mathrm{d}A=\left[(y+4)-\dfrac{y^2}{2}\right]\mathrm{d}y$,于是所求图形的面积为

$$A=\int_{-2}^{4}\left[(y+4)-\frac{y^2}{2}\right]\mathrm{d}y=\left(\frac{y^2}{2}+4y-\frac{y^3}{6}\right)\bigg|_{-2}^{4}=18.$$

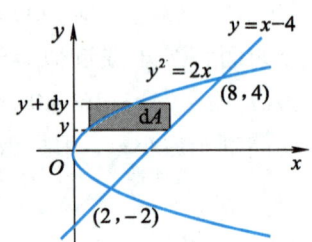

图 3-14

如果此题把 x 作为积分变量,则计算会复杂很多,因此要合理选择积分变量.

例 15 求椭圆 $\dfrac{x^2}{a^2}+\dfrac{y^2}{b^2}=1$ ($a>0$,$b>0$) 的面积.

解 如图 3-15 所示,先求椭圆在第一象限内的面积 A_1,它是由 $y=\dfrac{b}{a}\sqrt{a^2-x^2}$ ($x\in[0,a]$) 与 x 轴、y 轴所围成的面积. 取面积微元为 $\mathrm{d}A_1=\dfrac{b}{a}\sqrt{a^2-x^2}\mathrm{d}x$,得 $A_1=\int_0^a\dfrac{b}{a}\sqrt{a^2-x^2}\mathrm{d}x$. 令 $x=a\sin t$,则 $t=\arcsin\dfrac{x}{a}$,$\mathrm{d}x=a\cos t\,\mathrm{d}t$. 当 $x=0$ 时,$t=0$;当 $x=a$ 时,$t=\dfrac{\pi}{2}$,从而可得

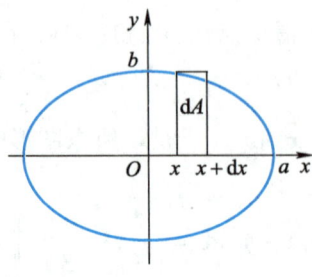

图 3-15

$$A_1 = \int_0^a \frac{b}{a}\sqrt{a^2-x^2}\,dx = \int_0^{\frac{\pi}{2}} \frac{b}{a}\sqrt{a^2-a^2\sin^2 t}\cdot a\cos t\,dt$$

$$= ab\int_0^{\frac{\pi}{2}}\cos^2 t\,dt = \frac{ab}{2}\int_0^{\frac{\pi}{2}}(1+\cos 2t)\,dt = \frac{ab}{2}\left(t+\frac{1}{2}\sin 2t\right)\Big|_0^{\frac{\pi}{2}} = \frac{\pi}{4}ab.$$

根据椭圆的对称性可知，椭圆的面积 A 为 A_1 的四倍，即
$$A = 4A_1 = \pi ab.$$

3. 利用定积分求旋转体的体积

例16 求由抛物线 $y=2x^2$ 与直线 $x=1$，$y=0$ 所围成的图形分别绕 x 轴和 y 轴旋转所产生的旋转体的体积．

解 如图 3-16 所示，由 $\begin{cases} y=2x^2 \\ x=1 \end{cases}$，得交点 $(1,2)$．在 x 的区间 $[0,1]$ 上任取一子区间 $[x, x+dx]$，得绕 x 轴旋转的体积微元为 $dV_x = \pi y^2 dx = 4\pi x^4 dx$．于是，绕 x 轴旋转所产生的旋转体的体积为

$$V_x = \int_0^1 4\pi x^4 dx = \frac{4\pi}{5}x^5\Big|_0^1 = \frac{4\pi}{5}.$$

类似地，绕 y 轴旋转的体积微元为 $dV_y = \left(\pi - \pi\frac{y}{2}\right)dy = \pi\left(1-\frac{y}{2}\right)dy$．于是，绕 y 轴旋转所产生的旋转体的体积为

$$V_y = \int_0^2 \pi\left(1-\frac{y}{2}\right)dy = \pi\left(y - \frac{1}{4}y^2\right)\Big|_0^2 = \pi.$$

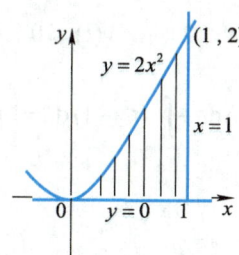

图 3-16

4. 定积分在经济学中的应用

例17 设某产品在时刻 t 的总产量的变化率是 $f(t) = 80 + 10t - 0.6t^2$ (t/h)，求该产品在时间区间 $[2,4]$ 内的总产量．

解 设总产量函数为 $Q(t)$，由题意有 $Q'(t) = f(t)$，所以总产量为
$$Q = \int_2^4 f(t)dt = \int_2^4 (80+10t-0.6t^2)dt = (80t+5t^2-0.2t^3)\Big|_2^4 = 208.8 \text{ (t)}.$$

例18 已知某产品的边际成本和边际收入都是产量 x 的函数，它们分别是 $C'(x) = 4 + 0.25x$（万元/t）和 $R'(x) = 80 - x$（万元/t）．

（1）求产量由 10 t 增加到 50 t 时，总成本与总收入各增加多少？

定积分的应用（二）

（2）设固定成本为 10 万元，问产量为多少时，总利润最大？最大总利润是多少？

解 （1）当产量由 10 t 增加到 50 t 时，总成本增加为

$$\int_{10}^{50} C'(x) dx = \int_{10}^{50} (4+0.25x) dx = (4x+0.125x^2)\Big|_{10}^{50} = 460 \text{ （万元）;}$$

总收入增加为

$$\int_{10}^{50} R'(x) dx = \int_{10}^{50} (80-x) dx = (80x - 0.5x^2)\Big|_{10}^{50} = 2\,000 \text{ （万元）.}$$

（2）因固定成本为 10 万元，即当 $x=0$ 时，$C(0)=10$，而总成本是固定成本与可变成本之和，故总成本函数为

$$C(x) = C(0) + \int_0^x C'(x) dx = C(0) + \int_0^x (4+0.25t) dt = 10 + 4x + 0.125x^2.$$

因没有生产就没有收入，即当 $x=0$ 时，$R(0)=0$，故总收入函数为

$$R(x) = R(0) + \int_0^x R'(x) dx = R(0) + \int_0^x (80-t) dt = 80x - 0.5x^2.$$

因此，总利润函数为

$$L(x) = R(x) - C(x) = 76x - 0.625x^2 - 10.$$

令 $L'(x) = 76 - 1.25x = 0$，得唯一驻点 $x = 60.8$．根据问题的实际知，总利润一定存在最大值，故当产量为 60.8 t 时，总利润最大，最大总利润是

$$L(60.8) = 76 \times 60.8 - 0.625 \times 60.8^2 - 10 = 2\,300.4 \text{ （万元）.}$$

5. 定积分在物理学中的应用

例 19 一变速运动物体的速度为 $v(t) = 1 - t^2$ (m/s)，初始位置是 $x_0 = 3$ m，求物体在前 2 s 内所经过的路程及 2 s 末所在的位置．

解 当 $0 \leqslant t \leqslant 1$ 时，$v(t) \geqslant 0$；当 $1 \leqslant t \leqslant 2$ 时，$v(t) \leqslant 0$．所以，物体在前 2 s 内所经过的路程为

$$s = \int_0^1 v(t) dx + \int_1^2 [-v(t)] dt = \int_0^1 (1-t^2) dt + \int_1^2 (t^2-1) dt = \left(t - \frac{1}{3}t^3\right)\Big|_0^1 + \left(\frac{1}{3}t^3 - t\right)\Big|_1^2 = 2 \text{ (m)}.$$

2 s 末物体所在的位置为

$$x = x_0 + \int_0^2 v(t) dt = 3 + \int_0^2 (1-t^2) dt = 3 + \left(t - \frac{1}{3}t^3\right)\Big|_0^2 = \frac{7}{3} \text{ (m)}.$$

例 20 一列车以速度 108 km/h 行驶，当制动时列车获得的加速度是 $a = -0.4$ m/s^2．问列车应在进站前什么时候、距离车站多远的地方开始制动？

解 列车开始制动时的速度 $v_0 = 108$ km/h $= 30$ m/s，制动经过时间 t s 后的速度是

$$v(t) = v_0 + \int_0^t a \, dt = 30 + \int_0^t (-0.4) dt = 30 - 0.4t.$$

因为列车进站停车时的速度为 0，由 $30 - 0.4t = 0$，得 $t = 75$ s，即列车应在进站前 75 s 开始制动．列车从开始制动到进站停车时所经过的路程是

$$s = \int_0^{75} v(t) dt = \int_0^{75} (30 - 0.4t) dt = (30t - 0.2t^2)\Big|_0^{75} = 1125 \text{ (m)},$$

即列车应在距离车站 1 125 m 处开始制动．

🔍 **例21** 已知把一弹簧拉伸 0.02 m 要用力 9.8 N，求把该弹簧拉伸 0.1 m 所做的功．

解 由物理学知识可知，在弹性限度内，拉伸弹簧所用的力 F 和弹簧的伸长量 x 成正比．

设拉伸力为 $F=kx$（k 是比例系数），将 $x=0.02$，$F=9.8$ 代入 $F=kx$ 得 $k=4.9\times10^2$，即 $F=4.9\times10^2 x$．弹簧拉伸力 F 在弹簧拉伸区间 $[0,0.1]$ 上的任一子区间 $[x,x+\mathrm{d}x]$ 上所做的微功为 $\mathrm{d}W=F\mathrm{d}x$，于是把该弹簧拉伸 0.1 m 所做的功是

$$W=\int_0^{0.1}F\mathrm{d}x=\int_0^{0.1}4.9\times10^2 x\,\mathrm{d}x=4.9\times10^2\left(\frac{1}{2}x^2\right)\bigg|_0^{0.1}=2.45\ (\mathrm{J}).$$

🔍 **例22** 设通过电阻为 R 的纯电阻电路中的交流电流为 $i(t)=I_\mathrm{m}\sin wt$，其中 I_m 是电流的最大值．求该电路在一个周期 $T=\dfrac{2\pi}{w}$ 内的平均功率 $\bar P$．

解 由物理学知识知，电路中的电压是 $u(t)=i(t)R=I_\mathrm{m}R\sin wt$，功率是 $P=u(t)i(t)=I_\mathrm{m}^2 R\sin^2 wt$．于是该电路在一个周期 $T=\dfrac{2\pi}{w}$ 内的平均功率为

$$\bar P=\frac{1}{\frac{2\pi}{w}-0}\int_0^{\frac{2\pi}{w}}I_\mathrm{m}^2 R\sin^2 wt\,\mathrm{d}t=\frac{I_\mathrm{m}^2 R}{2\pi}\int_0^{\frac{2\pi}{w}}\sin^2 wt\,\mathrm{d}(wt)=\frac{I_\mathrm{m}^2 R}{4\pi}\left(wt-\frac{\sin 2wt}{2}\right)\bigg|_0^{\frac{2\pi}{w}}=\frac{I_\mathrm{m}^2 R}{2},$$

通常交流电器上标明的功率就是该电器的平均功率．

习题 3.2

1. 由曲线 $y=2x^2+1$ 与直线 $x=0$，$x=3$，$y=0$ 所围成的图形的面积用定积分可表示为 _____．

2. 设一质点以速度 $v=2t+1$ (m/s) 做直线运动，求该质点运动开始后 5 s 内所产生的位移．

3. 求正弦函数 $y=\sin x$ 在区间 $[0,\pi]$ 上与 x 轴所围成的图形的面积．

4. 计算下列各定积分．

   （1）$\int_1^2\left(x+\dfrac{1}{x}\right)^2\mathrm{d}x$；　　（2）$\int_0^1\dfrac{x}{1+x^2}\mathrm{d}x$；　　（3）$\int_1^2\dfrac{1}{x+x^2}\mathrm{d}x$；

   （4）$\int_0^4|2-x|\mathrm{d}x$；　　（5）$\int_0^1 xe^{-2x}\mathrm{d}x$；　　（6）$\int_{-3}^1\dfrac{x}{\sqrt{3-2x}}\mathrm{d}x$．

5. 求曲线 $y=\sqrt{x}$，$y=-\sin x$ 与直线 $x=\pi$ 所围成的图形的面积．

3.3 反常积分

有限区间上有界函数的定积分称为**常义积分**，积分区间无限或被积函数在积分区间上无界的定积分称为**反常积分**或**广义积分**．

3.3.1 无穷限的反常积分

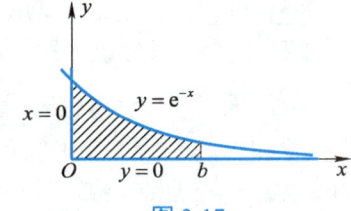

图 3-17

引例 1 计算由曲线 $y=\mathrm{e}^{-x}$ 与直线 $x=0$，$y=0$ 所围成的平面图形的面积.

分析 如图 3-17 所示，该图形有一边是开口的. 由于直线 $y=0$ （即 x 轴）是曲线 $y=\mathrm{e}^{-x}$ 的水平渐近线，图形向右无限延伸，且越向右开口越小. 从极限的观点来看，可以认为曲线 $y=\mathrm{e}^{-x}$ 在无穷远处与 x 轴相交.

为了求得该图形的面积，取 $b>0$，先作直线 $x=b$. 由定积分的几何意义可知，图中阴影部分的曲边梯形的面积是

$$\int_0^b \mathrm{e}^{-x}\mathrm{d}x = -\mathrm{e}^{-x}\Big|_0^b = 1-\mathrm{e}^{-b}.$$

显然，当直线 $x=b$ 越向右移动，阴影部分的图形越向右延伸，从而越接近我们所求的面积. 从极限的观点看，所求图形的面积是

$$\lim_{b\to+\infty}\int_0^b \mathrm{e}^{-x}\mathrm{d}x = \lim_{b\to+\infty}(1-\mathrm{e}^{-b}) = 1.$$

定义 1 设函数 $f(x)$ 在区间 $[a,+\infty)$ 上连续，任取 $b>a$，则称极限 $\lim\limits_{b\to+\infty}\int_a^b f(x)\mathrm{d}x$ 为 $f(x)$ 在无穷区间 $[a,+\infty)$ 上的**反常积分**，又称**无穷限的反常积分**，记作 $\int_a^{+\infty} f(x)\mathrm{d}x$，即

$$\int_a^{+\infty} f(x)\mathrm{d}x = \lim_{b\to+\infty}\int_a^b f(x)\mathrm{d}x.$$

若极限 $\lim\limits_{b\to+\infty}\int_a^b f(x)\mathrm{d}x$ 存在，则称反常积分 $\int_a^{+\infty} f(x)\mathrm{d}x$ **收敛**；若极限 $\lim\limits_{b\to+\infty}\int_a^b f(x)\mathrm{d}x$ 不存在，则称反常积分 $\int_a^{+\infty} f(x)\mathrm{d}x$ **发散**.

类似地，可以定义函数 $f(x)$ 在区间 $(-\infty,b]$ 上的反常积分为

$$\int_{-\infty}^b f(x)\mathrm{d}x = \lim_{a\to-\infty}\int_a^b f(x)\mathrm{d}x,$$

函数 $f(x)$ 在区间 $(-\infty,+\infty)$ 上的反常积分为

$$\int_{-\infty}^{+\infty} f(x)\mathrm{d}x = \int_{-\infty}^0 f(x)\mathrm{d}x + \int_0^{+\infty} f(x)\mathrm{d}x.$$

函数 $f(x)$ 在无穷区间上的反常积分是函数在闭区间 $[a,b]$ 上的定积分的推广.

例 1 利用反常积分定义计算 $\int_0^{+\infty} \mathrm{e}^{-x}\mathrm{d}x$.

解 取 $b>0$，则

$$\int_0^{+\infty}\mathrm{e}^{-x}\mathrm{d}x = \lim_{b\to+\infty}\int_0^b \mathrm{e}^{-x}\mathrm{d}x = \lim_{b\to+\infty}(-\mathrm{e}^{-x})\Big|_0^b = \lim_{b\to+\infty}[(-\mathrm{e}^{-b})-(-\mathrm{e}^0)] = \lim_{b\to+\infty}(1-\mathrm{e}^{-b}) = 1-0 = 1.$$

为书写简便，若 $F'(x)=f(x)$，则可记为 $\int_a^{+\infty} f(x)\mathrm{d}x = F(x)\Big|_a^{+\infty} = \lim\limits_{x\to+\infty}F(x)-F(a)$.

例如，例 1 中，$\int_0^{+\infty} e^{-x} dx = (-e^{-x})\Big|_0^{+\infty} = \lim\limits_{x\to +\infty}(-e^{-x}) - (-e^{-0}) = 1$.

例 2 计算 $\int_1^{+\infty} \dfrac{1}{x^3} dx$.

解 $\int_1^{+\infty} \dfrac{1}{x^3} dx = \left(-\dfrac{1}{2x^2}\right)\Big|_1^{+\infty} = \lim\limits_{x\to +\infty}\left(-\dfrac{1}{2x^2}\right) - \left(-\dfrac{1}{2\times 1^2}\right) = \dfrac{1}{2}$.

例 3 讨论 $\int_{-\infty}^0 \sin x \, dx$ 的收敛性.

解 $\int_{-\infty}^0 \sin x \, dx = (-\cos x)\Big|_{-\infty}^0 = -\cos 0 - \lim\limits_{x\to -\infty}(-\cos x) = -1 + \lim\limits_{x\to -\infty}\cos x$. 因为 $\lim\limits_{x\to -\infty}\cos x$ 不存在，所以 $\int_{-\infty}^0 \sin x \, dx$ 发散.

例 4 讨论 $\int_1^{+\infty} \dfrac{1}{x} dx$ 的收敛性.

解 因为 $\int_1^{+\infty} \dfrac{1}{x} dx = \ln x\Big|_1^{+\infty} = \lim\limits_{x\to +\infty}(\ln x) - \ln 1 = +\infty$，所以 $\int_1^{+\infty} \dfrac{1}{x} dx$ 是发散的.

例 5 求 $\int_{-\infty}^0 2x e^{-x^2} dx$.

解 $\int_{-\infty}^0 2x e^{-x^2} dx = -\int_{-\infty}^0 e^{-x^2} d(-x^2) = (-e^{-x^2})\Big|_{-\infty}^0 = -1 - \lim\limits_{x\to -\infty}(-e^{-x^2}) = -1$.

例 6 求 $\int_{-\infty}^{+\infty} \dfrac{1}{1+x^2} dx$.

解 $\int_{-\infty}^{+\infty} \dfrac{1}{1+x^2} dx = \arctan x\Big|_{-\infty}^{+\infty} = \lim\limits_{x\to +\infty}\arctan x - \lim\limits_{x\to -\infty}\arctan x = \dfrac{\pi}{2} - \left(-\dfrac{\pi}{2}\right) = \pi$.

*3.3.2 无界函数的反常积分

定义 2 设 $f(x)$ 在 $(a,b]$ 上连续，且 $\lim\limits_{x\to a^+} f(x) = \infty$，又对任意 $\varepsilon > 0$，若极限 $\lim\limits_{\varepsilon\to 0^+}\int_{a+\varepsilon}^b f(x) dx$ 存在，则称**无界函数的反常积分**（也称**瑕积分**）$\int_a^b f(x) dx$ **收敛**，记为

$$\int_a^b f(x) dx = \lim\limits_{\varepsilon\to 0^+}\int_{a+\varepsilon}^b f(x) dx.$$

否则，称无界函数的反常积分 $\int_a^b f(x) dx$ **发散**.

类似地，可以定义：$\int_a^b f(x) dx = \lim\limits_{\varepsilon\to 0^+}\int_a^{b-\varepsilon} f(x) dx$.

例 7 求 $\int_0^1 \dfrac{1}{\sqrt{x}} dx$.

解 因为 $\int \dfrac{1}{\sqrt{x}} dx = 2\sqrt{x} + C$，所以可得

原式 = $\lim_{\varepsilon \to 0^+} \int_\varepsilon^1 \frac{1}{\sqrt{x}} dx = \lim_{\varepsilon \to 0^+}(2\sqrt{x})\Big|_\varepsilon^1 = 2\lim_{\varepsilon \to 0^+}(1-\sqrt{\varepsilon}) = 2$.

例 8 求 $\int_0^1 \frac{1}{\sqrt{1-x^2}} dx$.

解 因为 $\int \frac{1}{\sqrt{1-x^2}} dx = \arcsin x + C$，所以可得

原式 = $\lim_{\varepsilon \to 0^+} \int_0^{1-\varepsilon} \frac{1}{\sqrt{1-x^2}} dx = \lim_{\varepsilon \to 0^+}(\arcsin x)\Big|_0^{1-\varepsilon} = \lim_{\varepsilon \to 0^+}[\arcsin(1-\varepsilon) - \arcsin 0] = \arcsin 1 - 0 = \frac{\pi}{2}$.

从以上几例可以看出，反常积分实际上是定积分与极限的结合.

习题 3.3

1．计算下列各反常积分.

（1）$\int_0^{+\infty} e^{-2x} dx$； （2）$\int_e^{+\infty} \frac{dx}{x(\ln x)^2}$.

2．讨论反常积分 $\int_0^1 \frac{1}{x^2} dx$ 的收敛性.

3．求反常积分 $\int_0^{+\infty} \frac{dx}{\sqrt{x(x+1)^3}}$.

4．求反常积分 $\int_0^1 \ln x \, dx$.

本章小结

1．主要内容

本章内容主要包括一元函数的不定积分与定积分、定积分的应用、反常积分等.

2．重点与难点

重点：原函数的概念、不定积分与定积分的概念和性质、定积分的几何意义、求积分的方法、牛顿—莱布尼茨公式、定积分的应用.

难点：定积分概念的理解、换元积分法和分部积分法的应用、有理函数积分的计算、定积分的应用.

3．学习指导

（1）理解原函数与不定积分的关系．函数 $f(x)$ 的全体原函数 $F(x)+C$ 称为 $f(x)$ 的不定积分，记作 $\int f(x) dx$，即 $F'(x) = f(x) \Leftrightarrow \int f(x) dx = F(x) + C$；

（2）熟练掌握基本的不定积分公式，灵活应用直接积分法、换元积分法、分部积分法求不定

积分，并会求一些简单的有理函数的不定积分；

（3）深刻理解定积分的概念及其几何意义. 定积分的本质是求一类特殊和式的极限问题，定积分的计算结果是一个数值. 定积分 $\int_a^b f(x)\,dx$ 在几何上表示积分区间 $[a,b]$ 上的若干曲边梯形面积的代数和；

（4）会对变上限定积分函数求导，熟练掌握牛顿—莱布尼茨公式. 变上限定积分 $\int_a^x f(t)\,dt$ 是积分上限变量 x 的函数，它是被积函数的一个原函数. 牛顿—莱布尼茨公式提供了定积分的简单计算方法，也揭示了定积分与不定积分的关系；

（5）用换元法计算定积分时，换元的同时一定要注意换限；

（6）实际中存在大量非均匀分布的量，定积分对解决这类量的相关问题非常有效，注意掌握微元法解题思想；

（7）反常积分实际上是定积分的推广，它是定积分与极限的结合. 注意理解反常积分的概念、收敛性及计算方法.

趣味数学　微积分的产生

微积分的产生

　　微积分是微分学和积分学的总称，它是在实数、函数和极限的基础上来研究函数的微分、积分及有关概念和应用的一门数学分支. 微积分最重要的思想就是"微元"与"无限逼近". 微元就是将变量无限细分，即微分；无限就是极限，无限逼近就是无限累加并求和式极限，即积分. 极限思想是微积分的基础，它用运动的思想观点来看待、处理和解决问题.

　　微积分是在 17 世纪成为一门学科，但微分和积分的思想早在古代就已产生. 在我国，公元前 4 世纪惠施的"截丈问题"、公元 3 世纪刘徽的"割圆术"和公元 5～6 世纪祖冲之、祖暅对圆周率、面积及体积的研究，都包含极限和微积分的思想. 在欧洲，公元前 3 世纪古希腊的欧几里得、阿基米德所建立的确定面积和体积的方法，也都包含极限和微积分的思想.

　　在 16 世纪末、17 世纪初，由于受力学问题的研究、函数概念的产生和几何问题可用代数方法来解决等事件的影响，许多数学家开始探索微积分. 开普、卡瓦列里和牛顿的老师巴罗等人也研究过这些问题，但是没有形成理论和普遍适用的方法. 1638 年，费尔马首次引用字母表示无限小量，并用它来解决极值问题. 不久后，他又提出了一个与现代求导过程实质相同的求切线的方法，并用这种方法解决了一些切线问题和极值问题. 后来，英格兰学派的格雷果里、瓦里斯继续研究费尔马的工作，用符号"o"表示无限小量，并用它进行求切线的运算. 到 17 世纪早期，他们已经建立了一系列求解无限小问题的特殊方法，如求曲线的切线、曲率、极值，求运动的瞬时速度，以及求面积、体积、曲线长度、物体的重心等问题的方法. 但他们的工作几乎局限于一些具体的问题，缺乏普遍性的规律.

　　17 世纪下半叶，在前人工作的基础上，英国科学家牛顿和德国数学家莱布尼茨分别在自己的国家独自研究和完成了微积分的创立工作. 他们的最大功绩是把两个貌似毫不相关的问题联系在一起，一个是切线问题（微分学的中心问题），一个是求积问题（积分学的中心问题）.

牛顿是从物理学观点来研究数学的，他创立的微积分学原理与他的力学研究是分不开的．他发现了力学三大定律和万有引力定律，并于1687年出版了《自然哲学的数学原理》．《自然哲学的数学原理》从力学基础的定义和公理（运动定律）出发，将整个力学建立在严谨的数学演绎基础之上．就数学本身而言，《自然哲学的数学原理》不仅深入地应用了牛顿本人创造的分析工具，而且也是牛顿分析学说的首次正式公布．他超越前人的功绩在于：将前人创立的特殊技巧统一为一般的算法，特别是确立了微分与积分这两类运算的互逆关系．

莱布尼茨是从几何学的角度来考虑微积分的．1684年，他在《学艺》杂志上发表了他的第一篇微分学文章《一种求极大极小和切线的新方法》．他在文章中谈到量的微分概念，提出量的和、差、积、商、根、幂的微分公式，以及微分方法在求切线、求极值等几何问题上的应用．莱布尼茨后来又陆续发表了一些文章，提出了指数、对数的微分公式和微分的进一步应用，他力图找到普遍的方法来解决数学分析中的问题．就这样，在17世纪70年代中期，莱布尼茨通过研究几何问题，也建立了微积分算法．他所引进的微积分符号"d"和"$\int$"比牛顿用的符号更灵活，更能反映微积分的本质，因而这些符号一直沿用至今．

牛顿和莱布尼茨的工作是各自独立的，牛顿创立微积分要比莱布尼茨早10年左右，但莱布尼茨比牛顿早3年正式公开发表微积分这一理论，莱布尼茨却要比牛顿早三年．他俩的工作有很大的不同，主要区别是：牛顿把x和y的无穷小增量作为求导数的手段，当增量越来越小时，导数实际上就是增量的比的极限；而莱布尼茨却直接用x和y的无穷小增量（就是微分）求出它们之间的关系．这个差别反映了牛顿的物理学方向和莱布尼茨的几何学方向的不同思维方式．在物理学方面，需要关注速度、加速度等问题，而几何学却着眼于面积、体积的计算．牛顿用级数表示函数，而莱布尼茨用有限的形式来实现．他们的工作方式也不同，牛顿是富有经验的、具体的和谨慎的，而莱布尼茨是富于想象的、热衷于推广的和大胆的．他们对符号的关心度也有差别，牛顿认为用什么符号无关紧要，而莱布尼茨却花费很多时间来选择富有提示性的符号．

到19世纪，经过法国数学家柯西、德国数学家维尔斯特拉斯等人的进一步严格化处理，极限理论成了微积分的坚实基础，微积分因此得到进一步发展．

砥节砺行

这些数学家们有的出身贫困靠自学完成学业，有的白天工作只能在业余时间进行研究，有的受历史环境影响，冒着生命的危险坚持学习．但无论条件如何，他们始终都没有放弃自己对数学的热爱，为我们留下了宝贵的数学财富．微积分是数学中的伟大革命，它是高等数学的主要分支，其应用非常广泛，在不同学科中都有极为重要的应用，堪称人类智慧最伟大的成就之一．因此，我们应重视微积分的学习，要有勇于奋斗、积极向上、自强不息的人生态度和不畏艰险的学习精神．

建模应用 　高速公路上汽车总数模型

1. 问题陈述

从 A 城市到 B 城市有条长 30 km 的高速公路．某天公路上距 A 城市 x km 处的汽车密度（每公里车辆数）为 $\rho(x)=300+300\sin(2x+0.2)$．请计算该高速公路上的汽车总数．

2. 模型假设

（1）假设从 A 城市到 B 城市的高速路是封闭的，路上没有其他出口；

（2）设高速公路上的汽车总数为 W．

3. 模型建立

利用微元法，在 $[x,x+\mathrm{d}x]$ 路段上，可将汽车密度视为常数，在该路段的车辆数为
$$\mathrm{d}W=[300+300\sin(2x+0.2)]\mathrm{d}x.$$

所以，高速公路上的汽车总数为
$$W=\int_0^{30}[300+300\sin(2x+0.2)]\mathrm{d}x.$$

4. 模型求解

用凑微分法计算得
$$W=\int_0^{30}[300+300\sin(2x+0.2)]\mathrm{d}x=\int_0^{30}300\mathrm{d}x+\frac{300}{2}\int_0^{30}\sin(2x+0.2)\mathrm{d}(2x+0.2)$$
$$=[300x-150\cos(2x+0.2)]\Big|_0^{30}\approx 9\,278\text{（辆）}.$$

所以，高速公路上的汽车总量约为 9 278 辆．

5. 模型的分析与应用

对于实际问题，若研究对象在整体范围内是不均匀变化的，则可通过分割后将局部范围内的量近似地认为是不变的．在确定了变量及其取值范围后，用微元法思想进行分析，用近似方法确定微元并写出定积分式，建立微分方程模型进行求解．其中，写出变量的"微元"这一步骤是关键，常应用"以常代变，以直代曲，以匀代不匀"等方法．微元法是一种实用性很强的数学方法和变量分析方法，在工程实践和科学技术中有着广泛的应用．

汽车刹车距离模型

复习题三

A 组

1. 求下列各不定积分.

(1) $\int \sqrt{x}(x-3)\,dx$;

(2) $\int \dfrac{\sin 2x}{\sin x}\,dx$;

(3) $\int \cos^2 \dfrac{x}{2}\,dx$;

(4) $\int \dfrac{1}{\sin^2 x \cos^2 x}\,dx$;

(5) $\int \dfrac{x-4}{\sqrt{x}+2}\,dx$;

(6) $\int \dfrac{2\cdot 3^x - 6^x}{3^x}\,dx$;

(7) $\int \dfrac{1}{x^2}\cos\dfrac{1}{x}\,dx$;

(8) $\int x^2 \sqrt{1+x^3}\,dx$;

(9) $\int \dfrac{2\ln x + 3}{x}\,dx$;

(10) $\int \dfrac{\sin(\sqrt{x}+2)}{\sqrt{x}}\,dx$;

(11) $\int \dfrac{x}{1-x}\,dx$;

(12) $\int \cos^3 x \sin x\,dx$;

(13) $\int \dfrac{\ln x}{x^2}\,dx$;

(14) $\int e^x \cos x\,dx$;

(15) $\int x e^{-x}\,dx$;

(16) $\int \arcsin x\,dx$.

2. 求下列各定积分.

(1) $\int_0^{\frac{\pi}{2}} \cos^5 x \sin 2x\,dx$;

(2) $\int_0^{2\pi} \sqrt{1-\cos 2x}\,dx$;

(3) $\int_0^{\frac{\pi}{2}} \dfrac{\cos x}{1+\sin^2 x}\,dx$;

(4) $\int_1^{e} \dfrac{\ln x}{\sqrt{x}}\,dx$.

3. 解答下列各题.

(1) 设曲线过点 $A(1,-1)$，且在曲线上任一点处的切线斜率等于切点横坐标的平方，求此曲线方程;

(2) 求曲线 $y=\cos x$ 在区间 $[0,\pi]$ 上与 x 轴所围成的图形的面积;

(3) 求由曲线 $y=2-x^2$ 和直线 $y=2x+2$ 所围成的图形的面积;

(4) 求底面半径为 r、高为 h 的圆锥体的体积.

B 组

1. 求下列各不定积分.

(1) $\int e^{3\sin x + 2} \cos x\,dx$;

(2) $\int \dfrac{\sin x + x\cos x}{(x\sin x)^3}\,dx$;

(3) $\int \dfrac{1}{\sin^2 x \cos^2 x} \mathrm{d}x$;

(4) $\int \dfrac{\cot x}{1+\sin x} \mathrm{d}x$;

(5) $\int \sin^3 x \, \mathrm{d}x$;

(6) $\int \dfrac{\mathrm{d}x}{x^2-5x+4}$;

(7) $\int x^2 \mathrm{e}^{2x} \mathrm{d}x$;

(8) $\int (x+1)\ln x \, \mathrm{d}x$;

(9) $\int x \sin 2x \, \mathrm{d}x$;

(10) $\int \dfrac{\mathrm{d}x}{\sqrt{x}(1+x)}$;

(11) $\int \dfrac{\ln x}{(1-x)^2} \mathrm{d}x$;

(12) $\int \dfrac{\mathrm{e}^x(1+\sin x \cos x)}{\cos^2 x} \mathrm{d}x$.

2．计算下列各定积分．

(1) $\int_0^1 \dfrac{\mathrm{d}x}{\mathrm{e}^x+\mathrm{e}^{-x}}$;

(2) $\int_0^\pi x \cos 2x \, \mathrm{d}x$;

(3) $\int_{-1}^1 x^5 \mathrm{e}^{-x^2} \mathrm{d}x$;

(4) $\int_0^1 \ln(x+1) \mathrm{d}x$;

(5) $\int_1^2 \dfrac{\sqrt{x^2-1}}{x} \mathrm{d}x$;

(6) $\int_0^2 x^2\sqrt{4-x^2} \, \mathrm{d}x$;

(7) $\int_{-\frac{\pi}{2}}^{\frac{\pi}{2}} \dfrac{(1+x^3)\cos x}{1+\sin^2 x} \mathrm{d}x$;

(8) $\int_{-1}^0 \dfrac{1}{x^2-3x+2} \mathrm{d}x$.

3．解答以下问题．

(1) 求函数 $\Phi(x) = \int_0^{x^3} \mathrm{e}^t \sin 2t \, \mathrm{d}t$ 的导数；

(2) 设 f 连续，满足 $f(x) = x^2 + \int_0^x \mathrm{e}^{x-t} f'(t) \mathrm{d}t$，求 $f'(0)$．

4．计算以下体积．

(1) 求曲线 $y=6-x^2$ 与直线 $y=5$ 所围成的平面图形绕 x 轴旋转一周所得的旋转体的体积；

(2) 直线 $x=1$ 把圆 $x^2+y^2=4$ 分成左、右两部分，求右边部分绕 y 轴旋转一周所得的旋转体的体积．

5．计算以下反常积分．

(1) $\int_0^{+\infty} x\mathrm{e}^{-x} \mathrm{d}x$;

(2) $\int_0^1 \dfrac{\mathrm{d}x}{\sqrt{x(x+1)}}$.

第二篇　拓展篇

第 4 章 微分方程与拉普拉斯变换

在几何、力学及其他工程实际问题中，人们经常需要根据问题提供的条件寻找某种函数关系．但在许多问题中，往往不能直接找出所需要的函数关系，只可列出所研究的函数与其导数之间的关系式，这种关系式就是微分方程．微分方程建立后，通过求解微分方程，即可得到所要寻求的未知函数．本章将介绍微分方程的基本概念，并讨论几种简单的微分方程的解法及其应用．

积分变换是通过参变量积分将一个已知函数 $f(t)$ 变为另一个函数 $F(s)$ 的过程．积分变换理论应用在许多科学技术领域中，如力学、现代光学、无线电技术和信号处理等领域，其作为一种研究工具发挥着重要作用．拉普拉斯变换是最重要的积分变换之一．本章将介绍拉普拉斯变换的基本概念和基本性质，拉普拉斯逆变换，以及拉普拉斯变换在求解常系数微分方程中的应用．

4.1 一阶微分方程

4.1.1 微分方程的基本概念

微分方程的基本概念

引例 1 设曲线过点 $(1,2)$，且曲线上任一点 $M(x,y)$ 处的切线斜率是该点横坐标的倒数，求此曲线方程．

分析 设曲线方程为 $y=f(x)$，于是曲线在点 $M(x,y)$ 处的切线斜率为 $\dfrac{\mathrm{d}y}{\mathrm{d}x}$．根据题意有

$$\frac{\mathrm{d}y}{\mathrm{d}x}=\frac{1}{x}. \tag{4-1}$$

又因曲线过点 $(1,2)$，所以所求的曲线方程应满足

$$y|_{x=1}=2. \tag{4-2}$$

对式（4-1）两边同时积分，得

$$y=\int\frac{1}{x}\mathrm{d}x=\ln|x|+C, \tag{4-3}$$

其中 C 为任意常数．把式（4-2）代入式（4-3），得 $\ln 1+C=2$，即 $C=2$．将 $C=2$ 代入式（4-3），得所求曲线方程为

$$y=\ln|x|+2. \tag{4-4}$$

引例 2 一个质量为 m 的质点，在只受重力的作用下，从静止状态自由下落，求其运动方程．

分析 以质点开始下落的点为坐标原点建立坐标系，y 轴竖直向下．设在时刻 t 时质点的位置为 $y(t)$．由于质点只受重力 mg 作用，且力的方向与 y 轴正向相同，故由牛顿第二定律可知，质点满足的方程为 $ma = m\dfrac{d^2 y}{dt^2} = mg$，即

$$\dfrac{d^2 y}{dt^2} = g . \tag{4-5}$$

对式（4-5）两边同时积分，得

$$\dfrac{dy}{dt} = \int g dt = gt + C_1 . \tag{4-6}$$

再对式（4-6）两边同时积分，得

$$y = \int (gt + C_1) dt = \dfrac{1}{2} gt^2 + C_1 t + C_2 . \tag{4-7}$$

其中，C_1，C_2 都是任意常数．根据题意可知，函数 $y = y(t)$ 满足下列条件

$$y|_{t=0} = 0 , \quad \dfrac{dy}{dt}\bigg|_{t=0} = 0 . \tag{4-8}$$

将式（4-8）分别代入式（4-6）和式（4-7），得 $C_1 = 0$，$C_2 = 0$．因此，所求曲线方程为

$$y = \dfrac{1}{2} gt^2 . \tag{4-9}$$

尽管引例 1 和引例 2 的实际意义不同，但解决问题的方法相同，都是首先建立一个含有未知函数的导数（或微分）的关系式，然后通过此关系式，求出满足所给附加条件的未知函数．式（4-1）和式（4-5）都含有未知函数的导数（或微分），我们称它们为微分方程，具体定义如下．

定义 1 含有未知函数的导数（或微分）的等式，称为**微分方程**．

未知函数是一元函数的微分方程称为**常微分方程**．例如，引例 1 中的式（4-1）和引例 2 中的式（4-5）都是常微分方程．未知函数是多元函数的微分方程称为**偏微分方程**．本节只介绍常微分方程的初步知识及简单应用．为方便起见，我们将常微分方程简称为微分方程（或方程）．

微分方程中出现的未知函数导数（或微分）的最高阶数，称为微分方程的**阶**．例如，式（4-1）是一阶微分方程，式（4-5）是二阶微分方程．

如果函数 $y = f(x)$ 满足一个微分方程，即把这个函数代入微分方程后，这个方程能成为恒等式，则称此函数是该微分方程的**解**．例如，引例 1 中式（4-3）和式（4-4）所表示的函数都是方程（4-1）的解；引例 2 中式（4-7）和式（4-9）所表示的函数都是方程（4-5）的解．

如果方程的解中所含相互独立的任意常数的个数与方程的阶相同，则这种解称为微分方程的**通解**．例如，引例 1 中式（4-3）是方程（4-1）的通解；引例 2 中式（4-7）是方程（4-5）的通解．

如果微分方程的解中不含任意常数，则这种解称为微分方程的**特解**．例如，引例 1 中式（4-4）是方程（4-1）的一个特解；引例 2 中式（4-9）是方程（4-5）的一个特解．

当自变量取某值时，要求的未知函数及其导数取得特定的值，这样的条件称为**初始条件**．带有初始条件的微分方程问题称为微分方程的**初值问题**．例如，引例 1 中式（4-2）是方程（4-1）的初始条件；引例 2 中式（4-8）是方程（4-5）的初始条件．

最常见的微分方程是一阶微分方程和二阶微分方程，它们可以分别表示为

$$y' = f(x,y), \tag{4-10}$$
$$y'' = f(x,y,y'). \tag{4-11}$$

下面先介绍常见的一阶微分方程：可分离变量的微分方程、齐次方程和一阶线性微分方程.

4.1.2 可分离变量的微分方程

形如
$$y' = f(x)g(y) \tag{4-12}$$

的一阶微分方程称为**可分离变量的微分方程**.

可分离变量的微分方程可用积分的方法求解. 将方程（4-12）的形式化为

$$\frac{1}{g(y)}\mathrm{d}y = f(x)\mathrm{d}x.$$

再对上式两边分别积分. 设 $G(y)$, $F(x)$ 分别是 $\frac{1}{g(y)}$ 和 $f(x)$ 的原函数，可得

$$G(y) = F(x) + C.$$

这就是方程（4-12）的通解.

例1 求微分方程 $y' = 2xy$ 的通解.

解 这是一个可分离变量的微分方程，分离变量后得

$$\frac{\mathrm{d}y}{y} = 2x\mathrm{d}x.$$

对上式两边分别积分得 $\ln|y| = x^2 + C_1$，即 $y = Ce^{x^2}$，这个式子就是原微分方程的通解.

例2 求 $(1+e^x)yy' = e^x$ 满足 $y|_{x=0} = 0$ 的特解.

解 这是一个可分离变量的微分方程，分离变量后得

$$y\mathrm{d}y = \frac{e^x}{1+e^x}\mathrm{d}x.$$

对上式两边分别积分得通解为

$$\frac{y^2}{2} = \ln(1+e^x) + C.$$

再由 $y|_{x=0} = 0$，得 $C = -\ln 2$，故所求特解为

$$\frac{y^2}{2} = \ln\frac{1+e^x}{2}.$$

4.1.3 齐次方程

有一类一阶微分方程经过变量替换可以化为可分离变量的微分方程，下面举例说明.

例3 求微分方程 $xy' + y = 2\sqrt{xy}$ 的通解.

解 原方程可变形为

$$\frac{\mathrm{d}y}{\mathrm{d}x} = 2\sqrt{\frac{y}{x}} - \frac{y}{x}. \tag{4-13}$$

令 $u = \dfrac{y}{x}$，则 $y = ux$，该式两边分别对 x 求导得 $\dfrac{dy}{dx} = u + x\dfrac{du}{dx}$，将它代入式（4-13），得

$$u + x\frac{du}{dx} = 2\sqrt{u} - u.$$

分离变量，得

$$\frac{du}{2(\sqrt{u} - u)} = \frac{dx}{x}.$$

对上式两边分别积分，得

$$\int \frac{du}{2\sqrt{u}(1 - \sqrt{u})} = \int \frac{dx}{x} \Rightarrow \int \frac{d(\sqrt{u} - 1)}{-(\sqrt{u} - 1)} = \int \frac{dx}{x} \Rightarrow -\ln|\sqrt{u} - 1| + \ln|C| = \ln|x|.$$

化简得

$$x(\sqrt{u} - 1) = C.$$

将 $u = \dfrac{y}{x}$ 回代，得原方程的通解为

$$\sqrt{xy} - x = C.$$

一般地，如果一阶微分方程 $\dfrac{dy}{dx} = f(x, y)$ 中的函数 $f(x, y)$ 可化为 $\varphi\left(\dfrac{y}{x}\right)$，则称此方程为**齐次方程**. 齐次方程可通过分离变量来求解.

4.1.4　一阶线性微分方程

形如

$$y' + P(x)y = Q(x) \tag{4-14}$$

的微分方程称为**一阶线性微分方程**.

在给出方程（4-14）的求解方法之前，先看一个例子.

引例 3　求微分方程 $y' + \dfrac{y}{x} = 3x$ 的通解.

分析　原方程不是可分离变量的微分方程，很难直接积分，但如果方程两边都乘以 x，原方程就变成

$$xy' + y = 3x^2.$$

容易看出，上式左边是函数 xy 的导数，而右边是只含变量 x 的表达式. 这样，等式两边同时积分，即

$$\int (xy)' dx = \int 3x^2 dx,$$

得

$$xy = x^3 + C.$$

上式两边同时除以 x，得到原方程的通解为

$$y = x^2 + \frac{C}{x}.$$

一阶线性微分方程

引例 3 中的微分方程是一阶线性微分方程. 在求解的过程中, 我们发现方程两边乘以因子 x 后, 方程的左边成为某个函数的导数, 而右边成为只含变量 x 的表达式, 满足这样条件的因子称为**积分因子**.

形如 (4-14) 的方程一般是否都有积分因子呢? 若有, 如何求得这样的积分因子呢? 下面给出利用积分因子求解一阶线性微分方程的方法.

对于微分方程
$$y' + P(x)y = Q(x),$$

在方程的两边乘上积分因子 $e^{\int P(x)dx}$, 这时方程的左边变为
$$y'e^{\int P(x)dx} + e^{\int P(x)dx}P(x)y = y'e^{\int P(x)dx} + y\left(e^{\int P(x)dx}\right)' = \left(ye^{\int P(x)dx}\right)';$$

而右边变为
$$Q(x)e^{\int P(x)dx}.$$

方程 $\left(ye^{\int P(x)dx}\right)' = Q(x)e^{\int P(x)dx}$ 两边同时积分得
$$ye^{\int P(x)dx} = \int Q(x)e^{\int P(x)dx}dx + C,$$

即
$$y = e^{-\int P(x)dx}\left(\int Q(x)e^{\int P(x)dx}dx + C\right). \tag{4-15}$$

这就是一阶线性微分方程的通解公式.

例 4 求微分方程 $y' + 2y = x$ 的通解.

解法 1 因为 $P(x) = 2$, 所以 $\int P(x)dx = \int 2dx = 2x + C$. 于是, 积分因子选为 e^{2x} (为计算方便, 常数 C 取为 0), 原方程两边同时乘以积分因子 e^{2x} 得到 $y'e^{2x} + 2ye^{2x} = xe^{2x}$, 即 $(ye^{2x})' = xe^{2x}$. 该式两边同时积分得
$$ye^{2x} = \int xe^{2x}dx = \frac{1}{2}\int xde^{2x} = \frac{1}{2}xe^{2x} - \frac{1}{2}\int e^{2x}dx = \frac{1}{2}xe^{2x} - \frac{1}{4}e^{2x} + C.$$

所以, 原方程的通解为
$$y = \frac{1}{2}x - \frac{1}{4} + Ce^{-2x}.$$

解法 2 因为 $P(x) = 2$, $Q(x) = x$, 利用通解公式 (4-15) 可直接求得原微分方程的通解为
$$y = e^{-\int 2dx}\left(\int xe^{\int 2dx}dx + C\right) = e^{-2x}\left(\frac{1}{2}xe^{2x} - \frac{1}{4}e^{2x} + C\right) = \frac{1}{2}x - \frac{1}{4} + Ce^{-2x}.$$

例 5 设某跳伞运动员的质量为 m, 降落伞张开后降落时所受的空气阻力与速度成正比, 开始降落时速度为零, 求降落伞的降落速度 v 与时间 t 的函数关系.

解 降落时跳伞运动员所受重力 mg 的方向与速度 v 的方向一致, 所受阻力为 $-kv$ (k 为比例系数且大于 0), 负号表示阻力方向与降落方向相反, 从而降落时所受外力为 $F = mg - kv$. 根据牛顿第二定理 $F = ma$ 及 $a = \dfrac{dv}{dt}$ (a 为加速度), 得微分方程
$$m\frac{dv}{dt} = mg - kv \Rightarrow \frac{dv}{dt} + \frac{k}{m}v = g.$$

利用式（4-15）得微分方程的通解为

$$v = e^{-\int \frac{k}{m} dt}\left(\int g e^{\int \frac{k}{m} dt} dt + C\right) = e^{-\frac{k}{m}t}\left(\int g e^{\frac{k}{m}t} dt + C\right) = Ce^{-\frac{k}{m}t} + \frac{mg}{k}.$$

将初始条件 $v|_{t=0}=0$ 代入上式得 $C=-\dfrac{mg}{k}$，故所求降落伞的降落速度与时间的函数关系为

$$v = \frac{mg}{k}(1-e^{-\frac{k}{m}t}).$$

习题 4.1

1．指出下列微分方程的阶．

(1) $\dfrac{d^2 y}{dx^2} - x^2\left(\dfrac{dy}{dx}\right)^2 + y = 0$；

(2) $\dfrac{d^3 y}{dx^3} - 2\left(\dfrac{d^2 y}{dx^2}\right) + x^2 y = 0$；

(3) $xy''' + 2y'' + x^2 y = 0$；

(4) $x(y')^2 - 2yy' + x = 0$．

2．验证下列函数是否为所给微分方程的解．

(1) $y = C_1 e^{kx} + C_2 e^{-kx}$，$y'' - k^2 y = 0$；

(2) $y = x^2 e^x$，$y'' - 2y' + y = 0$；

(3) $y = 3\sin x - 4\cos x$，$y'' + y = 0$；

(4) $y = 5x^2$，$xy' = 2y$．

3．求下列微分方程的通解．

(1) $\dfrac{dy}{dx} = 2xy^2$；

(2) $x(1+y^2)dx - y(1+x^2)dy = 0$；

(3) $y\ln x\, dx - x\ln y\, dy = 0$；

(4) $x\dfrac{dy}{dx} - y\ln y = 0$；

(5) $\dfrac{dy}{dx} = \dfrac{y}{y-x}$；

(6) $(x^2 + y^2)dx - xy\, dy = 0$；

(7) $\dfrac{dy}{dx} = e^{-x}$；

(8) $(y^2 + 1)\dfrac{dy}{dx} + x^3 = 0$．

4．求下列微分方程满足相应初始条件的特解．

(1) $\dfrac{dy}{dx} = e^{2x-y}$，$y|_{x=0}=0$；

(2) $y' - \dfrac{y}{x} = 1$，$y|_{x=1}=0$；

(3) $y' = 4y + e^{3x}$，$y|_{x=0}=0$；

(4) $y' + y\cot x = 5e^{\cos x}$，$y|_{x=\frac{\pi}{2}}=-4$．

5．设一个质量为 m 的质点做直线运动，从速度等于 0 的时刻起，有一个与其运动方向一致、大小与时间成正比（比例系数为 k_1）的力作用于它．此外，它还受一个与速度成正比（比例系数为 k_2）的阻力作用．求质点的运动速度与时间的函数关系．

4.2 二阶常系数线性微分方程

二阶常系数线性微分方程包括二阶常系数线性非齐次微分方程和二阶常系数线性齐次微分方程．

形如

$$y'' + py' + qy = f(x) \quad (p, q\text{为常数}) \tag{4-16}$$

的微分方程，称为**二阶常系数线性非齐次微分方程**，简称**二阶常系数线性非齐次方程**．

形如

$$y'' + py' + qy = 0 \tag{4-17}$$

的微分方程，称为**二阶常系数线性齐次微分方程**，简称**二阶常系数线性齐次方程**．

4.2.1 二阶常系数线性微分方程解的性质

定理 1 （1）如果 $y_1(x)$ 是二阶常系数线性齐次方程的解，则对于任意常数 C，$Cy_1(x)$ 也是该方程的解．

（2）如果 $y_1(x)$ 和 $y_2(x)$ 都是二阶常系数线性齐次方程的解，则 $y_1(x) + y_2(x)$ 也是该方程的解．如果 $y_1(x) = ky_2(x)$，则称 $y_1(x)$ 和 $y_2(x)$ **线性相关**；否则，称 $y_1(x)$ 和 $y_2(x)$ **线性无关**．

定理 2 如果 $y_1(x)$ 和 $y_2(x)$ 是二阶常系数线性齐次方程的两个线性无关解，则该方程的通解为

$$Y = C_1 y_1(x) + C_2 y_2(x). \tag{4-18}$$

$C_1 y_1(x) + C_2 y_2(x)$ 称为 $y_1(x)$ 和 $y_2(x)$ 的线性组合或线性叠加．

定理 3 如果 y^* 是二阶常系数线性非齐次方程 $y'' + py' + qy = f(x)$ 的一个特解，$Y = C_1 y_1(x) + C_2 y_2(x)$ 是二阶常系数线性齐次方程 $y'' + py' + qy = 0$ 的通解，则二阶常系数线性非齐次方程的通解为

$$y = y^* + Y. \tag{4-19}$$

该定理称为二阶常系数线性非齐次方程的解的结构定理．

例如，$y^* = \dfrac{1}{3} x^3 \mathrm{e}^x$ 是二阶常系数线性非齐次方程 $y'' - 2y' + y = 2x\mathrm{e}^x$ 的一个特解，二阶常系数线性齐次方程 $y'' - 2y' + y = 0$ 的通解为 $C_1 \mathrm{e}^x + C_2 x \mathrm{e}^x$．因此，二阶常系数线性非齐次方程 $y'' - 2y' + y = 2x\mathrm{e}^x$ 的通解为 $y = \dfrac{1}{3} x^3 \mathrm{e}^x + C_1 \mathrm{e}^x + C_2 x \mathrm{e}^x$．

定理 4 设二阶常系数线性非齐次方程为

$$y'' + py' + qy = f_1(x) + f_2(x), \tag{4-20}$$

且 y_1^* 与 y_2^* 分别是 $y'' + py' + qy = f_1(x)$ 和 $y'' + py' + qy = f_2(x)$ 的特解，则 $y_1^* + y_2^*$ 是方程（4-20）的特解．

4.2.2 二阶常系数线性齐次方程的解

怎样求二阶常系数线性齐次方程的两个线性无关解呢？

对于 $y = \mathrm{e}^{\lambda x}$，有 $y' = (\mathrm{e}^{\lambda x})' = \lambda \mathrm{e}^{\lambda x} = \lambda y$，$y'' = (\mathrm{e}^{\lambda x})'' = (\lambda \mathrm{e}^{\lambda x})' = \lambda^2 \mathrm{e}^{\lambda x} = \lambda^2 y$，所以我们可以设 $y = \mathrm{e}^{\lambda x}$ 是二阶常系数线性齐次方程 $y'' + py' + qy = 0$ 的解，代入后得到

$$\mathrm{e}^{\lambda x}(\lambda^2 + p\lambda + q) = 0.$$

因此，如果 λ 是 $\lambda^2 + p\lambda + q = 0$ 的解，$y = \mathrm{e}^{\lambda x}$ 就是方程 $y'' + py' + qy = 0$ 的解．这样一来，求微分方程的解就转化为求 λ 的问题了．

方程 $\lambda^2 + p\lambda + q = 0$ 称为方程 $y'' + py' + qy = 0$ 的**特征方程**，设它的两个根为 λ_1 和 λ_2，则

（1）当实数 $\lambda_1 \neq \lambda_2$ 时，方程 $y'' + py' + qy = 0$ 的通解为
$$y = C_1 \mathrm{e}^{\lambda_1 x} + C_2 \mathrm{e}^{\lambda_2 x};$$

（2）当实数 $\lambda_1 = \lambda_2$ 时，方程 $y'' + py' + qy = 0$ 的通解为
$$y = (C_1 + C_2 x) \mathrm{e}^{\lambda_1 x};$$

（3）当 $\lambda_{1,2} = a \pm \mathrm{i}b$ 时，方程 $y'' + py' + qy = 0$ 的通解为
$$y = \mathrm{e}^{ax}(C_1 \cos bx + C_2 \sin bx).$$

例 1 求微分方程 $y'' - 5y' + 6y = 0$ 的通解．

解 特征方程为 $\lambda^2 - 5\lambda + 6 = 0$，解得 $\lambda_1 = 2$，$\lambda_2 = 3$．故微分方程的通解为
$$y = C_1 \mathrm{e}^{2x} + C_2 \mathrm{e}^{3x}.$$

例 2 求微分方程 $y'' - 4y' + 4y = 0$ 的通解．

解 特征方程为 $\lambda^2 - 4\lambda + 4 = 0$，解得 $\lambda_1 = \lambda_2 = 2$．故微分方程的通解为
$$y = (C_1 + C_2 x)\mathrm{e}^{2x}.$$

例 3 求微分方程 $y'' - 6y' + 13y = 0$ 的通解．

解 特征方程为 $\lambda^2 - 6\lambda + 13 = 0$，解得 $\lambda = 3 \pm \mathrm{i}2$．故微分方程的通解为
$$y = \mathrm{e}^{3x}(C_1 \cos 2x + C_2 \sin 2x).$$

4.2.3 二阶常系数线性非齐次方程的解

由定理 3 知，二阶常系数线性非齐次方程的通解是对应的齐次方程的通解与其自身的一个特解之和．而求二阶常系数线性齐次方程通解的问题已经解决，所以求二阶常系数线性非齐次方程的通解的关键在于求它的一个特解．

下面介绍方程 $y'' + py' + qy = f(x)$ 中 $f(x)$ 取两种常见形式时 y^* 的求法．这种方法的特点是不用积分就可以求出 y^* 来，称为**待定系数法**．

二阶常系数
线性非齐次
方程的解

1. $f(x) = \mathrm{e}^{\lambda x} P_m(x)$ 型

设二阶常系数线性非齐次方程为
$$y'' + py' + qy = \mathrm{e}^{\lambda x} P_m(x). \tag{4-21}$$

其中，$P_m(x)$ 为 x 的 m 次多项式．因为 p，q 均为常数，且指数函数的导数仍为指数函数，多项式的导数仍为多项式，不难验证，式（4-21）的特解为
$$y^* = x^k Q_m(x) \mathrm{e}^{\lambda x}.$$

其中，$Q_m(x)$ 与 $P_m(x)$ 是同次多项式．

若 λ 不是对应齐次方程的特征方程的特征根，则 $k = 0$；若 λ 是特征根且为单根，则 $k = 1$；若 λ 是特征根且为重根，则 $k = 2$．

例 4 求方程 $y'' - 2y' + y = x$ 的特解．

解 此处 $f(x)$ 是 $\mathrm{e}^{\lambda x} P_m(x)$ 型，且 $P_m(x) = x$，$\lambda = 0$．对应齐次方程的特征方程为 $\lambda^2 - 2\lambda + 1 = 0$，其根为 $\lambda_1 = \lambda_2 = 1$，故 $\lambda = 0$ 不是特征方程的根，则 $k = 0$．令 $y^* = ax + b$，代入原方程，得
$$-2a + ax + b = x.$$

比较系数，得 $a = 1$，$b = 2$，故所求特解为
$$y^* = x + 2.$$

例5 求方程 $y'' + 2y' - 3y = e^{-3x}$ 的通解.

解 先求对应齐次方程 $y'' + 2y' - 3y = 0$ 的通解. 对应齐次方程的特征方程为 $\lambda^2 + 2\lambda - 3 = 0$, 解得 $\lambda_1 = -3$, $\lambda_2 = 1$, 则对应齐次方程的通解为 $Y = C_1 e^{-3x} + C_2 e^x$.

再求所给方程的特解. 此处 $f(x)$ 是 $e^{\lambda x} P_m(x)$ 型. 已知 $P_m(x) = 1$, $\lambda = -3$, 由于 $\lambda = -3$ 是特征方程的单根, 故 $k = 1$. 令 $y^* = xb_0 e^{-3x}$, 代入原方程, 解得 $b_0 = -\dfrac{1}{4}$, 于是 $y^* = -\dfrac{1}{4} x e^{-3x}$.

由定理 3 可知原方程的通解为

$$y = Y + y^* = C_1 e^{-3x} + C_2 e^x - \dfrac{1}{4} x e^{-3x}.$$

例6 求方程 $y'' - 4y' + 4y = x e^{2x}$ 的特解.

解 此处 $f(x)$ 是 $e^{\lambda x} P_m(x)$ 型, 且 $P_m(x) = x$, $\lambda = 2$. 对应齐次方程的特征方程是 $\lambda^2 - 4\lambda + 4 = 0$, 其根为 $\lambda_1 = \lambda_2 = 2$. 由于 $\lambda = 2$ 是特征方程的重根, 故 $k = 2$.

令 $y^* = x^2(ax + b)e^{2x}$, 代入原方程, 解得 $a = \dfrac{1}{6}$, $b = 0$. 因此, 所求特解为

$$y^* = \dfrac{1}{6} x^3 e^{2x}.$$

2. $f(x) = e^{\alpha x}(A\cos\beta x + B\sin\beta x)$ 型

设二阶常系数线性非齐次方程为

$$y'' + py' + qy = e^{\alpha x}(A\cos\beta x + B\sin\beta x). \qquad (4\text{-}22)$$

其中, α, β, A, B 均为常数. 由于 p, q 均为常数且指数函数的导数仍为指数函数, 正弦函数与余弦函数的导数也总是余弦函数与正弦函数, 故不难验证, 式(4-22)的特解为

$$y^* = x^k e^{\alpha x}(C\cos\beta x + D\sin\beta x).$$

其中, C, D 为待定常数. 若 $\alpha \pm i\beta$ 不是对应齐次方程的特征根, 则 $k = 0$; 若 $\alpha \pm i\beta$ 是对应齐次方程的特征根, 则 $k = 1$.

例7 求方程 $y'' + y' - 2y = e^x \cos x$ 的特解.

解 此处 $f(x)$ 是 $e^{\alpha x}(A\cos\beta x + B\sin\beta x)$ 型, 且 $\alpha = 1$, $\beta = 1$. 对应齐次方程的特征方程是 $\lambda^2 + \lambda - 2 = 0$, 其根为 $\lambda_1 = 1$, $\lambda_2 = -2$. 由于 $\alpha + i\beta = 1 + i$ 不是特征方程的根, 故 $k = 0$. 令 $y^* = e^x(C\cos x + D\sin x)$, 代入原方程, 解得 $C = -\dfrac{1}{10}$, $D = \dfrac{3}{10}$. 故所求特解为

$$y^* = e^x\left(-\dfrac{1}{10}\cos x + \dfrac{3}{10}\sin x\right).$$

例8 求方程 $y'' + y = \sin x$ 的通解.

解 因为对应齐次方程的特征方程 $\lambda^2 + 1 = 0$ 的根为 $\lambda = \pm i$, 故对应齐次方程的通解为 $Y = C_1\cos x + C_2\sin x$. 而原方程的 $f(x)$ 是 $e^{\alpha x}(A\cos\beta x + B\sin\beta x)$ 型, 且 $\alpha = 0$, $\beta = 1$. 由于 $\alpha \pm i\beta = \pm i$ 是特征方程的根, 故 $k = 1$. 令 $y^* = x(C\cos x + D\sin x)$, 代入原方程, 解得 $C = -\dfrac{1}{2}$, $D = 0$. 故所求特解为 $y^* = -\dfrac{1}{2} x \cos x$. 所以, 原方程的通解为

$$y = Y + y^* = C_1\cos x + C_2\sin x - \dfrac{1}{2} x \cos x.$$

例 9 求方程 $y'' - y' = x + \sin x$ 的通解.

解 原方程对应齐次方程的特征方程为 $\lambda^2 - \lambda = 0$. 解得特征根 $\lambda_1 = 0$，$\lambda_2 = 1$. 于是，对应齐次方程的通解为 $Y = C_1 + C_2 e^x$.

对于非齐次方程 $y'' - y' = x$，易求得特解为 $y_1^* = -\frac{1}{2}x^2 - x$；对于非齐次方程 $y'' - y' = \sin x$，易求得特解为 $y_2^* = -\frac{1}{2}(\sin x - \cos x)$. 于是，根据定理 4，得原方程的特解为

$$y^* = y_1^* + y_2^* = -\frac{1}{2}x^2 - x - \frac{1}{2}(\sin x - \cos x).$$

因此，原方程的通解为

$$y = Y + y^* = C_1 + C_2 e^x - \frac{1}{2}x^2 - x - \frac{1}{2}(\sin x - \cos x).$$

砥节砺行

微分方程对于研究事物的关系及发展趋势具有重要的意义，可用于各个研究领域. 例如，传染病传播机理的定量描述和预测是传染病研究和预防的重要依据，人们常利用传播机理建立数学模型来分析传染病的变化规律. 在全球新冠肺炎疫情暴发时期，研究人员通过数据来预分析感染人数的变化规律、预报传染病的蔓延趋势等，事实上就是建立微分方程. 在我国疫情得到控制的同时，国外很多国家疫情却一直居高不下，这充分体现了我国利用数学对实践的指导，也体现了中国共产党的正确决策. 因此，我们应用科学的态度对待疫情，尊重科学，理性看待新型冠状病毒以及各项防疫措施. 同时，要善于发现生活中的数学问题，养成从数学的角度看问题、用数学知识解决问题的习惯，建立正确的数学观.

习题 4.2

1. 求下列微分方程的通解.
   （1）$y'' + y = 0$；
   （2）$y'' + y' - 2y = 0$；
   （3）$y'' + 6y' + 13y = 0$；
   （4）$y'' + 5y' = 0$；
   （5）$y'' + 5y' + 4y = 3 - 2x$；
   （6）$y'' - y = \sin^2 x$.

2. 求下列微分方程满足初始条件的特解.
   （1）$y'' - 4y' + 3y = 0$，$y|_{x=0} = 6$，$y'|_{x=0} = 2$；
   （2）$4y'' + 4y' + y = 0$，$y|_{x=0} = 2$，$y'|_{x=0} = 0$；
   （3）$y'' + 25y = 0$，$y|_{x=0} = 2$，$y'|_{x=0} = 5$；
   （4）$y'' - 4y' + 13y = 0$，$y|_{x=0} = 0$，$y'|_{x=0} = 3$；
   （5）$y'' - 3y' + 2y = 0$，$y|_{x=0} = 1$，$y'|_{x=0} = 2$；
   （6）$y'' - y = 4xe^x$，$y|_{x=0} = 0$，$y'|_{x=0} = 1$.

3. 有一质量为 m 的质点由静止开始沉入液体. 当下沉时，液体的反作用力与下沉速度成正比，求质点的运动规律.

4.3 拉普拉斯变换

4.3.1 拉普拉斯变换的基本概念

拉普拉斯变换的基本概念

本章前面给出了求解一阶线性微分方程与二阶常系数线性微分方程满足初始条件的解的方法. 一般是先求出其通解, 然后根据其初始条件求出其特解, 总体来讲方法比较复杂. 人们在寻找求解微分方程的一种更简捷的方法时, 采用了将问题进行变换的思想, 从而产生了拉普拉斯变换. 以下先介绍其主要思想.

我们知道幂级数

$$\sum_{n=1}^{\infty} a_n x^n \tag{4-23}$$

在一定条件下收敛, 其和是一个函数, 可以记为 $S(x)$. 例如, 当 $a_n = 1$ ($n=1,2,\cdots$) 时, 上述级数在 $-1 < x < 1$ 时收敛.

幂级数 (4-23) 中的系数 a_n 实际上是在离散点 $n=1,2,\cdots$ 取值的一个函数, 我们将其记为 $a(n)$, 则

$$\sum_{n=1}^{\infty} a(n) x^n = S(x). \tag{4-24}$$

现在考虑如何将上述思想拓广, 以便函数 $a(n)$ 可以取遍连续区间 $(0, +\infty)$ 内的每一点. 于是我们将式 (4-24) 转为积分公式, 即

$$\int_0^{+\infty} a(t) x^t \mathrm{d}t = S(x). \tag{4-25}$$

上述广义积分在一定条件下收敛. 式 (4-25) 实际上已经通过积分将一个函数 $a(t)$ 变换为另一个函数 $S(x)$, 称其为**积分变换**. 在许多实际问题中, $x < 0$ 没有意义, 因此我们只考虑 $x \geq 0$ 的情况.

根据日常使用的习惯, 我们将函数 $a(t)$ 改记为 $f(t)$. 另外在积分计算实践中, 以 e 为底的指数型函数往往在计算积分时比较方便. 出于方便计算的考虑, 我们可进一步将式 (4-25) 作一定变化. 因为 $x = e^{\ln x}$ 对 $x > 0$ 成立, 此时我们有 $x^t = e^{t \ln x}$, 并且按照经验, 广义积分 (4-25) 往往在 $x > 0$ 但又比较接近 0 (一般至少要求 $x < 1$) 的时候收敛, 而此时 $-\infty < \ln x < 0$, 因此, 我们记 $s = -\ln x$, 同时记 $S(x) = S(e^{-s}) = F(s)$, 则可将式 (4-25) 转换为

$$\int_0^{+\infty} f(t) e^{-st} \mathrm{d}t = F(s). \tag{4-26}$$

此式子即为著名的拉普拉斯变换.

拉普拉斯变换是一种积分变换, 能把微积分运算转化为代数运算, 因而可使常系数线性微分方程变换为代数方程. 于是在寻求常系数线性微分方程 (组) 的特解时, 无须按常规方法先求通解, 然后再求特解, 只需借助拉普拉斯变换表即可求出特解, 从而使计算简化. 拉普拉斯变换还具有特殊的物理意义, 因而在许多领域被广泛应用.

下面对拉普拉斯变换的一些概念、基本性质及几个常用的拉普拉斯变换进行简要介绍.

定义 1 设函数 $f(t)$ 的定义域为 $[0, +\infty)$, 若积分 $\int_0^{+\infty} f(t) e^{-st} \mathrm{d}t$ 对于 s 在某一范围内的值存在,

则此积分就确定了一个参数为 s 的函数,记为 $F(s)$. 函数 $F(s)$ 称为 $f(t)$ 的**拉普拉斯变换**(简称为**拉氏变换**,或称为 $f(t)$ 的**象函数**), $F(s)=\int_0^{+\infty}f(t)\mathrm{e}^{-st}\mathrm{d}t$ 称为函数 $f(t)$ 的**拉普拉斯变换式**,用记号 $L[f(t)]$ 表示,即

$$F(s)=L[f(t)]. \tag{4-27}$$

若 $F(s)$ 是 $f(t)$ 的拉普拉斯变换,则 $f(t)$ 称为 $F(s)$ 的**拉普拉斯逆变换**(或称 $f(t)$ 为 $F(s)$ 的**象原函数**),记为 $L^{-1}[F(s)]$,即

$$f(t)=L^{-1}[F(s)]. \tag{4-28}$$

> **说 明**
>
> (1) 实际问题都是从某一时刻起进行讨论和分析的. 因此,在拉普拉斯变换定义中,只要求函数 $f(t)$ 在 $t \geqslant 0$ 时有定义即可,并假定在 $t<0$ 时,$f(t)=0$;
>
> (2) 拉普拉斯变换使给定的函数 $f(t)$ 经过广义积分变换成一个新的函数 $F(s)$. 一般来说,在实际中遇到的函数,它的拉普拉斯变换总是存在的. 事实上,可以证明,当 $|f(t)| \leqslant C\mathrm{e}^{kt}$ (C 与 k 都为常数且 $C>0$,$k>0$) 对所有 $t \in (0,+\infty)$ 都成立时(增长控制条件),$f(t)$ 的拉普拉斯变换一定存在. 下文讨论中我们总假定增长控制条件成立,即函数 $f(t)$ 的拉普拉斯变换存在;
>
> (3) 拉普拉斯变换中的参数 s 一般不限于实数,它也可以为复数. 不过在本书中,为方便起见,我们把 s 当作正实数来讨论,这并不影响对拉普拉斯变换性质的研究,对于解决实际问题也足够.

下面介绍如何用定义求拉普拉斯变换.

例 1 求函数 $f(t)=\mathrm{e}^{at}$ ($t \geqslant 0$,a 是常数) 的拉普拉斯变换.

解 $L[\mathrm{e}^{at}]=\int_0^{+\infty}\mathrm{e}^{at}\mathrm{e}^{-st}\mathrm{d}t=\int_0^{+\infty}\mathrm{e}^{(a-s)t}\mathrm{d}t$. 这个积分在 $s>a$ 时收敛,所以可得

$$L[\mathrm{e}^{at}]=\int_0^{+\infty}\mathrm{e}^{(a-s)t}\mathrm{d}t=\left[\frac{\mathrm{e}^{(a-s)t}}{a-s}\right]_0^{+\infty}=\frac{1}{s-a}\ (s>a).$$

例 2 求函数 $f(t)=\sin kt$ 的拉普拉斯变换.

解 $L[\sin kt]=\int_0^{+\infty}\sin kt \cdot \mathrm{e}^{-st}\mathrm{d}t=-\frac{1}{s}\int_0^{+\infty}\sin kt\,\mathrm{d}\mathrm{e}^{-st}$

$$=-\frac{1}{s}\left(\sin kt \cdot \mathrm{e}^{-st}\Big|_0^{+\infty}-\int_0^{+\infty}\mathrm{e}^{-st}\mathrm{d}\sin kt\right)=\frac{k}{s}\left(\int_0^{+\infty}\mathrm{e}^{-st}\cos kt\,\mathrm{d}t\right)$$

$$=-\frac{k}{s^2}\left(\int_0^{+\infty}\cos kt\,\mathrm{d}\mathrm{e}^{-st}\right)=-\frac{k}{s^2}\left(\cos kt \cdot \mathrm{e}^{-st}\Big|_0^{+\infty}-\int_0^{+\infty}\mathrm{e}^{-st}\mathrm{d}\cos kt\right)$$

$$=\frac{k}{s^2}\left(1-k\int_0^{+\infty}\mathrm{e}^{-st}\sin kt\,\mathrm{d}t\right)=\frac{k}{s^2}(1-kL[\sin kt]).$$

化简可得

$$L[\sin kt]=\frac{k}{s^2+k^2}\ (s>0).$$

例3 求单位阶梯函数 $u(t)=\begin{cases}0, & t<0,\\ 1, & t\geqslant 0\end{cases}$ 的拉普拉斯变换.

解 $L[u(t)]=\int_0^{+\infty}u(t)\mathrm{e}^{-st}\mathrm{d}t=\int_0^{+\infty}\mathrm{e}^{-st}\mathrm{d}t=\dfrac{1}{s}(s>0)$.

例4 求狄拉克函数 $\delta(t)=\begin{cases}0, & t\neq 0,\\ \infty, & t=0\end{cases}$ 的拉普拉斯变换.

解 我们定义

$$\delta_\varepsilon(t)=\begin{cases}0, & t<0,\\ 1/\varepsilon, & 0\leqslant t\leqslant \varepsilon,\\ 0, & t>\varepsilon.\end{cases}$$

因此,原函数的拉普拉斯变换为

$$L[\delta(t)]=\int_0^{+\infty}\delta(t)\mathrm{e}^{-st}\mathrm{d}t=\int_0^{+\infty}\lim_{\varepsilon\to 0}\delta_\varepsilon(t)\mathrm{e}^{-st}\mathrm{d}t=\lim_{\varepsilon\to 0}\int_0^\varepsilon\frac{1}{\varepsilon}\mathrm{e}^{-st}\mathrm{d}t$$

$$=\lim_{\varepsilon\to 0}\frac{\int_0^\varepsilon \mathrm{e}^{-st}\mathrm{d}t}{\varepsilon}=\lim_{\varepsilon\to 0}\frac{-\dfrac{1}{s}\mathrm{e}^{-st}\Big|_0^\varepsilon}{\varepsilon}=\lim_{\varepsilon\to 0}\frac{1-\mathrm{e}^{-s\varepsilon}}{s\varepsilon}\xrightarrow{\text{应用洛必达法则}}\lim_{\varepsilon\to 0}\mathrm{e}^{-s\varepsilon}=1.$$

例3与例4中的单位阶梯函数 $u(t)$ 和狄拉克函数 $\delta(t)$ 为自动控制技术中的常用函数.

4.3.2 拉普拉斯变换的基本性质

为了求得较为复杂函数的拉普拉斯变换,下面我们介绍拉普拉斯变换的几个基本性质.

1. 线性性质

对于函数 $f(t)$ 和 $g(t)$,以及任意常数 α 和 β,若 $L[f(t)]$ 和 $L[g(t)]$ 存在,则有关系式

$$L[\alpha f(t)+\beta g(t)]=\alpha L[f(t)]+\beta L[g(t)].$$

利用拉普拉斯变换的定义,可直接证明这个关系式成立. 根据这个性质,可以推出一系列函数的拉普拉斯变换.

拉普拉斯变换的基本性质

例5 求函数 $f(t)=\dfrac{1}{a}(1-\mathrm{e}^{-at})$ 的拉普拉斯变换.

解 由线性性质可得

$$L\left[\frac{1}{a}(1-\mathrm{e}^{-at})\right]=\frac{1}{a}L[1-\mathrm{e}^{-at}]=\frac{1}{a}L[1]-\frac{1}{a}L[\mathrm{e}^{-at}]=\frac{1}{a}\left(\frac{1}{s}-\frac{1}{s+a}\right)=\frac{1}{s(s+a)}.$$

2. 平移性质

若 $L[f(t)]=F(s)$,则

$$L[\mathrm{e}^{at}f(t)]=F(s-a)\ (a\text{为常数}).$$

证明从略,请读者自证.

例6 求 $L[t\mathrm{e}^{at}]$.

解 通过计算易得 $L[t]=\dfrac{1}{s^2}$,由平移性质可得 $L[t\mathrm{e}^{at}]=\dfrac{1}{(s-a)^2}$.

3. 延滞性质

若 $L[f(t)] = F(s)$，则

$$L[f(t-a)] = e^{-as}F(s) \, (a > 0).$$

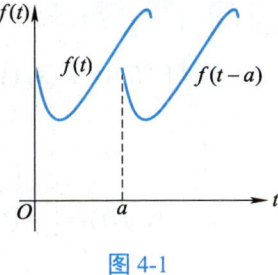

图 4-1

证明从略，请读者自证.

以上函数 $f(t-a)$ 在时间上比函数 $f(t)$ 滞后 a 个单位，如图 4-1 所示. 因此，这个性质称为**延滞性质**.

4. 微分性质

若 $L[f(t)] = F(s)$，则

$$L[f'(t)] = sF(s) - f(0).$$

特别地，当 $f(0) = 0$ 时，有 $L[f'(t)] = sF(s)$.

证 $L[f'(t)] = \int_0^{+\infty} f'(t) e^{-st} dt = f(t)e^{-st}\Big|_0^{+\infty} + s\int_0^{+\infty} f(t)e^{-st}dt$

$$= sF(s) - f(0) \, (s > 0).$$

此性质可推广到 n 阶导数，即

$$L[f^{(n)}(t)] = s^n F(s) - [s^{n-1}f(0) + s^{n-2}f'(0) + \cdots + f^{(n-1)}(0)].$$

特别地，当 $f(0) = f'(0) = \cdots = f^{(n-1)}(0) = 0$ 时，有

$$L[f^{(n)}(t)] = s^n F(s) \, (n \text{ 为自然数}).$$

> **说明**
>
> 原函数的微分运算通过拉普拉斯变换便化为 s 与它的象函数的乘运算，拉普拉斯变换的微分性质可将 $f(t)$ 的常系数微分方程转化为 $F(s)$ 的代数方程，因此它在解微分方程中起着重要的作用.

例7 求幂函数 $f(t) = t^n \, (t \geq 0, n \text{ 是正整数})$ 的拉普拉斯变换.

解 因为

$$f'(t) = nt^{n-1}, \, f''(t) = n(n-1)t^{n-2}, \, \cdots, \, f^{(n)}(t) = n!,$$

所以有

$$f(0) = f'(0) = \cdots = f^{(n-1)}(0) = 0.$$

由拉普拉斯的微分性质，可得

$$L[f(t)] = \frac{L[f^{(n)}(t)]}{s^n}.$$

又因为

$$L[f^{(n)}(t)] = L[n!] = n!L[1] = \frac{n!}{s}.$$

所以，$f(t) = t^n$ 的拉普拉斯变换为

$$L[t^n] = \frac{n!}{s^{n+1}}.$$

5. 积分性质

若 $L[f(t)] = F(s)(s \neq 0)$，并且 $f(t)$ 连续，则

$$L\left[\int_0^t f(t)\mathrm{d}t\right] = \frac{F(s)}{s}.$$

证 设 $\varphi(t) = \int_0^t f(t)\mathrm{d}t$，显然 $\varphi(0) = 0$，$\varphi'(t) = f(t)$，所以可得

$$L[\varphi'(t)] = sL[\varphi(t)] - \varphi(0) = sL[\varphi(t)].$$

因为 $L[\varphi'(t)] = L[f(t)] = F(s)$，所以 $F(s) = sL[\varphi(t)] = sL\left[\int_0^t f(t)\mathrm{d}t\right]$，即

$$L\left[\int_0^t f(t)\mathrm{d}t\right] = \frac{F(s)}{s}.$$

这个性质表明，一个函数积分后再取拉普拉斯变换，等于这个函数的象函数除以参数 s。

为方便应用，现将求解常系数线性微分方程的初值问题时经常遇到的拉普拉斯变换列成表，即拉普拉斯变换表，如表 4-1 所示。

表 4-1

序号	原函数 $f(t)$	象函数 $F(s)$
1	$\delta(t)$（狄拉克函数）	1
2	$u(t)$（单位阶梯函数）	$\dfrac{1}{s}$
3	t^n ($n=1, 2, \cdots$)	$\dfrac{n!}{s^{n+1}}$
4	e^{at}	$\dfrac{1}{s-a}$
5	$1 - e^{-at}$	$\dfrac{a}{s(s+a)}$
6	$t^n e^{at}$ ($n=1, 2, \cdots$)	$\dfrac{n!}{(s-a)^{n+1}}$
7	$\sin \omega t$	$\dfrac{\omega}{s^2 + \omega^2}$
8	$\cos \omega t$	$\dfrac{s}{s^2 + \omega^2}$
9	$\sin(\omega t + \varphi)$	$\dfrac{s\sin\varphi + \omega\cos\varphi}{s^2 + \omega^2}$
10	$\cos(\omega t + \varphi)$	$\dfrac{s\cos\varphi - \omega\sin\varphi}{s^2 + \omega^2}$
11	$t\sin \omega t$	$\dfrac{2\omega s}{(s^2 + \omega^2)^2}$
12	$t\cos \omega t$	$\dfrac{s^2 - \omega^2}{(s^2 + \omega^2)^2}$
13	$e^{-at}\sin \omega t$	$\dfrac{\omega}{(s+a)^2 + \omega^2}$

表 4-1（续）

序号	原函数 $f(t)$	象函数 $F(s)$
14	$\mathrm{e}^{-at}\cos\omega t$	$\dfrac{s+a}{(s+a)^2+\omega^2}$
15	$\dfrac{1}{\omega^2}(1-\cos\omega t)$	$\dfrac{1}{s(s^2+\omega^2)}$
16	$\mathrm{e}^{at}-\mathrm{e}^{bt}$	$\dfrac{a-b}{(s-a)(s-b)}$
17	$2\sqrt{\dfrac{t}{\pi}}$	$\dfrac{1}{s\sqrt{s}}$
18	$\dfrac{1}{\sqrt{\pi t}}$	$\dfrac{1}{\sqrt{s}}$

4.3.3 拉普拉斯逆变换

在应用拉普拉斯变换求解常系数线性微分方程时，我们还会遇到需要根据已知的象函数 $F(s)$ 去求它的原函数 $f(t)$ 的问题，即拉普拉斯逆变换问题．拉普拉斯变换和拉普拉斯逆变换是一一对应的．对于常用象函数的求解可以通过查表 4-1 获得结果．对一些不能直接利用拉普拉斯变换表求得逆变换的象函数，要结合拉普拉斯逆变换的性质求解．下面介绍拉普拉斯逆变换的性质．

1. 线性性质

$L^{-1}[\alpha F(s)+\beta G(s)]=\alpha f(t)+\beta g(t)$ （α，β 为常数）．

2. 平移性质

$L^{-1}[F(s-a)]=\mathrm{e}^{at}L^{-1}[F(s)]=\mathrm{e}^{at}f(t)$ （a 为常数）．

3. 延滞性质

$L^{-1}[\mathrm{e}^{-as}F(s)]=f(t-a)$ （a 为常数）．

例 8 求下列象函数的拉普拉斯逆变换．

（1） $F(s)=\dfrac{2s-5}{s^2}$；　　　　（2） $F(s)=\dfrac{s+3}{s^2+3s+2}$．

解 （1）由线性性质及拉普拉斯变换表，得

$$f(t)=L^{-1}\left[\dfrac{2s-5}{s^2}\right]=2L^{-1}\left[\dfrac{1}{s}\right]-5L^{-1}\left[\dfrac{1}{s^2}\right]=2u(t)-5t.$$

（2）首先将所给的象函数展开，即

$$F(s)=\dfrac{s+3}{s^2+3s+2}=\dfrac{2}{s+1}-\dfrac{1}{s+2}.$$

于是由线性性质及拉普拉斯变换表，得

$$f(t)=L^{-1}\left[\dfrac{s+3}{s^2+3s+2}\right]=L^{-1}\left[\dfrac{2}{s+1}\right]-L^{-1}\left[\dfrac{1}{s+2}\right]=2\mathrm{e}^{-t}-\mathrm{e}^{-2t}.$$

4.3.4 拉普拉斯变换的应用

下面举例说明拉普拉斯变换在求解常系数线性微分方程（组）中的应用.

例 9 求微分方程 $y'' + 4y' - 12y = 0$ 满足初始条件 $y(0) = 1$，$y'(0) = 0$ 的解.

解 对方程两边取拉普拉斯变换，因为 $L[0] = 0$，所以

$$L[y'' + 4y' - 12y] = 0.$$

由拉普拉斯变换的线性性质，得

$$L[y''] + 4L[y'] - 12L[y] = 0.$$

再由拉普拉斯变换的微分性质，得

$$s^2 L[y] - sy(0) - y'(0) + 4[sL[y] - y(0)] - 12L[y] = 0.$$

设 $L[y] = Y(s)$，并将初始条件代入，得

$$(s^2 + 4s - 12)Y(s) - s - 4 = 0,$$

即

$$Y(s) = \frac{s+4}{s^2 + 4s - 12}.$$

下面通过拉普拉斯逆变换求 $y(t)$. 先将 $Y(s)$ 分解为部分分式之和，即

$$Y(s) = \frac{s+4}{s^2 + 4s - 12} = \frac{1/4}{s+6} + \frac{3/4}{s-2}.$$

于是有

$$y(t) = L^{-1}[Y(s)] = L^{-1}\left[\frac{1/4}{s+6}\right] + L^{-1}\left[\frac{3/4}{s-2}\right] = \frac{1}{4}e^{-6t} + \frac{3}{4}e^{2t}.$$

> **注意**
>
> 从例 9 可以看出，用拉普拉斯变换求解常系数线性微分方程的步骤如下.
> （1）对方程两边取拉普拉斯变换，设 $L[y] = Y(s)$，得出关于 $Y(s)$ 的代数方程；
> （2）解此方程，求出 $Y(s)$；
> （3）对 $Y(s)$ 作拉普拉斯逆变换，求出微分方程的解.

例 10 求微分方程组 $\begin{cases} x' - x - 2y = t \\ y' - 2x - y = t \end{cases}$，满足初始条件 $x(0) = 2$，$y(0) = 4$ 的解.

解 对方程组两边取拉普拉斯变换，设 $L[x(t)] = X(s)$，$L[y(t)] = Y(s)$，得

$$\begin{cases} sX(s) - 2 - X(s) - 2Y(s) = \dfrac{1}{s^2}, \\ sY(s) - 4 - 2X(s) - Y(s) = \dfrac{1}{s^2}. \end{cases}$$

解此方程，得

$$\begin{cases} X(s) = \dfrac{28}{9} \times \dfrac{1}{s-3} - \dfrac{1}{s+1} - \dfrac{1}{3s^2} - \dfrac{1}{9s}, \\ Y(s) = \dfrac{28}{9} \times \dfrac{1}{s-3} + \dfrac{1}{s+1} - \dfrac{1}{3s^2} - \dfrac{1}{9s}. \end{cases}$$

作拉普拉斯逆变换，得微分方程组的解为

$$\begin{cases} x(t) = \dfrac{28}{9} e^{3t} - e^{-t} - \dfrac{t}{3} - \dfrac{1}{9}, \\ y(t) = \dfrac{28}{9} e^{3t} + e^{-t} - \dfrac{t}{3} - \dfrac{1}{9}. \end{cases}$$

从上述各例可以看出，应用拉普拉斯变换求解常系数线性微分方程（组）是比较简单的．但这个方法对方程右端项（称为强迫项）的要求比较高．因此，并非任何常系数线性微分方程（组）都能用拉普拉斯变换求解．

接下来我们将拉普拉斯变换应用于力学与电学的两个实际问题中．

例 11（弹簧机械振动问题） 机械振动是工程技术上常遇到的现象．例如，振动沉桩机利用振动来克服土壤和桩之间的摩擦以及桩前部的阻力，使桩打入土中；混凝土振动台利用振动来克服混凝土颗粒的起始移动阻力和内摩擦力，使混凝土捣实．另一方面，工程技术中也需减弱不必要的振动，以保证机械的稳定性，保证操作人员的安全．下面我们介绍一个弹簧振动的例子．

有一个弹簧，它的上端固定，质量为 m 的物体挂在弹簧上，如图 4-2 所示．弹簧的弹性系数为 k．取物体的平衡位置为坐标原点 O，取 x 轴竖直向下．给物体一个离开平衡位置的冲击力 $A\delta(t)$，其中，$\delta(t)$ 为狄拉克函数，那么物体便在平衡位置附近上下振动．在振动过程中，物体的位置 x 随时间 t 变化，即 x 是 t 的函数，这个函数反映了物体的运动规律．问：该物体的运动规律是什么？

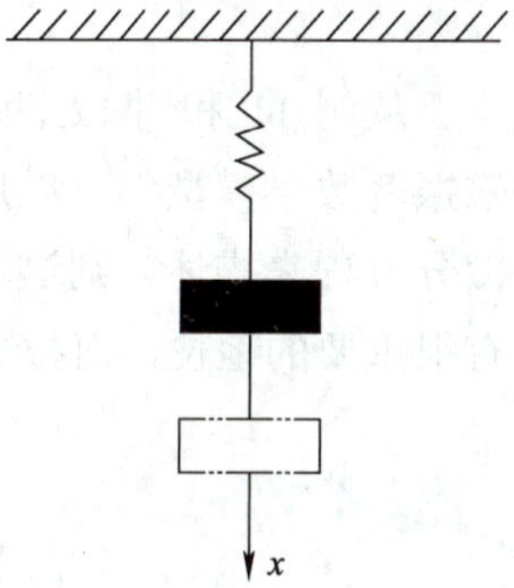

图 4-2

解 要求物体的运动规律，首先要建立描述物体离开平衡位置的位移 $x(t)$ 的数学模型．根据胡克定律，物体离开平衡位置的位移 $x(t)$ 满足的微分方程为

$$mx'' = A\delta(t) - kx, \quad 且 \ x(0) = 0, \ x'(0) = 0.$$

解此线性微分方程满足初始条件的解即得物体的运动规律．

设 $L[x(t)] = X(s)$，对 $mx'' = A\delta(t) - kx$ 两边作拉普拉斯变换，并将初始条件代入，得

$$X(s) = \dfrac{A}{ms^2 + k}.$$

作拉普拉斯逆变换，得

$$x(t) = \dfrac{A}{\sqrt{km}} \sin \sqrt{\dfrac{k}{m}} t.$$

可见，振动物体按正弦规律运动，振幅为 $\dfrac{A}{\sqrt{km}}$，角频率为 $\sqrt{\dfrac{k}{m}}$．

例 12（电路的电磁振荡问题） 如图 4-3 所示为 R-C 串联电路图．其中，电阻 $R = 2\,\Omega$，电容 $C = 0.1\,\text{F}$，电源电动势 $E(t) = 100\sin 5t\,\text{V}$．当开关 K 合上后，电路中有电流通过．现在我们来研究电容器两极板间电压 $u_C(t)$ 随时间 t 的变化规律，其中，$u_C(0) = 0$．

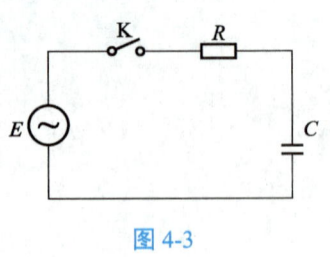

图 4-3

解 设电阻两端的电压为 $u_R(t)$，电流为 $i(t)$.

根据回路电压定律，在任何一个闭合回路中，各元件的电压代数和等于电动势的代数和，即

$$u_R(t) + u_C(t) = E(t) = 100\sin 5t.$$

由于 $u_R(t) = Ri(t)$，$i(t) = C\dfrac{du_C(t)}{dt}$，从而可以求得电压 $u_C(t)$ 满足的微分方程为

$$RC\dfrac{du_C(t)}{dt} + u_C(t) = 100\sin 5t.$$

解此线性微分方程，即可知电容器两极板间电压 $u_C(t)$ 随时间 t 的变化规律.

设 $L[u_C(t)] = U_C(s)$，对上式两边取拉普拉斯变换，并将初始条件和已知条件代入，化简得

$$U_C(s) = \dfrac{2\,500}{(s+5)(s^2+25)},$$

即

$$U_C(s) = \dfrac{50}{s+5} - \dfrac{50s}{s^2+25} + \dfrac{250}{s^2+25}.$$

作拉普拉斯逆变换，得

$$u_C(t) = 50(e^{-5t} - \cos 5t + \sin 5t).$$

从例 11 和例 12 两个实际问题可以看到，弹簧的机械振动数学模型和多个动态元件电路的电磁振荡数学模型都可以用一个线性微分方程来描述．若反映事物运动的数学模型可以用一个线性微分方程来描述，则这样的物理系统称为**线性系统**．线性系统在工程技术与科学领域的研究中占有很重要的地位，而拉普拉斯变换是求解线性系统的十分有用的工具．

习题 4.3

1. 求函数 $f(t) = 6t$ 的拉普拉斯变换.
2. 求函数 $f(t) = 1 + te^t$ 的拉普拉斯变换.
3. 求 $F(s) = \dfrac{2}{s+5}$ 的拉普拉斯逆变换.
4. 求 $F(s) = \dfrac{1}{4s^2+9}$ 的拉普拉斯逆变换.
5. 求微分方程组 $\begin{cases} y' + y - x = e^{-t} \\ x' + x = 0 \end{cases}$，满足初始条件 $y(0) = 0$，$x(0) = 1$ 的解.

本章小结

1. 主要内容

本章内容主要包括一阶微分方程、二阶常系数线性微分方程和拉普拉斯变换.

2. 重点与难点

重点：可分离变量微分方程的求解、一阶线性微分方程的通解公式、拉普拉斯变换的概念及性质、求常用函数的拉普拉斯变换的方法.

难点：二阶常系数线性齐次方程和二阶常系数线性非齐次方程的解法、拉普拉斯变换的应用.

3. 学习指导

（1）对于形如 $y' = f(x)g(y)$ 的微分方程，可先通过分离变量，再对方程两边积分，求出其通解；

（2）对于一阶线性微分方程 $y' + P(x)y = Q(x)$，可直接利用公式（4-15）或积分因子法求解；

（3）对于二阶常系数线性齐次方程 $y'' + py' + qy = 0$，为求其通解，可先求出特征方程 $\lambda^2 + p\lambda + q = 0$ 的根，然后根据特征根的不同情况，写出对应的微分方程的通解；

（4）对于二阶常系数线性非齐次微分方程 $y'' + py' + qy = f(x)$，为求其通解，可先求出其对应齐次方程的通解 Y，然后求出非齐次方程自身的一个特解 y^*，最后根据解的结构定理，写出通解 $y = y^* + Y$；

（5）应将拉普拉斯变换的性质与拉普拉斯变换表结合起来求函数的拉普拉斯变换与拉普拉斯逆变换；

（6）拉普拉斯变换可以方便地应用于求解常系数线性微分方程.

趣味数学　微分方程的起源

微分方程的起源

微分方程是在解决一个又一个物理问题的过程中产生的. 从17世纪末开始，摆动运动、弹性理论及天体力学的实际问题，引出了一系列微分方程. 例如，雅各布·伯努利在1690年发表了"等时曲线"的解，其中就用到了微分方程. 他的同一篇文章中还提出了"悬链线问题"，即求一根柔软但不能伸长的绳子自由悬挂于两定点而形成的曲线的函数. 这个问题在15世纪就被提出过，伽利略曾猜想答案是抛物线，惠更斯证明了伽利略的猜想是错误的. 后来，莱布尼茨、惠更斯和伯努利在1691年都发表了各自的解答. 其中，伯努利建立了微分方程，然后解方程而得出曲线方程.

微分方程的解法最初是作为特殊技巧而提出的，其严密性未被考虑. 微分方程的一般解法是从莱布尼茨的分离变量法（1691年）开始发展的，直到欧拉和克莱罗给出解一阶线性微分方程的积分因子法（1734—1740年），才完全成熟. 到1740年左右，所有解一阶线性微分方程的初等方法都已被世人获知.

1724年，意大利学者里卡蒂（1676—1754年）通过变量代换将一个二阶线性微分方程降阶为"里卡蒂方程"：$\dfrac{\mathrm{d}y}{\mathrm{d}x} = a_0(x) + a_1(x)y + a_2(x)y^2$. 他的"降阶"思想是处理高阶微分方程的主要方法. 高阶微分方程的系统研究是从欧拉于1728年发表的《降二阶微分方程为一阶微分方程的新方法》开始的. 1743年，欧拉已经获得 n 阶常系数线性齐次方程的完整解法. 1774—1775年，拉格朗日用参数变易法给出一般 n 阶变系数非线性齐次微分方程的解，给出了伴随方程的概念. 在欧拉工作的基础上，拉格朗日得出了"知道 n 阶齐次方程的 m 个特解后，可以把方程降低 m 阶"这一结论，这是18世纪解微分方程的最高成就.

在弹性理论和天文学研究中,许多问题都涉及了微分方程组. 两个物体在引力下运动的研究引出了"n体问题"的研究,这样引出了多个微分方程. 但是,即使是"三体问题"也难以求出其精确解. 寻求近似解就变成了这一问题研究所追求的目标,"摄动理论"就是其中一个例子. 所谓"摄动"是指两个球形物体在相互引力作用下沿圆锥曲线运动,若有任何偏离就称这种运动是摄动的,否则是非摄动的. 两个物体所在的介质对运动有阻力,或者两个物体不是球形,或者涉及更多的物体,就会发生摄动现象. 18世纪,物体摄动运动的近似解成为一大数学难题. 克莱罗、达朗贝尔、欧拉、拉格朗日及拉普拉斯都对这个问题做出了贡献,其中拉普拉斯的贡献是最突出的.

18世纪中期,微分方程成为一门独立的学科,而这种方程的求解成为科学家们的一个目标. 探索微分方程的一般求解方法大概到1775年才结束. 其后,微分方程的求解方法没有大的突破,新的著作仍旧是用已知的方法来求解微分方程. 直到19世纪末,人们才引进了算子方法和拉普拉斯变换. 总体来讲,这门学科是各种类型的孤立技巧的汇编.

砥节砺行

创新精神是数学精神的核心,也是新世纪对人才培养的基本要求. 微分由莱布尼茨的分离变量法,到欧拉和克莱罗的积分因子法再到引进算子方法和拉普拉斯变换,每一次发展都闪耀着数学的创新精神. 因此,我们在学习和生活中要有创新意识和科学思维,以及坚定的信心和意志,要敢于标新立异,善于大胆设想.

建模应用 商品价格如何随着供求关系变化

1. 问题陈述

市场上商品的价格总是随着时间在不断变化. 按照马克思、恩格斯的劳动价值论,商品的价格以商品的价值量为基础,受供求关系的影响,围绕着价值上下波动. 当需求量大于供给量时,价格将上涨;反之,当供给量大于需求量时,价格将下跌. 那么,商品的价格到底怎样随供求关系的变化而变化?

商品价格如何随着供求关系变化

2. 模型假设

(1) $p(t)$ 表示 t 时刻商品的价格;
(2) 设需求量为 Q_d,供给量为 Q_s;
(3) 假设价格的变化率与过剩的需求量成正比,即

$$\frac{dp}{dt} = \lambda(Q_d - Q_s). \qquad (4\text{-}29)$$

其中,比例系数 $\lambda > 0$,可根据市场调查确定.

为了简单起见,假定需求量 Q_d 与供给量 Q_s 都是只依赖于价格 p 的线性函数,即

$$\begin{cases} Q_d = a - bp, \\ Q_s = -c + dp. \end{cases} \tag{4-30}$$

其中，a，b，c，d 都已知，且均为大于 0 的常数．

3. 模型建立

将式（4-30）代入式（4-29）得

$$\frac{dp}{dt} = \lambda[(a-bp)-(-c+dp)] = \lambda[(a+c)-(b+d)p].$$

记 $\lambda(a+c) = h$，$\lambda(b+d) = k$，则上式可化简为

$$\frac{dp}{dt} + kp = h. \tag{4-31}$$

4. 模型求解

这是一个以价格 $p(t)$ 为未知函数的一阶常系数线性非齐次方程．根据一阶线性非齐次方程的通解公式，求得其通解为

$$p(t) = \frac{h}{k} + Ce^{-kt}.$$

注意到 $\dfrac{h}{k} = \dfrac{a+c}{b+d}$ 正是供需平衡时的均衡价格 $\bar{p}$（即需求量和供给量相等时的价格）．因此，可由 $Q_d = Q_s$ 解出 $p(t)$ 而得到式（4-31）的通解为

$$p(t) = \bar{p} + Ce^{-kt}.$$

如果已知初始价格 $p(0) = p_0$，则式（4-31）的特解为

$$p(t) = \bar{p} + (p_0 - \bar{p})e^{-kt}.$$

这就是商品的价格 p 随时间 t 的变化规律．

5. 模型的分析与应用

从这个模型可以看出，随着时间的推移，商品的价格 p 越来越接近于它的均衡价格 $\bar{p}$．在现实社会中，商品的价格与很多因素有关，如商品的广告宣传、品牌、营销策略等．因此，实际情况中价格与时间的关系远比这个结果复杂得多．

复习题四

微分方程
建模应用

A 组

1. 设曲线过点 $A(1, -1)$，且曲线上任一点处的切线斜率等于切点纵坐标的平方，求此曲线方程．

2. 求下列微分方程的通解或给定初始条件下的特解．

（1）$y' = (2y+1)\cot x$，$y\left(\dfrac{\pi}{4}\right) = \dfrac{1}{2}$；　　（2）$y' = \dfrac{2xy}{x^2 + y^2}$；

(3) $y' + \dfrac{y}{x} = x^2$.

3. 求下列微分方程的解.

(1) $y'' - 3y' + 2y = 0$； (2) $y'' - 2y' + y = 0$；

(3) $y'' + 2y' + 5y = 0$.

4. 求方程 $y'' + 2y' - 3y = 9x$ 的特解.

5. 求方程 $y'' + 2y' = 3e^{-2x}$ 的通解.

6. 求下列各函数的拉普拉斯变换.

(1) $f(t) = 10t^2$； (2) $f(t) = 3\cos 2t - 6\sin 2t$；

(3) $f(t) = 2 + 3te^t$； (4) $f(t) = \begin{cases} -1, & 0 \leqslant t < 4, \\ 1, & t \geqslant 4. \end{cases}$

7. 求下列各函数的拉普拉斯逆变换.

(1) $F(s) = \dfrac{3}{s-2}$； (2) $F(s) = \dfrac{s}{(s+2)(s+4)}$.

8. 用拉普拉斯变换解下列方程与方程组.

(1) $y'' + y = 0$，$y(0) = 0$，$y'(0) = 3$；

(2) $\begin{cases} x'' - 2y' - x = 0, \\ x' - y = 0, \end{cases}$ $x(0) = 0$，$x'(0) = 1$，$y(0) = 1$.

B 组

1. 求下列微分方程的通解或给定初始条件下的特解.

(1) $x\sec y\,dx + (x+1)dy = 0$； (2) $y' - y\cos x = e^{\sin x}$；

(3) $xy' - x\sin\dfrac{y}{x} - y = 0$； (4) $\dfrac{x}{1+y}dx - \dfrac{y}{1+x}dy = 0$，$y|_{x=0} = 1$；

(5) $xy' + y = e^x$； (6) $y' + \dfrac{2y}{x} + x = 0$，$y|_{x=1} = 1$；

(7) $y'' - 6y' + 9y = e^{3x}(1+x)$； (8) $y'' + y = x^2 + \cos x$，$y|_{x=0} = 0$，$y'|_{x=0} = 0$.

2. 有一曲线，自其上任意一点至纵横两轴的垂直线与两轴所构成的矩形被曲线分为大小不等的两部分，其一部分的面积恰好是另一部分的 2 倍，求该曲线方程.

3. 求证：若 $L[f(t)] = F(s)$，则当 $a > 0$ 时，有 $L[f(at)] = \dfrac{1}{a}F\left(\dfrac{s}{a}\right)$.

4. 用拉普拉斯变换解下列方程与方程组.

(1) $y''(t) + 2y'(t) - 3y(t) = e^{-t}$，$y(0) = 0$，$y'(0) = 1$；

(2) $\begin{cases} x'' + y' + 3x = \cos 2t, \\ y'' - 4x' + 3y = \sin 2t, \end{cases}$ $x(0) = \dfrac{1}{5}$，$x'(0) = 0$，$y(0) = 0$，$y'(0) = \dfrac{6}{5}$.

第5章 线性代数

线性代数是代数学的一个分支,它在数学、技术学科和经济领域中有着广泛的应用.在计算机广泛应用的今天,计算机图形学、计算机辅助设计、密码学、虚拟现实等技术无不以线性代数为其理论和算法基础的一部分.矩阵和线性方程组是线性代数的重要内容.本章主要介绍矩阵和线性方程组的基本概念、基本运算等一般理论及其简单应用.

5.1 行列式与矩阵

行列式和矩阵是解线性方程组的有力工具,在科学研究、生产实践和经济管理中都有广泛应用.

5.1.1 行列式简介

引例1 (航行问题) 甲、乙两地相距 750 km,船从甲地到乙地顺水航行需要 30 h,从乙地到甲地逆水航行需要 50 h.请问船速和水速各是多少?

分析 用 x,y 分别表示船速和水速,由"速度×时间=距离"得
$$\begin{cases} 30(x+y)=750, \\ 50(x-y)=750, \end{cases} \Rightarrow \begin{cases} x+y=25, \\ x-y=15. \end{cases}$$

实际上,这个二元一次方程组就是上述航行问题的数学模型,它反映了变量之间特定的线性关系.对于二元一次方程组,我们可以用消元法求解,还可以用新的方法——"行列式法"来求解.下面就来介绍这种新方法.

在初等数学中,用加减消元法解二元一次方程组
$$\begin{cases} a_{11}x_1 + a_{12}x_2 = b_1, \\ a_{21}x_1 + a_{22}x_2 = b_2, \end{cases} \tag{5-1}$$

可得
$$\begin{cases} (a_{11}a_{22} - a_{12}a_{21})x_1 = b_1 a_{22} - b_2 a_{12}, \\ (a_{11}a_{22} - a_{12}a_{21})x_2 = b_2 a_{11} - b_1 a_{21}. \end{cases}$$

若 $a_{11}a_{22} - a_{12}a_{21} \neq 0$,则方程组有唯一解
$$\begin{cases} x_1 = \dfrac{b_1 a_{22} - b_2 a_{12}}{a_{11}a_{22} - a_{12}a_{21}}, \\ x_2 = \dfrac{b_2 a_{11} - b_1 a_{21}}{a_{11}a_{22} - a_{12}a_{21}}. \end{cases} \tag{5-2}$$

行列式简介

为便于记忆这个解的公式,我们引入行列式的定义,具体定义如下.

定义 1 用记号 $\begin{vmatrix} a_{11} & a_{12} \\ a_{21} & a_{22} \end{vmatrix}$ 表示代数和 $a_{11}a_{22} - a_{12}a_{21}$,即

$$\begin{vmatrix} a_{11} & a_{12} \\ a_{21} & a_{22} \end{vmatrix} = a_{11}a_{22} - a_{12}a_{21}. \tag{5-3}$$

我们将式(5-3)的左端称为**二阶行列式**,右端称为二阶行列式的**展开式**;a_{ij} ($i, j = 1, 2$) 称为行列式的**元素**;横排的称为**行**,竖排的称为**列**;行列式中从左上角到右下角的对角线称为行列式的**主对角线**,从右上角到左下角的对角线称为行列式的**次对角线**.

利用二阶行列式的概念,式(5-2)中的分母、分子可分别记为

$$a_{11}a_{22} - a_{12}a_{21} = \begin{vmatrix} a_{11} & a_{12} \\ a_{21} & a_{22} \end{vmatrix} = D, \quad b_1 a_{22} - b_2 a_{12} = \begin{vmatrix} b_1 & a_{12} \\ b_2 & a_{22} \end{vmatrix} = D_1, \quad b_2 a_{11} - b_1 a_{21} = \begin{vmatrix} a_{11} & b_1 \\ a_{21} & b_2 \end{vmatrix} = D_2.$$

从而,当 $D = \begin{vmatrix} a_{11} & a_{12} \\ a_{21} & a_{22} \end{vmatrix} \neq 0$ 时,方程组的解可表示为

$$\begin{cases} x_1 = \dfrac{D_1}{D}, \\ x_2 = \dfrac{D_2}{D}. \end{cases} \tag{5-4}$$

分母 D 是由方程组(5-1)的系数所组成的行列式,故称为该方程组的**系数行列式**.

例 1 利用行列式法求解引例 1 中"航行问题"的方程组 $\begin{cases} x + y = 25, \\ x - y = 15. \end{cases}$

解 由于

$$D = \begin{vmatrix} 1 & 1 \\ 1 & -1 \end{vmatrix} = 1 \times (-1) - 1 \times 1 = -2,$$

$$D_1 = \begin{vmatrix} 25 & 1 \\ 15 & -1 \end{vmatrix} = 25 \times (-1) - 15 \times 1 = -40,$$

$$D_2 = \begin{vmatrix} 1 & 25 \\ 1 & 15 \end{vmatrix} = 1 \times 15 - 1 \times 25 = -10,$$

$D \neq 0$,从而可得

$$x = \frac{D_1}{D} = \frac{-40}{-2} = 20, \quad y = \frac{D_2}{D} = \frac{-10}{-2} = 5.$$

所以,航行问题方程组的解为

$$x = 20 \text{ km/h}, \quad y = 5 \text{ km/h}.$$

用行列式解方程组的方法还可以应用到三元一次方程组的求解问题中.为此,先定义三阶行列式.

定义 2 用记号

$$\begin{vmatrix} a_{11} & a_{12} & a_{13} \\ a_{21} & a_{22} & a_{23} \\ a_{31} & a_{32} & a_{33} \end{vmatrix}$$

表示代数和

$$a_{11}a_{22}a_{33} + a_{12}a_{23}a_{31} + a_{13}a_{21}a_{32} - a_{11}a_{23}a_{32} - a_{12}a_{21}a_{33} - a_{13}a_{22}a_{31},$$

并将其称为**三阶行列式**，一般用 D 来表示，即

$$D=\begin{vmatrix} a_{11} & a_{12} & a_{13} \\ a_{21} & a_{22} & a_{23} \\ a_{31} & a_{32} & a_{33} \end{vmatrix} = a_{11}a_{22}a_{33} + a_{12}a_{23}a_{31} + a_{13}a_{21}a_{32} - a_{11}a_{23}a_{32} - a_{12}a_{21}a_{33} - a_{13}a_{22}a_{31}.$$ （5-5）

其中，横排称为**行**，纵排称为**列**，a_{ij} ($i=1,2,3$；$j=1,2,3$) 称为行列式的**元素**.

对于三元线性方程组

$$\begin{cases} a_{11}x_1 + a_{12}x_2 + a_{13}x_3 = b_1, \\ a_{21}x_1 + a_{22}x_2 + a_{23}x_3 = b_2, \\ a_{31}x_1 + a_{32}x_2 + a_{33}x_3 = b_3, \end{cases}$$ （5-6）

若其系数行列式

$$D=\begin{vmatrix} a_{11} & a_{12} & a_{13} \\ a_{21} & a_{22} & a_{23} \\ a_{31} & a_{32} & a_{33} \end{vmatrix} \neq 0,$$

则该方程组有唯一解

$$x_1 = \frac{D_1}{D}, \quad x_2 = \frac{D_2}{D}, \quad x_3 = \frac{D_3}{D}.$$ （5-7）

其中，D_1，D_2，D_3 是将方程组（5-6）中系数行列式 D 的第 1，2，3 列换成右端的常数列而得到的三阶行列式，即

$$D_1 = \begin{vmatrix} b_1 & a_{12} & a_{13} \\ b_2 & a_{22} & a_{23} \\ b_3 & a_{32} & a_{33} \end{vmatrix}, \quad D_2 = \begin{vmatrix} a_{11} & b_1 & a_{13} \\ a_{21} & b_2 & a_{23} \\ a_{31} & b_3 & a_{33} \end{vmatrix}, \quad D_3 = \begin{vmatrix} a_{11} & a_{12} & b_1 \\ a_{21} & a_{22} & b_2 \\ a_{31} & a_{32} & b_3 \end{vmatrix}.$$

 **例 2** 解三元一次线性方程组

$$\begin{cases} x_1 + 3x_2 + 2x_3 = 17, \\ 2x_1 - 4x_2 - x_3 = 9, \\ 3x_1 - 2x_2 = 25. \end{cases}$$

解 方程组的系数行列式 $D = \begin{vmatrix} 1 & 3 & 2 \\ 2 & -4 & -1 \\ 3 & -2 & 0 \end{vmatrix} = 5 \neq 0$，所以方程组有唯一解．由行列式

$$D_1 = \begin{vmatrix} 17 & 3 & 2 \\ 9 & -4 & -1 \\ 25 & -2 & 0 \end{vmatrix} = 55, \quad D_2 = \begin{vmatrix} 1 & 17 & 2 \\ 2 & 9 & -1 \\ 3 & 25 & 0 \end{vmatrix} = 20, \quad D_3 = \begin{vmatrix} 1 & 3 & 17 \\ 2 & -4 & 9 \\ 3 & -2 & 25 \end{vmatrix} = -15,$$

得方程组的解为

$$x_1 = \frac{D_1}{D} = 11, \quad x_2 = \frac{D_2}{D} = 4, \quad x_3 = \frac{D_3}{D} = -3.$$

> **注 意**
>
> 能用行列式法求解的线性方程组必须满足以下两个条件．
> （1）方程组中方程的个数等于未知量的个数；
> （2）系数行列式 $D \neq 0$．

实际问题中出现的线性方程组往往含有更多的未知量,故在理论研究中需要讨论含有 n 个未知量和 n 个方程构成的线性方程组的求解问题,行列式也就可以推广到 n 阶行列式,记为

$$D = \begin{vmatrix} a_{11} & a_{12} & \cdots & a_{1n} \\ a_{21} & a_{22} & \cdots & a_{2n} \\ \cdots & \cdots & \cdots & \cdots \\ a_{n1} & a_{n2} & \cdots & a_{nn} \end{vmatrix}.$$

该行列式由 n 行 n 列个数排列而成,其展开后计算的结果是一个数.

根据定义,对于任意阶行列式,其结果都是一个数.特别地,一阶行列式 $|a|$ 也是一个数 a,如 $|-2| = -2$.

说明

n 阶行列式的计算与三阶行列式的计算类似,但过程较为繁杂,并且需要用到行列式的多个性质和某些方法、技巧,此处不进行详细介绍.

接下来给出二阶行列式与三阶行列式的关系.

三阶行列式的展开式为

$$D = \begin{vmatrix} a_{11} & a_{12} & a_{13} \\ a_{21} & a_{22} & a_{23} \\ a_{31} & a_{32} & a_{33} \end{vmatrix} = a_{11}a_{22}a_{33} + a_{12}a_{23}a_{31} + a_{13}a_{21}a_{32} - a_{11}a_{23}a_{32} - a_{12}a_{21}a_{33} - a_{13}a_{22}a_{31}.$$

将该展开式按行列式的第 1 行元素提取公因式,合并同类项得

$$a_{11}(a_{22}a_{33} - a_{23}a_{32}) - a_{12}(a_{21}a_{33} - a_{23}a_{31}) + a_{13}(a_{21}a_{32} - a_{22}a_{31}).$$

将该式按二阶行列式的定义转化为

$$a_{11}\begin{vmatrix} a_{22} & a_{23} \\ a_{32} & a_{33} \end{vmatrix} - a_{12}\begin{vmatrix} a_{21} & a_{23} \\ a_{31} & a_{33} \end{vmatrix} + a_{13}\begin{vmatrix} a_{21} & a_{22} \\ a_{31} & a_{32} \end{vmatrix}.$$

从而得到二阶行列式与三阶行列式的关系为

$$\begin{vmatrix} a_{11} & a_{12} & a_{13} \\ a_{21} & a_{22} & a_{23} \\ a_{31} & a_{32} & a_{33} \end{vmatrix} = a_{11}\begin{vmatrix} a_{22} & a_{23} \\ a_{32} & a_{33} \end{vmatrix} - a_{12}\begin{vmatrix} a_{21} & a_{23} \\ a_{31} & a_{33} \end{vmatrix} + a_{13}\begin{vmatrix} a_{21} & a_{22} \\ a_{31} & a_{32} \end{vmatrix}. \tag{5-8}$$

5.1.2 矩阵的概念

现代管理科学、自然科学、工程技术、计算机技术等各个领域中,许多问题都可以直接或近似地表示成一些变量之间的线性关系问题,而矩阵就是研究线性函数、线性理论、线性方程组的常用工具.

引例 2 某高职院校 2017 级计算机信息管理专业的 52 名学生的经济数学成绩如表 5-1 所示.为简便起见,这里只列出一部分数据.

矩阵的概念

表 5-1   单位:分

序号	平时(20%)	期中(10%)	期末(70%)	总评
1	90	85	95	93

表 5-1（续）

序号	平时（20%）	期中（10%）	期末（70%）	总评
2	75	65	85	81
3	85	80	80	81
…	…	…	…	…
52	93	95	97	96

引例 3 某地区甲、乙、丙 3 家商场同时销售 I 类、II 类品牌的家用电器，现有销售量表和单价、利润表分别如表 5-2 和表 5-3 所示．

表 5-2　　　　　　　　　　　　　　　　　　　　　　　　　　　　单位：万元

商场	电器种类	
	I 类	II 类
甲商场	15	10
乙商场	20	10
丙商场	5	3

表 5-3

电器种类	单价/万元	利润/万元
I 类	0.6	0.1
II 类	2	0.4

这些表格虽然内容不同，但它们的数据都是由若干行与列组成的，故可将它们简记为下面的矩形数表

$$\begin{pmatrix} 90 & 85 & 95 & 93 \\ 75 & 65 & 85 & 81 \\ 85 & 80 & 80 & 81 \\ \cdots & \cdots & \cdots & \cdots \\ 93 & 95 & 97 & 96 \end{pmatrix}, \begin{pmatrix} 15 & 10 \\ 20 & 10 \\ 5 & 3 \end{pmatrix}, \begin{pmatrix} 0.6 & 0.1 \\ 2 & 0.4 \end{pmatrix}.$$

数学上把这种矩形数表称为矩阵．

定义 3 由 $m \times n$ 个数 a_{ij} ($i=1, 2, \cdots, m$；$j=1, 2, \cdots, n$) 排列成的一个 m 行 n 列的矩形数表，称为 $m \times n$ 阶**矩阵**，记为

$$\begin{pmatrix} a_{11} & a_{12} & \cdots & a_{1n} \\ a_{21} & a_{22} & \cdots & a_{2n} \\ \cdots & \cdots & \cdots & \cdots \\ a_{m1} & a_{m2} & \cdots & a_{mn} \end{pmatrix} \text{或} \begin{bmatrix} a_{11} & a_{12} & \cdots & a_{1n} \\ a_{21} & a_{22} & \cdots & a_{2n} \\ \cdots & \cdots & \cdots & \cdots \\ a_{m1} & a_{m2} & \cdots & a_{mn} \end{bmatrix},$$

还可简记为 $(a_{ij})_{m \times n}$．其中 a_{ij} 称为矩阵第 i 行第 j 列的**元素**．通常用大写英文字母 A，B，C，$\cdots$ 或 $A_{m \times n}$，$B_{m \times n}$，$C_{m \times n}$，$\cdots$ 表示矩阵，即

$$A = (a_{ij})_{m \times n}.$$

例3 有一种"石头、剪子、布"的二人游戏,甲、乙二人都只能在石头、剪子、布中各自选择一种出法.当双方各自选定一个出法(也称策略)时,就确定了一个"局势",也就可以据此定出输赢.如果我们规定胜者得1分,负者得–1分,平手时各得0分,则对应各种可能的"局势"下甲的得分可用以下的矩阵表示:

$$
\begin{array}{c}
\text{乙的策略}\\
\begin{array}{cc}
& \begin{array}{ccc}\text{石} & \text{剪} & \text{布}\end{array}\\
\text{甲的策略}\begin{array}{c}\text{石}\\\text{剪}\\\text{布}\end{array} & \begin{pmatrix} 0 & 1 & -1\\ -1 & 0 & 1\\ 1 & -1 & 0\end{pmatrix}
\end{array}.
\end{array}
$$

这个矩阵称为**支付矩阵**.在游戏中,甲、乙都想选取适当的策略,以取得胜利.将这个问题一般化,便可引出"对策论"中的一类基本模型:矩阵对策的理论和方法.

下面介绍几种常见的特殊矩阵.

◆ **零矩阵**:所有元素全为0的矩阵,记为 $\boldsymbol{O}$ 或 $\boldsymbol{O}_{m \times n}$,如 $\begin{pmatrix}0\\0\\0\end{pmatrix}$ 和 $\begin{pmatrix}0 & 0\\0 & 0\end{pmatrix}$.

◆ **负矩阵**:在矩阵 $\boldsymbol{A}$ 所有元素前均加上一个负号而得到的矩阵称为 $\boldsymbol{A}$ 的负矩阵,记为 $-\boldsymbol{A}$.例如,$\boldsymbol{A} = \begin{pmatrix}1 & -2 & 0\\2 & -3 & 0\end{pmatrix}$,则 $-\boldsymbol{A} = \begin{pmatrix}-1 & 2 & 0\\-2 & 3 & 0\end{pmatrix}$.

◆ **行矩阵**:如果矩阵只有一行,我们称这个矩阵为行矩阵,如 $(2 \ -1 \ 0 \ 1)$.

◆ **列矩阵**:如果矩阵只有一列,我们称这个矩阵为列矩阵,如 $\begin{pmatrix}1\\3\\5\end{pmatrix}$.

> **说明**
>
> 行矩阵、列矩阵也称为行向量、列向量.

◆ **方阵**:如果矩阵 $\boldsymbol{A}$ 的行数与列数都等于 n,则称 $\boldsymbol{A}$ 为 n **阶矩阵**或 n **阶方阵**(简称方阵),记为 $\boldsymbol{A}_n$,简记为 $\boldsymbol{A}$.和行列式一样,在 n 阶方阵中,从左上角到右下角的对角线称为主对角线,从右上角到左下角的对角线称为次对角线.

◆ **单位矩阵**:主对角线上的元素全是1、其余元素全为0的方阵称为单位矩阵,记为 $\boldsymbol{E}_n$ 或 $\boldsymbol{I}_n$,简记为 $\boldsymbol{E}$ 或 $\boldsymbol{I}$,如 $\begin{pmatrix}1 & 0\\0 & 1\end{pmatrix}$ 和 $\begin{pmatrix}1 & 0 & 0\\0 & 1 & 0\\0 & 0 & 1\end{pmatrix}$.

◆ **对称矩阵**:若 n 阶矩阵 $\boldsymbol{A} = (a_{ij})_{m \times n}$ 中的元素满足条件 $a_{ij} = a_{ji}$ $(i, j = 1, 2, \cdots, n)$,则称 $\boldsymbol{A}$ 为对称矩阵,如 $\begin{pmatrix}1 & 0 & -2\\0 & 3 & 4\\-2 & 4 & 5\end{pmatrix}$.

> **注意**
>
> 单位矩阵、对称矩阵都是方阵的特例.

砥节砺行

行列式与矩阵,虽然外表形状很相似,但本质完全不同. 行列式的本质是一个值,而矩阵的本质是一个数表. 两个向量的乘积也是,行向量左乘列向量与列向量左乘行向量,表面很相似,但前者是一个值,后者是一个方阵,本质也完全不同. 习近平总书记在 2020 年秋季学期中央党校(国家行政学院)中青年干部培训班开班式上强调:"要能够透过现象看本质,做到眼睛亮、见事早、行动快." 习近平总书记这一重要论述,饱含着对中青年干部的殷切期望,也为我们成事成才指明了努力方向. 时代日新月异,世事纷繁复杂,我们只有善于透过现象看本质,善于抓住事物的根本和关键,坚持按照客观规律办事,才能更好地推动学习和工作的进步.

5.1.3 矩阵的运算

矩阵的运算

矩阵的意义不仅在于将一些数据排成阵列形式,而且在于对它定义了一些有理论意义和实际意义的运算,从而使其成为进行理论研究或解决实际问题的有力工具.

1. 矩阵的相等

定义 4 设矩阵 $A = (a_{ij})_{m \times n}$ 与 $B = (b_{ij})_{m \times n}$,如果它们的对应元素相等,即 $a_{ij} = b_{ij}$ ($i = 1, 2, \cdots, m$; $j = 1, 2, \cdots, n$),则称矩阵 A 与 B 相等,记为

$$A = B.$$

> **注意**
>
> 两个矩阵相等的前提是两者属于同型矩阵(行数与列数都相等),然后再看对应元素是否相等来判断两个矩阵是否相等. 即使两个矩阵同为零矩阵也未必相等,如 $\begin{pmatrix} 0 \\ 0 \\ 0 \end{pmatrix} \neq \begin{pmatrix} 0 & 0 \\ 0 & 0 \end{pmatrix}$.

2. 矩阵的加法

定义 5 设矩阵 $A = (a_{ij})_{m \times n}$ 与 $B = (b_{ij})_{m \times n}$,则称矩阵 $(a_{ij} + b_{ij})_{m \times n}$ ($i = 1, 2, \cdots, m$; $j = 1, 2, \cdots, n$) 为矩阵 A 与 B 的和矩阵,记为 $A + B$,即

$$A + B = (a_{ij} + b_{ij})_{m \times n}.$$

> **注意**
>
> 矩阵 A 与 B 是同型矩阵才能进行加法运算,而且是对应元素进行相加.

例 4 设有矩阵等式：$\begin{pmatrix} 1 & 5 & 2 \\ y & 0 & 3 \end{pmatrix} + \begin{pmatrix} 0 & 1 & -3 \\ 1 & 0 & z \end{pmatrix} = \begin{pmatrix} 1 & x & -1 \\ 0 & 0 & 3 \end{pmatrix}$，求元素 x，y，z 的值.

解 根据矩阵相等和矩阵加法的定义有
$$5+1=x, \quad y+1=0, \quad 3+z=3,$$
即
$$x=6, \quad y=-1, \quad z=0.$$

容易验证，矩阵的加法满足以下运算规律.

（1）交换律：$A + B = B + A$.

（2）结合律：$(A + B) + C = A + (B + C)$.

（3）利用负矩阵定义矩阵的减法：$A - B = A + (-B)$.

（4）$A - A = O$，$A + O = A$.

3. 矩阵的数乘运算

定义 6 设矩阵 $A = (a_{ij})_{m \times n}$，常数 k 乘以矩阵 A 的每一个元素而得到的矩阵 $(ka_{ij})_{m \times n}$，称为数 k 与矩阵 A 的**数乘矩阵**，记为 kA，即
$$kA = (ka_{ij})_{m \times n}.$$

特别地，当 $k = -1$ 时，kA 就是 A 的负矩阵，即 $-A = (-a_{ij})_{m \times n}$.

容易验证，矩阵的数乘运算满足以下运算规律.

（1）$k(A + B) = kA + kB$.

（2）$(k + l)A = kA + lA$.

（3）$k(lA) = (kl)A$.

例 5 已知 $A = \begin{pmatrix} 1 & 2 \\ 3 & 0 \\ 5 & 0 \end{pmatrix}$，$B = \begin{pmatrix} 1 & 0 \\ 2 & -1 \\ 3 & 3 \end{pmatrix}$，求 $3A - 2B$.

解 因为 $3A = \begin{pmatrix} 3 \times 1 & 3 \times 2 \\ 3 \times 3 & 3 \times 0 \\ 3 \times 5 & 3 \times 0 \end{pmatrix} = \begin{pmatrix} 3 & 6 \\ 9 & 0 \\ 15 & 0 \end{pmatrix}$，$2B = \begin{pmatrix} 2 \times 1 & 2 \times 0 \\ 2 \times 2 & 2 \times (-1) \\ 2 \times 3 & 2 \times 3 \end{pmatrix} = \begin{pmatrix} 2 & 0 \\ 4 & -2 \\ 6 & 6 \end{pmatrix}$，所以可得

$$3A - 2B = \begin{pmatrix} 3 & 6 \\ 9 & 0 \\ 15 & 0 \end{pmatrix} - \begin{pmatrix} 2 & 0 \\ 4 & -2 \\ 6 & 6 \end{pmatrix} = \begin{pmatrix} 1 & 6 \\ 5 & 2 \\ 9 & -6 \end{pmatrix}.$$

例 6 已知 $A = \begin{pmatrix} 2 & 5 \\ 0 & 2 \end{pmatrix}$，$B = \begin{pmatrix} 0 & -1 \\ 6 & 6 \end{pmatrix}$，且矩阵方程 $A = 2X - B$ 成立，求 X.

解 由方程 $A = 2X - B$ 得

$$X = \frac{1}{2}(A + B) = \frac{1}{2}\left[\begin{pmatrix} 2 & 5 \\ 0 & 2 \end{pmatrix} + \begin{pmatrix} 0 & -1 \\ 6 & 6 \end{pmatrix}\right] = \frac{1}{2}\begin{pmatrix} 2 & 4 \\ 6 & 8 \end{pmatrix} = \begin{pmatrix} 1 & 2 \\ 3 & 4 \end{pmatrix}.$$

4. 矩阵的乘法

在定义矩阵的乘法这一重要运算之前，先来考察两个实例．

引例 4 将引例 2 中"某高职院校 2017 级计算机信息管理专业 52 名学生的经济数学成绩列表"的数据分类为

历次成绩矩阵 $A = \begin{pmatrix} 90 & 85 & 95 \\ 75 & 65 & 85 \\ 85 & 80 & 80 \\ \cdots & \cdots & \cdots \\ 93 & 95 & 97 \end{pmatrix}$，比例矩阵 $B = \begin{pmatrix} 20\% \\ 10\% \\ 70\% \end{pmatrix}$，总评成绩矩阵 $C = \begin{pmatrix} 93 \\ 81 \\ 81 \\ \cdots \\ 96 \end{pmatrix}$．

它们之间有以下运算关系

$$AB = \begin{pmatrix} 90 & 85 & 95 \\ 75 & 65 & 85 \\ 85 & 80 & 80 \\ \cdots & \cdots & \cdots \\ 93 & 95 & 97 \end{pmatrix} \begin{pmatrix} 20\% \\ 10\% \\ 70\% \end{pmatrix} = \begin{pmatrix} 90 \times 20\% + 85 \times 10\% + 95 \times 70\% \\ 75 \times 20\% + 65 \times 10\% + 85 \times 70\% \\ 85 \times 20\% + 80 \times 10\% + 80 \times 70\% \\ \cdots \\ 93 \times 20\% + 95 \times 10\% + 97 \times 70\% \end{pmatrix} = \begin{pmatrix} 93 \\ 81 \\ 81 \\ \cdots \\ 96 \end{pmatrix} = C，$$

即

$$AB = C．$$

引例 5 在引例 3 中，将销售量矩阵记为 $A = \begin{pmatrix} 15 & 10 \\ 20 & 10 \\ 5 & 3 \end{pmatrix}$，单价、利润矩阵记为 $B = \begin{pmatrix} 0.6 & 0.1 \\ 2 & 0.4 \end{pmatrix}$．

若要统计每个商场的总营业额和总利润，只需将销售量矩阵 A 和单价、利润矩阵 B 进行如下运算

$$AB = \begin{pmatrix} 15 & 10 \\ 20 & 10 \\ 5 & 3 \end{pmatrix} \begin{pmatrix} 0.6 & 0.1 \\ 2 & 0.4 \end{pmatrix} = \begin{pmatrix} 15 \times 0.6 + 10 \times 2 & 15 \times 0.1 + 10 \times 0.4 \\ 20 \times 0.6 + 10 \times 2 & 20 \times 0.1 + 10 \times 0.4 \\ 5 \times 0.6 + 3 \times 2 & 5 \times 0.1 + 3 \times 0.4 \end{pmatrix} = \begin{pmatrix} 29 & 5.5 \\ 32 & 6 \\ 9 & 1.7 \end{pmatrix}．$$

从而得到三个商场的总营业额矩阵为 $\begin{pmatrix} 29 \\ 32 \\ 9 \end{pmatrix}$，总利润矩阵为 $\begin{pmatrix} 5.5 \\ 6 \\ 1.7 \end{pmatrix}$．

我们将矩阵之间的这种运算关系定义为矩阵的乘法．

定义 7 设矩阵 $A = (a_{ik})_{m \times l}$ 的列数与矩阵 $B = (b_{kj})_{l \times n}$ 的行数相同，则由元素

$$c_{ij} = a_{i1}b_{1j} + a_{i2}b_{2j} + \cdots + a_{il}b_{lj} = \sum_{k=1}^{l} a_{ik}b_{kj} \quad (i = 1, 2, \cdots, m; j = 1, 2, \cdots, n)$$

构成的 m 行 n 列矩阵 $C = (c_{ij})_{m \times n} = \left(\sum_{k=1}^{l} a_{ik}b_{kj} \right)_{m \times n}$ 称为矩阵 A 与 B 的 <u>乘积</u>，记为

$$C = AB．$$

定义7说明:

(1) 只有矩阵 A 的列数等于矩阵 B 的行数, A 与 B 才能乘得 AB;

(2) 两个矩阵的乘积 AB 亦是矩阵, 它的行数等于左边矩阵 A 的行数, 列数等于右边矩阵 B 的列数;

(3) 乘积矩阵 AB 中的第 i 行第 j 列元素, 等于矩阵 A 的第 i 行元素与矩阵 B 的第 j 列对应元素乘积之和.

例7 设矩阵 $A = \begin{pmatrix} 2 & 0 & 2 \\ 1 & -1 & 1 \end{pmatrix}$, $B = \begin{pmatrix} 1 & 1 \\ 0 & 2 \\ -1 & 0 \end{pmatrix}$, 求 AB 与 BA.

解 $AB = \begin{pmatrix} 2 & 0 & 2 \\ 1 & -1 & 1 \end{pmatrix} \begin{pmatrix} 1 & 1 \\ 0 & 2 \\ -1 & 0 \end{pmatrix} = \begin{pmatrix} 2\times1+0\times0+2\times(-1) & 2\times1+0\times2+2\times0 \\ 1\times1+(-1)\times0+1\times(-1) & 1\times1+(-1)\times2+1\times0 \end{pmatrix} = \begin{pmatrix} 0 & 2 \\ 0 & -1 \end{pmatrix}$.

$BA = \begin{pmatrix} 1 & 1 \\ 0 & 2 \\ -1 & 0 \end{pmatrix} \begin{pmatrix} 2 & 0 & 2 \\ 1 & -1 & 1 \end{pmatrix} = \begin{pmatrix} 1\times2+1\times1 & 1\times0+1\times(-1) & 1\times2+1\times1 \\ 0\times2+2\times1 & 0\times0+2\times(-1) & 0\times2+2\times1 \\ -1\times2+0\times1 & -1\times0+0\times(-1) & -1\times2+0\times1 \end{pmatrix} = \begin{pmatrix} 3 & -1 & 3 \\ 2 & -2 & 2 \\ -2 & 0 & -2 \end{pmatrix}$.

一般地, $AB \neq BA$, 即矩阵的乘法不满足交换律, 因此矩阵相乘时必须注意顺序. 并且, AB 有意义时, BA 不一定有意义.

特别地, 我们把满足 $AB = BA$ 的矩阵 A 与矩阵 B 称为**可交换矩阵**. 例如, $A = \begin{pmatrix} 1 & 1 \\ 0 & 1 \end{pmatrix}$ 与 $B = \begin{pmatrix} 1 & 2 \\ 0 & 1 \end{pmatrix}$ 是可交换矩阵.

例8 设矩阵 $A = \begin{pmatrix} 2 & 0 & 2 \\ 1 & -1 & 1 \end{pmatrix}$, $B = \begin{pmatrix} 1 \\ 0 \\ -1 \end{pmatrix}$, 求 AB 与 BA.

解 $AB = \begin{pmatrix} 2 & 0 & 2 \\ 1 & -1 & 1 \end{pmatrix} \begin{pmatrix} 1 \\ 0 \\ -1 \end{pmatrix} = \begin{pmatrix} 2\times1+0\times0+2\times(-1) \\ 1\times1+(-1)\times0+1\times(-1) \end{pmatrix} = \begin{pmatrix} 0 \\ 0 \end{pmatrix}$.

$BA = \begin{pmatrix} 1 \\ 0 \\ -1 \end{pmatrix} \begin{pmatrix} 2 & 0 & 2 \\ 1 & -1 & 1 \end{pmatrix}$ 是没有意义的.

矩阵乘法满足以下运算规律.

(1) 结合律: $(AB)C = A(BC)$.

(2) 数乘结合律: $k(AB) = (kA)B = A(kB)$.

(3) 分配律: $(A+B)C = AC+BC$, $C(A+B) = CA+CB$.

例9 设 $A = \begin{pmatrix} 2 & 4 \\ 1 & 2 \end{pmatrix}$, $B = \begin{pmatrix} 2 & -2 \\ -1 & 1 \end{pmatrix}$, $C = \begin{pmatrix} 0 & 2 \\ 0 & -1 \end{pmatrix}$, $E = \begin{pmatrix} 1 & 0 \\ 0 & 1 \end{pmatrix}$, $O = \begin{pmatrix} 0 & 0 \\ 0 & 0 \end{pmatrix}$, 求:

(1) AB;   (2) BA;   (3) AC;   (4) AE;

（5）EA； （6）AO； （7）OA； （8）CAB.

解 （1）$AB = \begin{pmatrix} 2 & 4 \\ 1 & 2 \end{pmatrix}\begin{pmatrix} 2 & -2 \\ -1 & 1 \end{pmatrix} = \begin{pmatrix} 0 & 0 \\ 0 & 0 \end{pmatrix}$；

（2）$BA = \begin{pmatrix} 2 & -2 \\ -1 & 1 \end{pmatrix}\begin{pmatrix} 2 & 4 \\ 1 & 2 \end{pmatrix} = \begin{pmatrix} 2 & 4 \\ -1 & -2 \end{pmatrix}$；

（3）$AC = \begin{pmatrix} 2 & 4 \\ 1 & 2 \end{pmatrix}\begin{pmatrix} 0 & 2 \\ 0 & -1 \end{pmatrix} = \begin{pmatrix} 0 & 0 \\ 0 & 0 \end{pmatrix}$；

（4）$AE = \begin{pmatrix} 2 & 4 \\ 1 & 2 \end{pmatrix}\begin{pmatrix} 1 & 0 \\ 0 & 1 \end{pmatrix} = \begin{pmatrix} 2 & 4 \\ 1 & 2 \end{pmatrix} = A$；

（5）$EA = \begin{pmatrix} 1 & 0 \\ 0 & 1 \end{pmatrix}\begin{pmatrix} 2 & 4 \\ 1 & 2 \end{pmatrix} = \begin{pmatrix} 2 & 4 \\ 1 & 2 \end{pmatrix} = A$；

（6）$AO = \begin{pmatrix} 2 & 4 \\ 1 & 2 \end{pmatrix}\begin{pmatrix} 0 & 0 \\ 0 & 0 \end{pmatrix} = \begin{pmatrix} 0 & 0 \\ 0 & 0 \end{pmatrix} = O$；

（7）$OA = \begin{pmatrix} 0 & 0 \\ 0 & 0 \end{pmatrix}\begin{pmatrix} 2 & 4 \\ 1 & 2 \end{pmatrix} = \begin{pmatrix} 0 & 0 \\ 0 & 0 \end{pmatrix} = O$；

（8）$CAB = \begin{pmatrix} 0 & 2 \\ 0 & -1 \end{pmatrix}\begin{pmatrix} 2 & 4 \\ 1 & 2 \end{pmatrix}\begin{pmatrix} 2 & -2 \\ -1 & 1 \end{pmatrix} = \begin{pmatrix} 0 & 0 \\ 0 & 0 \end{pmatrix}$.

由例 9 可看出，矩阵乘法还满足以下重要结论.

（1）$AB = O$，不一定有 $A = O$ 或 $B = O$；

（2）$AB = AC$，且 $A \neq O$，不一定有 $B = C$，即矩阵的乘法不满足消去律；

（3）在可以相乘的前提下，对任意的矩阵 A，总有 $AE = A$，$EA = A$，$AO = O$，$OA = O$. 此处，我们可以理解为：单位矩阵在矩阵的乘法中，起着类似于数 1 在代数乘法中的作用；零矩阵在矩阵的乘法中，起着类似于数 0 在代数乘法中的作用.

例 10 设有线性变换（一组变量是另一组变量的线性函数）：

$$\begin{cases} x_1 = -y_1 + 2y_2 + y_3, \\ x_2 = 2y_1 + 3y_3, \end{cases} \text{和} \begin{cases} y_1 = 3z_1 - 2z_2, \\ y_2 = z_1 + 3z_2, \\ y_3 = 4z_2, \end{cases}$$

试用 z_1，z_2 表示出 x_1，x_2.

解 令 $X = \begin{pmatrix} x_1 \\ x_2 \end{pmatrix}$，$Y = \begin{pmatrix} y_1 \\ y_2 \\ y_3 \end{pmatrix}$，$Z = \begin{pmatrix} z_1 \\ z_2 \end{pmatrix}$，$A = \begin{pmatrix} -1 & 2 & 1 \\ 2 & 0 & 3 \end{pmatrix}$，$B = \begin{pmatrix} 3 & -2 \\ 1 & 3 \\ 0 & 4 \end{pmatrix}$，则上述线性变换可写成

$$X = AY, \tag{5-9}$$

$$Y = BZ. \tag{5-10}$$

将式（5-10）代入式（5-9）得

$$X = ABZ,$$

即

$$\begin{pmatrix} x_1 \\ x_2 \end{pmatrix} = \begin{pmatrix} -1 & 2 & 1 \\ 2 & 0 & 3 \end{pmatrix} \begin{pmatrix} 3 & -2 \\ 1 & 3 \\ 0 & 4 \end{pmatrix} \begin{pmatrix} z_1 \\ z_2 \end{pmatrix} = \begin{pmatrix} -1 & 12 \\ 6 & 8 \end{pmatrix} \begin{pmatrix} z_1 \\ z_2 \end{pmatrix} = \begin{pmatrix} -z_1 + 12z_2 \\ 6z_1 + 8z_2 \end{pmatrix}.$$

从而得到

$$\begin{cases} x_1 = -z_1 + 12z_2, \\ x_2 = 6z_1 + 8z_2. \end{cases}$$

5. 矩阵的转置

定义 8 将 $m \times n$ 阶矩阵 $A = \begin{pmatrix} a_{11} & a_{12} & \cdots & a_{1n} \\ a_{21} & a_{22} & \cdots & a_{2n} \\ \cdots & \cdots & \cdots & \cdots \\ a_{m1} & a_{m2} & \cdots & a_{mn} \end{pmatrix}$ 的行与列依次互换位置，得到 $n \times m$ 阶矩阵

$$\begin{pmatrix} a_{11} & a_{21} & \cdots & a_{m1} \\ a_{12} & a_{22} & \cdots & a_{m2} \\ \cdots & \cdots & \cdots & \cdots \\ a_{1n} & a_{2n} & \cdots & a_{mn} \end{pmatrix},$$

将其称为 A 的**转置矩阵**，记为 A^T.

矩阵的转置是一种运算，也可以看作是一种变换. 矩阵的转置运算满足以下运算规律.

（1）$(A^T)^T = A$.

（2）$(A + B)^T = A^T + B^T$.

（3）$(kA)^T = kA^T$（k 为实数）.

（4）$(AB)^T = B^T A^T$.

例 11 设行矩阵 $A = (1 \ 2 \ 3)$，求 $A^T A$ 和 AA^T.

解 $A^T A = \begin{pmatrix} 1 \\ 2 \\ 3 \end{pmatrix} (1 \ 2 \ 3) = \begin{pmatrix} 1 & 2 & 3 \\ 2 & 4 & 6 \\ 3 & 6 & 9 \end{pmatrix}$. $AA^T = (1 \ 2 \ 3) \begin{pmatrix} 1 \\ 2 \\ 3 \end{pmatrix} = (1 \times 1 + 2 \times 2 + 3 \times 3) = (14)$.

例 12 设对称矩阵 $A = \begin{pmatrix} 1 & 0 & -2 \\ 0 & 3 & 4 \\ -2 & 4 & 5 \end{pmatrix}$，求 A^T.

解 显然，对称矩阵 A 的元素关于主对角线对称，所以有 $A^T = A$.

例 12 的结果具有一般性，即任意对称矩阵的转置矩阵与原矩阵相等. 并且，同阶对称矩阵之和仍是对称矩阵，数乘对称矩阵的结果还是对称矩阵.

但是，对称矩阵的乘积未必对称. 例如，$\begin{pmatrix} 1 & 1 \\ 1 & 1 \end{pmatrix}$ 和 $\begin{pmatrix} 1 & -1 \\ -1 & 0 \end{pmatrix}$ 均为对称矩阵，但 $\begin{pmatrix} 1 & 1 \\ 1 & 1 \end{pmatrix} \begin{pmatrix} 1 & -1 \\ -1 & 0 \end{pmatrix} = \begin{pmatrix} 0 & -1 \\ 0 & -1 \end{pmatrix}$ 为非对称矩阵.

例 13 设矩阵 $A = \begin{pmatrix} 1 & 1 \\ 2 & 0 \\ 3 & -1 \end{pmatrix}$，$B = \begin{pmatrix} 1 & 1 \\ 0 & -1 \end{pmatrix}$，求 $(AB)^T$ 和 $B^T A^T$.

解 因为 $AB = \begin{pmatrix} 1 & 1 \\ 2 & 0 \\ 3 & -1 \end{pmatrix} \begin{pmatrix} 1 & 1 \\ 0 & -1 \end{pmatrix} = \begin{pmatrix} 1 & 0 \\ 2 & 2 \\ 3 & 4 \end{pmatrix}$，所以 $(AB)^T = \begin{pmatrix} 1 & 0 \\ 2 & 2 \\ 3 & 4 \end{pmatrix}^T = \begin{pmatrix} 1 & 2 & 3 \\ 0 & 2 & 4 \end{pmatrix}$．

又因 $A^T = \begin{pmatrix} 1 & 1 \\ 2 & 0 \\ 3 & -1 \end{pmatrix}^T = \begin{pmatrix} 1 & 2 & 3 \\ 1 & 0 & -1 \end{pmatrix}$, $B^T = \begin{pmatrix} 1 & 1 \\ 0 & -1 \end{pmatrix}^T = \begin{pmatrix} 1 & 0 \\ 1 & -1 \end{pmatrix}$,

所以 $B^T A^T = \begin{pmatrix} 1 & 0 \\ 1 & -1 \end{pmatrix} \begin{pmatrix} 1 & 2 & 3 \\ 1 & 0 & -1 \end{pmatrix} = \begin{pmatrix} 1 & 2 & 3 \\ 0 & 2 & 4 \end{pmatrix}$．

由此可见，$(AB)^T = B^T A^T$．

6. 方阵的幂运算

定义 9 设 A 是方阵，k 是自然数，将 $A^k = \underbrace{AA\cdots A}_{k}$ 称为方阵 A 的 **k 次幂**．

方阵 A 的幂运算满足以下运算规律．

（1）$A^m A^n = A^{m+n}$．

（2）$(A^m)^n = A^{mn}$．

定义 10 n 阶方阵 A 的所有元素按原来次序构成的 n 阶行列式，称为方阵 A 的行列式，又称**方阵行列式**，记作 $|A|$ 或 $\det A$．

例如，$A = \begin{pmatrix} a_{11} & a_{12} & \cdots & a_{1n} \\ a_{21} & a_{22} & \cdots & a_{2n} \\ \cdots & \cdots & \cdots & \cdots \\ a_{m1} & a_{m2} & \cdots & a_{mn} \end{pmatrix}$，则 $|A| = \begin{vmatrix} a_{11} & a_{12} & \cdots & a_{1n} \\ a_{21} & a_{22} & \cdots & a_{2n} \\ \cdots & \cdots & \cdots & \cdots \\ a_{m1} & a_{m2} & \cdots & a_{mn} \end{vmatrix}$．

方阵行列式具有下列性质：设 A，B 为 n 阶方阵，则

（1）$|A^T| = |A|$；

（2）$|kA| = k^n |A|$；

（3）$|AB| = |A||B|$；

（4）$|AB| = |BA|$．

例 14 设 A 为三阶矩阵，且 $|A| = -2$，求 $|A^2 A^T|$．

解 $|A^2 A^T| = |A^2||A^T| = |A||A||A^T| = |A||A||A| = (-2)^3 = -8$．

习题 5.1

1. 行列式 $\begin{vmatrix} 1 & 1 & 2 \\ -1 & 0 & 2 \\ 1 & 1 & 4 \end{vmatrix} = $ ＿＿＿＿＿＿．

2. 两个矩阵 A，B 既可相加又可相乘的充分必要条件是＿＿＿＿＿＿．

3. 若矩阵 $A = (-1 \quad 2)$，$B = (2 \quad -3 \quad 1)$，则 $A^T B = $ ＿＿＿＿＿＿．

4．设 A 为 $m\times n$ 阶矩阵，B 为 $s\times t$ 阶矩阵，若 AB 与 BA 都可进行运算，则 m，n，s，t 满足的关系式为＿＿＿＿＿＿．

5．设 A，B 均为 3 阶矩阵，且 $|A|=|B|=-3$，则 $|-2AB^{\mathrm{T}}|=$＿＿＿＿＿＿．

6．设矩阵 $A=\begin{pmatrix}1 & 0 & 2\\ 1 & -2 & 0\end{pmatrix}$，$B=\begin{pmatrix}2 & 1 & 2\\ 0 & 1 & 0\\ 0 & 0 & 2\end{pmatrix}$，$C=\begin{pmatrix}-6 & 1\\ 2 & 2\\ -4 & 2\end{pmatrix}$，计算 $BA^{\mathrm{T}}+C$．

7．用行列式法求解线性方程组 $\begin{cases}x_1-2x_2+x_3=1,\\ 2x_1+x_2-x_3=1,\\ x_1-3x_2-4x_3=-10.\end{cases}$

5.2 矩阵的初等变换

5.2.1 初等变换的概念

矩阵的初等
行变换概念

定义 1 对矩阵的行实施以下三种变换，这些变换称为矩阵的**初等行变换**．

◆ **对换变换**：将矩阵的两行对换（对换第 i，j 行），记为 $r_i\leftrightarrow r_j$．

◆ **倍乘变换**：将矩阵的某行乘以一个非零常数 k（第 i 行乘 k），记为 kr_i．

◆ **倍加变换**：将矩阵某一行的 k 倍加到另一行上（第 i 行的 k 倍加到第 j 行上），记为 r_j+kr_i．

把定义 1 中的"行"换成"列"，并把所有记号"r"换成"c"，即得到矩阵的**初等列变换**．矩阵的初等行变换与矩阵的初等列变换统称为矩阵的**初等变换**．

本章只介绍初等行变换．

例如，设矩阵 $A=\begin{pmatrix}a_1 & a_2\\ b_1 & b_2\\ c_1 & c_2\end{pmatrix}$，其初等行变换如下．

（1）对换变换：对换 A 的第 1 行和第 2 行的位置，得

$$\begin{pmatrix}a_1 & a_2\\ b_1 & b_2\\ c_1 & c_2\end{pmatrix}\xrightarrow{r_1\leftrightarrow r_2}\begin{pmatrix}b_1 & b_2\\ a_1 & a_2\\ c_1 & c_2\end{pmatrix}.$$

（2）倍乘变换：用一个非零常数 k 乘以矩阵 A 的第 2 行，得

$$\begin{pmatrix}a_1 & a_2\\ b_1 & b_2\\ c_1 & c_2\end{pmatrix}\xrightarrow{r_2\times k}\begin{pmatrix}a_1 & a_2\\ kb_1 & kb_2\\ c_1 & c_2\end{pmatrix}.$$

（3）倍加变换：用一个常数 k 乘以矩阵 A 的第 1 行再加到第 3 行上，得

$$\begin{pmatrix}a_1 & a_2\\ b_1 & b_2\\ c_1 & c_2\end{pmatrix}\xrightarrow{r_3+kr_1}\begin{pmatrix}a_1 & a_2\\ b_1 & b_2\\ c_1+ka_1 & c_2+ka_2\end{pmatrix}.$$

> **注　意**
>
> 矩阵经过初等行变换后，其元素可以发生很大的变化，但是其本身所具有的许多特性是保持不变的.

定义 2 任何 $m\times n$ 阶非零矩阵 A 都可以通过初等（行）变换化成以下形式的 $m\times n$ 阶矩阵：

$$\begin{pmatrix} \otimes & \times & \times & \times & \times & \times & \times \\ 0 & \otimes & \times & \times & \times & \times & \times \\ 0 & 0 & 0 & \otimes & \times & \times & \times \\ 0 & 0 & 0 & 0 & 0 & 0 & \otimes \\ 0 & 0 & 0 & 0 & 0 & 0 & 0 \end{pmatrix}. \tag{5-11}$$

其中，符号"$\otimes$"表示各行的首非零元素（第一个不为零的元素），符号"$\times$"表示零或非零元素. 我们将这种矩阵称为**阶梯形矩阵**，简称**阶梯矩阵**.

阶梯矩阵具有以下两个特点.

（1）矩阵的零行（若存在）在矩阵最下方；

（2）各行首非零元素之前的零元素的个数随行的序数增加而增加.

定义 3 首非零元素等于 1，且首非零元素等于 1 所在列的其他元素全为 0 的阶梯形矩阵称为**行简化阶梯形矩阵**，简称**行简化阶梯矩阵**.

例如，$\begin{pmatrix} 2 & 1 & 3 & 0 & 5 \\ 0 & 0 & -1 & 1 & 1 \\ 0 & 0 & 0 & 1 & 2 \\ 0 & 0 & 0 & -1 & 1 \end{pmatrix}$ 不是阶梯矩阵，将第 3 行加到第 4 行上得阶梯矩阵

$\begin{pmatrix} 2 & 1 & 3 & 0 & 5 \\ 0 & 0 & -1 & 1 & 1 \\ 0 & 0 & 0 & 1 & 2 \\ 0 & 0 & 0 & 0 & 3 \end{pmatrix}$，再进一步实施初等行变换得到的矩阵 $\begin{pmatrix} 2 & 1 & 0 & 0 & 0 \\ 0 & 0 & -1 & 0 & 0 \\ 0 & 0 & 0 & 1 & 0 \\ 0 & 0 & 0 & 0 & 3 \end{pmatrix}$ 是行简化阶梯矩阵.

定理 1 任何 $m\times n$ 阶非零矩阵 A 都可经过有限次初等行变换化成阶梯矩阵，并且进一步化为行简化阶梯矩阵.

例 1 将矩阵 $A=\begin{pmatrix} 1 & -1 & 2 & 2 \\ -1 & -1 & 2 & 0 \\ 3 & 1 & -2 & 2 \end{pmatrix}$ 化为行简化阶梯矩阵.

解 $A=\begin{pmatrix} 1 & -1 & 2 & 2 \\ -1 & -1 & 2 & 0 \\ 3 & 1 & -2 & 2 \end{pmatrix} \xrightarrow[r_3+(-3)r_1]{r_2+r_1} \begin{pmatrix} 1 & -1 & 2 & 2 \\ 0 & -2 & 4 & 2 \\ 0 & 4 & -8 & -4 \end{pmatrix} \xrightarrow{r_3+2r_2} \begin{pmatrix} 1 & -1 & 2 & 2 \\ 0 & -2 & 4 & 2 \\ 0 & 0 & 0 & 0 \end{pmatrix}$

$\xrightarrow{r_2\times(-\frac{1}{2})} \begin{pmatrix} 1 & -1 & 2 & 2 \\ 0 & 1 & -2 & -1 \\ 0 & 0 & 0 & 0 \end{pmatrix} \xrightarrow{r_1+r_2} \begin{pmatrix} 1 & 0 & 0 & 1 \\ 0 & 1 & -2 & -1 \\ 0 & 0 & 0 & 0 \end{pmatrix}$.

5.2.2　矩阵的秩

矩阵的秩是线性代数中非常有用的一个概念，它反映了矩阵这张"表"中的数据之间的关联

程度，在讨论线性方程组的解的情况时有重要作用．

定义 4 矩阵 A 的阶梯矩阵的非零行行数称为矩阵 A 的**秩**，记为秩(A) 或 $r(A)$．

特别地，当 $A = O$ 时，规定 $r(A) = 0$．

定理 2 矩阵的初等变换不改变矩阵的秩．

由此可知，可以通过实施初等行变换的方法求矩阵的秩．例如，例 1 中矩阵 A 的秩为 $r(A) = 2$．

定义 5 对于 n 阶方阵 A，如果 $r(A) = n$，则称 A 为**满秩矩阵**或**非奇异矩阵**．

定理 3 任何一个满秩矩阵都能通过初等行变换化为单位矩阵．

矩阵的秩

例 2 求以下矩阵的秩．

$$(1)\ A = \begin{pmatrix} 2 & 1 & 3 & 0 & 5 \\ 0 & 0 & -1 & 1 & 1 \\ 0 & 0 & 0 & 1 & 2 \\ 0 & 0 & 0 & 0 & 0 \end{pmatrix}; \quad (2)\ B = \begin{pmatrix} 3 \\ 0 \\ 1 \end{pmatrix}; \quad (3)\ E_n = \begin{pmatrix} 1 & 0 & \cdots & 0 \\ 0 & 1 & \cdots & 0 \\ \cdots & \cdots & \cdots & \cdots \\ 0 & 0 & \cdots & 1 \end{pmatrix}.$$

解 （1）A 是 4×5 阶梯矩阵，可直接判断 $r(A) = 3$．

（2）B 是列矩阵，它的阶梯矩阵是 $\begin{pmatrix} 3 \\ 0 \\ 0 \end{pmatrix}$，故 $r(B) = 1$．

（3）E_n 是 n 阶方阵，也是阶梯矩阵，所以 $r(E_n) = n$，E_n 是满秩矩阵．

例 3 设矩阵 $C = \begin{pmatrix} 1 & 3 & -1 & -2 \\ 2 & -1 & 2 & 3 \\ 3 & 2 & 1 & 1 \end{pmatrix}$，求 C 和 C^T 的秩．

解 对 C 和 C^T 不能直接判断其秩是多少，可先实施初等行变换使其化为阶梯矩阵，再进行判断．

$$C = \begin{pmatrix} 1 & 3 & -1 & -2 \\ 2 & -1 & 2 & 3 \\ 3 & 2 & 1 & 1 \end{pmatrix} \xrightarrow[r_3+(-3)r_1]{r_2+(-2)r_1} \begin{pmatrix} 1 & 3 & -1 & -2 \\ 0 & -7 & 4 & 7 \\ 0 & -7 & 4 & 7 \end{pmatrix} \xrightarrow{r_3+(-1)r_2} \begin{pmatrix} 1 & 3 & -1 & -2 \\ 0 & -7 & 4 & 7 \\ 0 & 0 & 0 & 0 \end{pmatrix}.$$

$$C^T = \begin{pmatrix} 1 & 2 & 3 \\ 3 & -1 & 2 \\ -1 & 2 & 1 \\ -2 & 3 & 1 \end{pmatrix} \xrightarrow[\substack{r_2+(-3)r_1 \\ r_3+r_1 \\ r_4+2r_1}]{} \begin{pmatrix} 1 & 2 & 3 \\ 0 & -7 & -7 \\ 0 & 4 & 4 \\ 0 & 7 & 7 \end{pmatrix} \xrightarrow[\substack{r_3+\frac{4}{7}r_2 \\ r_4+r_2}]{} \begin{pmatrix} 1 & 2 & 3 \\ 0 & -7 & -7 \\ 0 & 0 & 0 \\ 0 & 0 & 0 \end{pmatrix}.$$

所以，$r(C) = 2$，$r(C^T) = 2$．

由例 3 可知，矩阵 C 与它的转置矩阵 C^T 的秩相等，容易证明这一结论具有一般性．

5.2.3 可逆矩阵与逆矩阵

可逆矩阵
与逆矩阵

定义 6 对于 n 阶矩阵 A，如果存在 n 阶矩阵 B，使得

$$AB = BA = E,$$

则称矩阵 A 为**可逆矩阵**（简称 A 可逆），而矩阵 B 称为 A 的**逆**（或**逆矩阵**），记为 A^{-1}，即

$$B = A^{-1}.$$

并非所有的矩阵都存在逆,例如,零矩阵就不存在逆,矩阵 $\begin{pmatrix} 1 & 0 \\ -1 & 0 \end{pmatrix}$ 也不存在逆.

定理 4 矩阵 A 可逆的充分必要条件是 $|A| \neq 0$ 或 A 为满秩矩阵.

证明从略.

定理 5 如果矩阵 A 是可逆的,则 A 的逆矩阵是唯一的.

证明 设 B,C 都是 A 的逆矩阵,则有
$$AB = BA = E,\quad AC = CA = E,$$
故
$$B = BE = B(AC) = (BA)C = EC = C.$$
所以,A 的逆矩阵是唯一的.

> **说明**
>
> 如果要验证矩阵 B 是矩阵 A 的逆矩阵,只需验证 $AB = E$ 或 $BA = E$ 两者之一成立即可,不必再按定义验证两个等式.

定理 6 如果 n 阶矩阵 A 可逆,将 A 和 n 阶单位矩阵 E 合写为一个 $n \times 2n$ 阶矩阵 $(A \vdots E)$,然后对它实施一系列初等行变换,当左边的矩阵 A 变成单位矩阵时,右边的矩阵 E 就变成 A 的逆矩阵 A^{-1},即

$$(A \vdots E) \xrightarrow{\text{初等行变换}} \cdots \xrightarrow{\text{初等行变换}} (E \vdots A^{-1}).$$

证明从略.

定理 6 给出了求逆矩阵的一种方法,即**初等变换法**.

例 4 用初等变换法求 $A = \begin{pmatrix} 0 & 1 & 2 \\ 1 & 1 & 4 \\ 2 & -1 & 0 \end{pmatrix}$ 的逆矩阵.

解
$$(A \vdots E) = \begin{pmatrix} 0 & 1 & 2 & \vdots & 1 & 0 & 0 \\ 1 & 1 & 4 & \vdots & 0 & 1 & 0 \\ 2 & -1 & 0 & \vdots & 0 & 0 & 1 \end{pmatrix} \xrightarrow{r_1 \leftrightarrow r_2} \begin{pmatrix} 1 & 1 & 4 & \vdots & 0 & 1 & 0 \\ 0 & 1 & 2 & \vdots & 1 & 0 & 0 \\ 2 & -1 & 0 & \vdots & 0 & 0 & 1 \end{pmatrix}$$

$$\xrightarrow{r_3 + (-2)r_1} \begin{pmatrix} 1 & 1 & 4 & \vdots & 0 & 1 & 0 \\ 0 & 1 & 2 & \vdots & 1 & 0 & 0 \\ 0 & -3 & -8 & \vdots & 0 & -2 & 1 \end{pmatrix} \xrightarrow[r_1 + (-1)r_2]{r_3 + 3r_2} \begin{pmatrix} 1 & 0 & 2 & \vdots & -1 & 1 & 0 \\ 0 & 1 & 2 & \vdots & 1 & 0 & 0 \\ 0 & 0 & -2 & \vdots & 3 & -2 & 1 \end{pmatrix}$$

$$\xrightarrow[r_1 + r_3]{r_2 + r_3} \begin{pmatrix} 1 & 0 & 0 & \vdots & 2 & -1 & 1 \\ 0 & 1 & 0 & \vdots & 4 & -2 & 1 \\ 0 & 0 & -2 & \vdots & 3 & -2 & 1 \end{pmatrix} \xrightarrow{r_3 \times \left(-\frac{1}{2}\right)} \begin{pmatrix} 1 & 0 & 0 & \vdots & 2 & -1 & 1 \\ 0 & 1 & 0 & \vdots & 4 & -2 & 1 \\ 0 & 0 & 1 & \vdots & -\frac{3}{2} & 1 & -\frac{1}{2} \end{pmatrix}$$

$$= (E \vdots A^{-1}).$$

所以 A 的逆矩阵为
$$A^{-1} = \begin{pmatrix} 2 & -1 & 1 \\ 4 & -2 & 1 \\ -\frac{3}{2} & 1 & -\frac{1}{2} \end{pmatrix}.$$

例 5 用初等变换法求 $A = \begin{pmatrix} -1 & 2 \\ 3 & -6 \end{pmatrix}$ 的逆矩阵.

解 $(A \vdots E) = \begin{pmatrix} -1 & 2 & | & 1 & 0 \\ 3 & -6 & | & 0 & 1 \end{pmatrix} \xrightarrow{r_2 + 3r_1} \begin{pmatrix} -1 & 2 & | & 1 & 0 \\ 0 & 0 & | & 3 & 1 \end{pmatrix}$.

至此，$(A \vdots E)$ 中的左半边经过初等行变换后出现零行，说明矩阵 A 不是满秩矩阵，即矩阵 A 不可逆，故所求逆矩阵不存在.

> **注 意**
>
> 此题有 $|A| = \begin{vmatrix} -1 & 2 \\ 3 & -6 \end{vmatrix} = 0$，也可由此直接判断矩阵 A 不可逆.

例 6 设 $A = \begin{pmatrix} 1 & 1 & 0 \\ 2 & 1 & -1 \\ 3 & 4 & 2 \end{pmatrix}$，$B = \begin{pmatrix} 0 & 1 \\ 1 & 0 \\ -2 & 3 \end{pmatrix}$，若 $AX = B$，求 X.

解法 1 若 A 可逆，则 $AX = B \Rightarrow A^{-1}AX = A^{-1}B \Rightarrow EX = A^{-1}B \Rightarrow X = A^{-1}B$.

因为 $(A \vdots E) = \begin{pmatrix} 1 & 1 & 0 & | & 1 & 0 & 0 \\ 2 & 1 & -1 & | & 0 & 1 & 0 \\ 3 & 4 & 2 & | & 0 & 0 & 1 \end{pmatrix} \to \cdots \to \begin{pmatrix} 1 & 0 & 0 & | & -6 & 2 & 1 \\ 0 & 1 & 0 & | & 7 & -2 & -1 \\ 0 & 0 & 1 & | & -5 & 1 & 1 \end{pmatrix}$，所以

$$A^{-1} = \begin{pmatrix} -6 & 2 & 1 \\ 7 & -2 & -1 \\ -5 & 1 & 1 \end{pmatrix}.$$

于是

$$X = A^{-1}B = \begin{pmatrix} -6 & 2 & 1 \\ 7 & -2 & -1 \\ -5 & 1 & 1 \end{pmatrix} \begin{pmatrix} 0 & 1 \\ 1 & 0 \\ -2 & 3 \end{pmatrix} = \begin{pmatrix} 0 & -3 \\ 0 & 4 \\ -1 & -2 \end{pmatrix}.$$

解法 2 直接对 $(A \vdots B)$ 矩阵实施初等行变换，即

$(A \vdots B) = \begin{pmatrix} 1 & 1 & 0 & | & 0 & 1 \\ 2 & 1 & -1 & | & 1 & 0 \\ 3 & 4 & 2 & | & -2 & 3 \end{pmatrix} \xrightarrow[r_3 + (-3)r_1]{r_2 + (-2)r_1} \begin{pmatrix} 1 & 1 & 0 & | & 0 & 1 \\ 0 & -1 & -1 & | & 1 & -2 \\ 0 & 1 & 2 & | & -2 & 0 \end{pmatrix}$

$\xrightarrow[r_3 + r_2]{r_1 + r_2} \begin{pmatrix} 1 & 0 & -1 & | & 1 & -1 \\ 0 & -1 & -1 & | & 1 & -2 \\ 0 & 0 & 1 & | & -1 & -2 \end{pmatrix} \xrightarrow[r_2 + r_3]{r_1 + r_3} \begin{pmatrix} 1 & 0 & 0 & | & 0 & -3 \\ 0 & -1 & 0 & | & 0 & -4 \\ 0 & 0 & 1 & | & -1 & -2 \end{pmatrix}$

$\xrightarrow{r_2 \times (-1)} \begin{pmatrix} 1 & 0 & 0 & | & 0 & -3 \\ 0 & 1 & 0 & | & 0 & 4 \\ 0 & 0 & 1 & | & -1 & -2 \end{pmatrix} = (E \vdots A^{-1}B)$,

即得

$$X = A^{-1}B = \begin{pmatrix} 0 & -3 \\ 0 & 4 \\ -1 & -2 \end{pmatrix}.$$

例7 设 n 阶矩阵 A 满足 $A^2 - 2A + 2E = O$，证明 A 为可逆矩阵，并求 A^{-1}.

解 由 $A^2 - 2A + 2E = O$ 得 $-\frac{1}{2}A^2 + A = E$，即 $\left(-\frac{1}{2}A + E\right)A = E$. 因此，$A$ 可逆，且

$$A^{-1} = -\frac{1}{2}A + E.$$

逆矩阵具有如下性质.

（1）可逆矩阵 A 的逆矩阵 A^{-1} 也是可逆矩阵，且

$$(A^{-1})^{-1} = A;$$

（2）两个同阶可逆矩阵 A，B 的乘积也是可逆矩阵，且

$$(AB)^{-1} = B^{-1}A^{-1};$$

（3）可逆矩阵 A 的转置矩阵 A^T 也是可逆矩阵，且

$$(A^T)^{-1} = (A^{-1})^T.$$

例8 若 A，B，C 是同阶矩阵，且 A 可逆，证明下述结论中（1）成立，举例说明（2）不一定成立.

（1）若 $BA = CA$，则 $B = C$；

（2）若 $AB = CB$，则 $A = C$.

解 （1）因为 A 可逆，所以逆矩阵 A^{-1} 存在，所以有 $BA = CA \Rightarrow BAA^{-1} = CAA^{-1} \Rightarrow BE = CE$，即 $B = C$. 问题得证.

（2）设 $A = \begin{pmatrix} 1 & 2 \\ 0 & 1 \end{pmatrix}$，$B = \begin{pmatrix} 1 & 1 \\ 1 & 1 \end{pmatrix}$，$C = \begin{pmatrix} 3 & 0 \\ 0 & 1 \end{pmatrix}$，那么有 $AB = \begin{pmatrix} 1 & 2 \\ 0 & 1 \end{pmatrix}\begin{pmatrix} 1 & 1 \\ 1 & 1 \end{pmatrix} = \begin{pmatrix} 3 & 3 \\ 1 & 1 \end{pmatrix}$，

$CB = \begin{pmatrix} 3 & 0 \\ 0 & 1 \end{pmatrix}\begin{pmatrix} 1 & 1 \\ 1 & 1 \end{pmatrix} = \begin{pmatrix} 3 & 3 \\ 1 & 1 \end{pmatrix}$. 显然有 $AB = CB$，但 $A \neq C$.

> **说 明**
>
> （1），（2）的结论不同，原因在于 A 可逆，而 B 不一定可逆.

习题 5.2

1. 当 a _____ 时，矩阵 $A = \begin{pmatrix} 1 & 3 \\ -1 & a \end{pmatrix}$ 可逆.

2. 已知矩阵 A，B，且 $(E - B)$ 可逆，则方程 $A + BX = X$ 的解为 $X =$ _____.

3. 设三阶矩阵 A 的行列式 $|A| = \frac{1}{2}$，则 $|A^{-1}| =$ _____.

4. 设 A，B 均为三阶矩阵，且 $|A| = -1$，$|B| = 3$，则 $|-2(A^TB^{-1})^3| =$ _____.

5. 已知矩阵 $A = \frac{1}{2}(B + I)$，且 $A^2 = A$，试证明 B 是可逆矩阵，并求 B^{-1}.

6. 求下列矩阵的秩.

(1) $A = \begin{pmatrix} 2 & -1 & 2 \\ 4 & 0 & 2 \\ 0 & -3 & 3 \end{pmatrix}$;   (2) $B = \begin{pmatrix} 1 & 2 & 0 & -3 \\ 0 & 0 & -1 & 3 \\ 2 & 4 & -1 & -3 \end{pmatrix}$;   (3) $C = \begin{pmatrix} 1 & -1 & 2 & 1 & 0 \\ 2 & -2 & 4 & 2 & 0 \\ 3 & 0 & 6 & -1 & 1 \\ 0 & 3 & 0 & 0 & 1 \end{pmatrix}$.

7. 解矩阵方程 $X \begin{pmatrix} 1 & 2 \\ 3 & 5 \end{pmatrix} = \begin{pmatrix} 1 & -1 \\ 2 & 0 \end{pmatrix}$.

8. 设矩阵 $A = \begin{pmatrix} 2 & 3 & -1 \\ 0 & -1 & 1 \\ 0 & 0 & 1 \end{pmatrix}$, $B = \begin{pmatrix} 0 & 1 & 2 \\ 1 & 1 & 4 \\ 2 & -1 & 0 \end{pmatrix}$, 求:

(1) $|AB|$;   (2) A^{-1};   (3) B^{-1}.

5.3 线性方程组

5.3.1 线性方程组的概念

线性方程组的概念及其矩阵表示

引例 1 (不定方程的千年世界名题——"百钱买百鸡"问题) "今有鸡翁一，值钱五；鸡母一，值钱三；鸡雏三，值钱一. 凡百钱买鸡百只，问鸡翁、母、雏各几何？"这段话的意思是：公鸡 5 块钱 1 只；母鸡 3 块钱 1 只；小鸡 1 块钱 3 只. 现在要用 100 块钱买 100 只鸡，问公鸡、母鸡、小鸡各买几只？

分析 用 x, y, z 分别代表购买公鸡、母鸡、小鸡的只数，则有线性不定方程组

$$\begin{cases} 5x + 3y + \dfrac{1}{3}z = 100, \\ x + y + z = 100. \end{cases}$$

先请读者思考问题的答案，并尝试研究该类问题的一般解法和其解的规律.

一个线性方程组的解有以下三种情况：有唯一解、无穷多组解或无解.

先以二元线性方程组的图形为例对这三种解给出直观的几何描述.

(1) $\begin{cases} 2x - y = 0, \\ x + y = 3, \end{cases}$ 该方程组具有唯一解 $\begin{cases} x = 1, \\ y = 2, \end{cases}$ 其图形如图 5-1 (a) 所示.

(2) $\begin{cases} 2x - y = 3, \\ 4x - 2y = 6, \end{cases}$ 该方程组具有无穷多组解，其图形如图 5-1 (b) 所示.

(3) $\begin{cases} 2x - y = 0, \\ 2x - y = 3, \end{cases}$ 该方程组无解，其图形如图 5-1 (c) 所示.

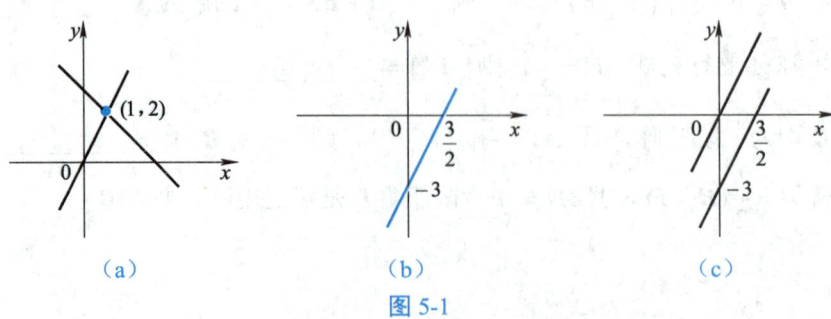

图 5-1

在实际问题中，我们遇到的方程组中未知量的个数常常超过 2 个，而且方程组中未知量的个数与方程的个数也不一定相同，如

$$\begin{cases} 5x + 3y + \dfrac{1}{3}z = 100, \\ x + y + z = 100 \end{cases} \text{或} \begin{cases} 2x_1 - x_2 + x_4 = -1, \\ x_1 + 2x_2 + 4x_3 = 2, \\ -3x_1 + x_2 + 2x_3 + 5x_4 = 3, \\ x_2 - x_3 + x_4 = 0, \\ x_1 + x_2 + 2x_3 - x_4 = -1. \end{cases}$$

那么这样的线性方程组是否有解呢？如果有解，是否唯一？如果解不唯一，解的结构如何呢？在有解的情况下，如何求解呢？这就是本节要讨论的主要问题.

定义 1 一般地，称由 n 个未知量，m 个线性方程组成的方程组

$$\begin{cases} a_{11}x_1 + a_{12}x_2 + \cdots + a_{1n}x_n = b_1, \\ a_{21}x_1 + a_{22}x_2 + \cdots + a_{2n}x_n = b_2, \\ \cdots \\ a_{m1}x_1 + a_{m2}x_2 + \cdots + a_{mn}x_n = b_m \end{cases} \quad (5\text{-}12)$$

为 n 元线性方程组. 其中，$x_j\ (j = 1, 2, \cdots, n)$ 为未知量（或未知元），$a_{ij}\ (i = 1, 2, \cdots, m)$ 为系数，b_i 为常数.

当线性方程组（5-12）中的常数项 $b_1, b_2, \cdots, b_m$ 不全为 0 时，称线性方程组（5-12）为**非齐次线性方程组**；当 $b_1, b_2, \cdots, b_m$ 全为 0 时，即

$$\begin{cases} a_{11}x_1 + a_{12}x_2 + \cdots + a_{1n}x_n = 0, \\ a_{21}x_1 + a_{22}x_2 + \cdots + a_{2n}x_n = 0, \\ \cdots \\ a_{m1}x_1 + a_{m2}x_2 + \cdots + a_{mn}x_n = 0, \end{cases} \quad (5\text{-}13)$$

称线性方程组（5-13）为**齐次线性方程组**.

如果令 $\boldsymbol{A} = \begin{pmatrix} a_{11} & a_{12} & \cdots & a_{1n} \\ a_{21} & a_{22} & \cdots & a_{2n} \\ \cdots & \cdots & \cdots & \cdots \\ a_{m1} & a_{m2} & \cdots & a_{mn} \end{pmatrix}$，$\boldsymbol{X} = \begin{pmatrix} x_1 \\ x_2 \\ \cdots \\ x_n \end{pmatrix}$，$\boldsymbol{B} = \begin{pmatrix} b_1 \\ b_2 \\ \cdots \\ b_m \end{pmatrix}$，则利用矩阵的乘法运算可得

$$\boldsymbol{AX} = \begin{pmatrix} a_{11} & a_{12} & \cdots & a_{1n} \\ a_{21} & a_{22} & \cdots & a_{2n} \\ \cdots & \cdots & \cdots & \cdots \\ a_{m1} & a_{m2} & \cdots & a_{mn} \end{pmatrix} \begin{pmatrix} x_1 \\ x_2 \\ \cdots \\ x_n \end{pmatrix} = \begin{pmatrix} a_{11}x_1 + a_{12}x_2 + \cdots + a_{1n}x_n \\ a_{21}x_1 + a_{22}x_2 + \cdots + a_{2n}x_n \\ \cdots \\ a_{m1}x_1 + a_{m2}x_2 + \cdots + a_{mn}x_n \end{pmatrix} = \begin{pmatrix} b_1 \\ b_2 \\ \cdots \\ b_m \end{pmatrix} = \boldsymbol{B},$$

即得线性方程组（5-12）矩阵的形式为

$$\boldsymbol{AX} = \boldsymbol{B}. \quad (5\text{-}14)$$

其中，$\boldsymbol{A}$ 称为**系数矩阵**，$\boldsymbol{X}$ 称为**未知量矩阵**，$\boldsymbol{B}$ 称为**常数列矩阵**.

而线性方程组（5-13）矩阵形式为

$$\boldsymbol{AX} = \boldsymbol{O}. \quad (5\text{-}15)$$

这样，解线性方程组（5-12）或方程组（5-13）等价于从式（5-14）或式（5-15）中解出未知量矩阵 $\boldsymbol{X}$.

另外，由系数和常数项组成的矩阵

$$\begin{pmatrix} a_{11} & a_{12} & \cdots & a_{1n} & b_1 \\ a_{21} & a_{22} & \cdots & a_{2n} & b_2 \\ \cdots & \cdots & \cdots & \cdots & \cdots \\ a_{m1} & a_{m2} & \cdots & a_{mn} & b_m \end{pmatrix}$$

称为方程组（5-12）的**增广矩阵**，记为 $(A \vdots B)$ 或 $\overline{A}$. 由于线性方程组是由它的系数和常数项确定的，因此用增广矩阵可以完全清楚地表示一个线性方程组.

5.3.2 线性方程组的求解

先来解线性方程组 $\begin{cases} 2x_1 - x_2 = 0, \\ x_1 + x_2 = 3, \end{cases}$ 方程组的消元过程与增广矩阵的初等行变换过程对照如表 5-4 所示.

表 5-4

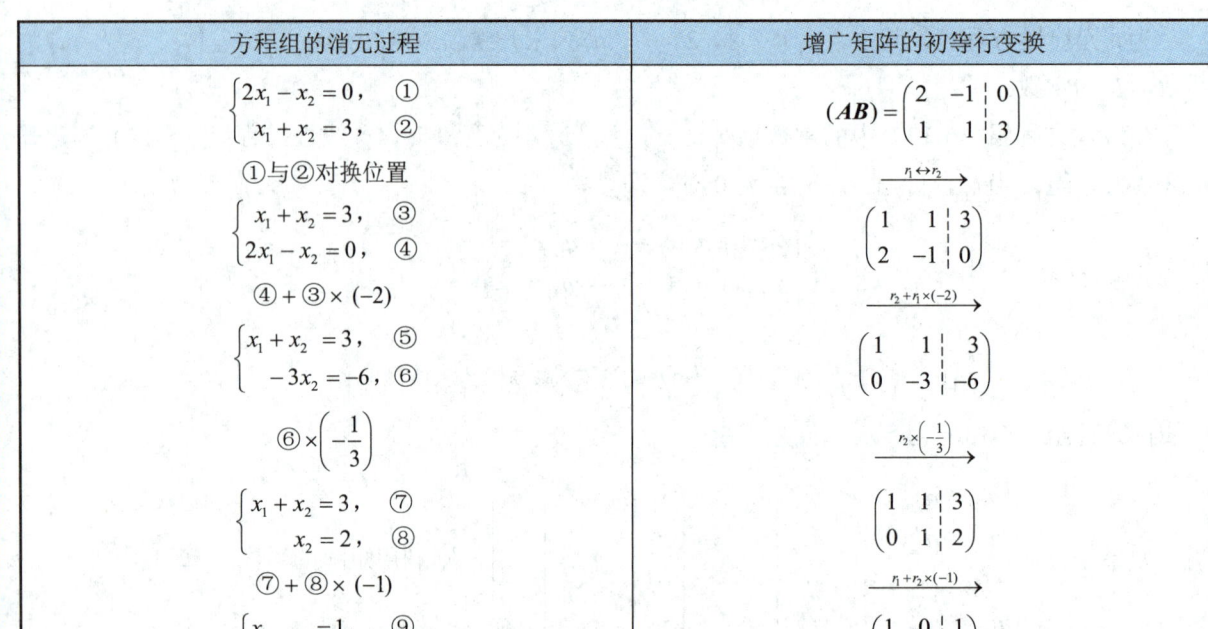

通过表 5-4 可以看出，对线性方程组做加减消元的过程，实质上是对增广矩阵实施初等行变换，将增广矩阵化为行简化阶梯矩阵的过程.

因此，用消元法解一般线性方程组时，只需写出增广矩阵，对其实施初等行变换，将增广矩阵化为行简化阶梯矩阵，最后还原为最简线性方程组，从而写出方程组的解. 这种解线性方程组的方法称为**高斯消元法**，简称**消元法**.

例 1 用消元法解线性方程组 $\begin{cases} 3x_1 + 2x_2 + x_3 + x_4 = -3, \\ x_2 + 2x_3 + 2x_4 = 6, \\ x_1 + x_2 + x_3 + x_4 = 1. \end{cases}$

解 $(A \vdots B) = \begin{pmatrix} 3 & 2 & 1 & 1 & -3 \\ 0 & 1 & 2 & 2 & 6 \\ 1 & 1 & 1 & 1 & 1 \end{pmatrix} \xrightarrow{r_1 \leftrightarrow r_3} \begin{pmatrix} 1 & 1 & 1 & 1 & 1 \\ 0 & 1 & 2 & 2 & 6 \\ 3 & 2 & 1 & 1 & -3 \end{pmatrix}$

$$\xrightarrow{r_3+(-3)r_1}\begin{pmatrix}1&1&1&1&|&1\\0&1&2&2&|&6\\0&-1&-2&-2&|&-6\end{pmatrix}\xrightarrow{r_3+r_2}\begin{pmatrix}1&1&1&1&|&1\\0&1&2&2&|&6\\0&0&0&0&|&0\end{pmatrix}$$

$$\xrightarrow{r_1-r_2}\begin{pmatrix}1&0&-1&-1&\vdots&-5\\0&1&2&2&\vdots&6\\0&0&0&0&\vdots&0\end{pmatrix}.$$

得到同解线性方程组 $\begin{cases}x_1 - x_3 - x_4 = -5,\\ x_2+2x_3+2x_4=6.\end{cases}$

将此方程组中含 x_3 和 x_4 的项移到等号的右端，就得原方程组的解，即
$$\begin{cases}x_1=-5+x_3+x_4,\\ x_2=6-2x_3-2x_4.\end{cases}$$

其中，x_3 和 x_4 称为<u>自由变量</u>.

对自由变量 x_3 和 x_4 取任意实数 k_1 和 k_2 得原方程组的一般解为
$$\begin{cases}x_1=-5+k_1+k_2,\\ x_2=6-2k_1-2k_2,\\ x_3=k_1,\\ x_4=k_2.\end{cases}$$

其向量（列矩阵）表示形式为
$$\begin{pmatrix}x_1\\x_2\\x_3\\x_4\end{pmatrix}=\begin{pmatrix}-5\\6\\0\\0\end{pmatrix}+k_1\begin{pmatrix}1\\-2\\1\\0\end{pmatrix}+k_2\begin{pmatrix}1\\-2\\0\\1\end{pmatrix}\quad(k_1\text{ 和 }k_2\text{ 为任意实数}).$$

由于 k_1 和 k_2 可取任意值，故原方程组有无穷多组解.

例 2 解线性方程组 $\begin{cases}x_1+x_2+2x_3=1,\\ x_2+x_3=1,\\ x_1+2x_2+3x_3=4.\end{cases}$

解 $(A \vdots B)=\begin{pmatrix}1&1&2&|&1\\0&1&1&|&1\\1&2&3&|&4\end{pmatrix}\xrightarrow{r_3-r_1}\begin{pmatrix}1&1&2&|&1\\0&1&1&|&1\\0&1&1&|&3\end{pmatrix}\xrightarrow{r_3-r_2}\begin{pmatrix}1&1&2&|&1\\0&1&1&|&1\\0&0&0&|&2\end{pmatrix}.$

得到同解线性方程组
$$\begin{cases}x_1+x_2+2x_3=1,\\ x_2+x_3=1,\\ 0=2.\end{cases}$$

其中，第三个等式不成立，所以方程组无解.

例3 解线性方程组 $\begin{cases} x_1 - 2x_2 + 4x_3 = 3, \\ 2x_1 - 2x_2 + 3x_3 = 2, \\ 5x_1 - x_2 + 3x_3 = 8. \end{cases}$

解 $(A \vdots B) = \begin{pmatrix} 1 & -2 & 4 & \vdots & 3 \\ 2 & -2 & 3 & \vdots & 2 \\ 5 & -1 & 3 & \vdots & 8 \end{pmatrix} \xrightarrow[r_3+(-5)r_1]{r_2+(-2)r_1} \begin{pmatrix} 1 & -2 & 4 & \vdots & 3 \\ 0 & 2 & -5 & \vdots & -4 \\ 0 & 9 & -17 & \vdots & -7 \end{pmatrix}$

$\xrightarrow{r_3 \times 2} \begin{pmatrix} 1 & -2 & 4 & \vdots & 3 \\ 0 & 2 & -5 & \vdots & -4 \\ 0 & 18 & -34 & \vdots & -14 \end{pmatrix} \xrightarrow{r_3+(-9)r_2} \begin{pmatrix} 1 & -2 & 4 & \vdots & 3 \\ 0 & 2 & -5 & \vdots & -4 \\ 0 & 0 & 11 & \vdots & 22 \end{pmatrix}$

$\xrightarrow{r_3 \times \frac{1}{11}} \begin{pmatrix} 1 & -2 & 4 & \vdots & 3 \\ 0 & 2 & -5 & \vdots & -4 \\ 0 & 0 & 1 & \vdots & 2 \end{pmatrix} \xrightarrow[r_2+5r_3]{r_1-4r_3} \begin{pmatrix} 1 & -2 & 0 & \vdots & -5 \\ 0 & 2 & 0 & \vdots & 6 \\ 0 & 0 & 1 & \vdots & 2 \end{pmatrix}$

$\xrightarrow{r_1+r_2} \begin{pmatrix} 1 & 0 & 0 & \vdots & 1 \\ 0 & 2 & 0 & \vdots & 6 \\ 0 & 0 & 1 & \vdots & 2 \end{pmatrix} \xrightarrow{r_2 \times \frac{1}{2}} \begin{pmatrix} 1 & 0 & 0 & \vdots & 1 \\ 0 & 1 & 0 & \vdots & 3 \\ 0 & 0 & 1 & \vdots & 2 \end{pmatrix}.$

所以，$\begin{cases} x_1 = 1, \\ x_2 = 3, \\ x_3 = 2 \end{cases}$ 为原方程组的唯一解.

综上所述，用消元法解线性方程组的具体步骤可归纳为：

（1）写出增广矩阵 $(A \vdots B)$，用初等行变换将 $(A \vdots B)$ 化为行简化阶梯矩阵；

（2）根据行简化阶梯矩阵，写出同解线性方程组，从而得出线性方程组的一般解.

砥节砺行

早在我国东汉初年成书的《九章算术》中便记载有求解线性方程组的方法，其计算步骤中的偏乘、直除就类似于今天初等变换的倍法变换和消法变换. 从数学史上来看，中国人使用矩阵及其初等变换的历史要早于欧洲一千五百多年，这是中国的骄傲. 先辈们的突出成就是我们发展的基石，我们要增强民族自豪感、文化自信心和爱国情怀，在科技创新中继续努力，书写新的历史篇章.

5.3.3 线性方程组解的判定

线性方程组解的判定

定理1 n 元非齐次线性方程组 $AX = B$ 有解的充分必要条件是它的系数矩阵 A 的秩和增广矩阵 $(A \vdots B)$ 的秩相等，即 $r(A) = r(A \vdots B)$. 并且，当 $r(A) = n$ 时，有唯一解；当 $r(A) < n$ 时，有无穷多组解.

此定理就是**线性方程组解的判定定理**，它有以下三个含义.

（1）$AX = B$ 有唯一解 $\Leftrightarrow r(A) = r(A \vdots B) = n$；

（2）$AX = B$ 有无穷多组解 $\Leftrightarrow r(A) = r(A \vdots B) < n$；

（3）$AX = B$ 无解 $\Leftrightarrow r(A) \neq r(A \vdots B)$.

例 4 判定下列线性方程组是否有解？若有解，说明解的情况.

(1) $\begin{cases} x_1 - 3x_2 + 2x_3 = 1, \\ 3x_1 - 9x_2 + 6x_3 = 8; \end{cases}$

(2) $\begin{cases} x_1 + x_2 = 3, \\ 2x_1 + x_2 = 2, \\ 3x_1 + x_2 = 1; \end{cases}$

(3) $\begin{cases} x_1 + x_2 + x_3 + x_4 + x_5 = 1, \\ 3x_1 + 2x_2 + x_3 + x_4 - 3x_5 = 5, \\ x_2 + 2x_3 + 3x_4 + 6x_5 = 3, \\ 5x_1 + 4x_2 + 3x_3 + 3x_4 - x_5 = 7. \end{cases}$

解 （1） $(A \vdots B) = \begin{pmatrix} 1 & -3 & 2 & \vdots & 1 \\ 3 & -9 & 6 & \vdots & 8 \end{pmatrix} \xrightarrow{r_2 - 3r_1} \begin{pmatrix} 1 & -3 & 2 & \vdots & 1 \\ 0 & 0 & 0 & \vdots & 5 \end{pmatrix}.$

因为 $r(A) = 1$，$r(A \vdots B) = 2$，$r(A) \neq r(A \vdots B)$，所以方程组无解.

（2） $(A \vdots B) = \begin{pmatrix} 1 & 1 & \vdots & 3 \\ 2 & 1 & \vdots & 2 \\ 3 & 1 & \vdots & 1 \end{pmatrix} \xrightarrow[r_3 + (-3)r_1]{r_2 + (-2)r_1} \begin{pmatrix} 1 & 1 & \vdots & 3 \\ 0 & -1 & \vdots & -4 \\ 0 & -2 & \vdots & -8 \end{pmatrix} \xrightarrow{r_3 + (-2)r_2} \begin{pmatrix} 1 & 1 & \vdots & 3 \\ 0 & -1 & \vdots & -4 \\ 0 & 0 & \vdots & 0 \end{pmatrix}.$

因为 $r(A) = r(A \vdots B) = n = 2$，所以方程组有唯一解.

（3） $(A \vdots B) = \begin{pmatrix} 1 & 1 & 1 & 1 & 1 & \vdots & 1 \\ 3 & 2 & 1 & 1 & -3 & \vdots & 5 \\ 0 & 1 & 2 & 3 & 6 & \vdots & 3 \\ 5 & 4 & 3 & 3 & -1 & \vdots & 7 \end{pmatrix} \xrightarrow[r_4 + (-5)r_1]{r_2 + (-3)r_1} \begin{pmatrix} 1 & 1 & 1 & 1 & 1 & \vdots & 1 \\ 0 & -1 & -2 & -2 & -6 & \vdots & 2 \\ 0 & 1 & 2 & 3 & 6 & \vdots & 3 \\ 0 & -1 & -2 & -2 & -6 & \vdots & 2 \end{pmatrix}$

$\xrightarrow[r_4 - r_2]{r_3 + r_2} \begin{pmatrix} 1 & 1 & 1 & 1 & 1 & \vdots & 1 \\ 0 & -1 & -2 & -2 & -6 & \vdots & 2 \\ 0 & 0 & 0 & 1 & 0 & \vdots & 5 \\ 0 & 0 & 0 & 0 & 0 & \vdots & 0 \end{pmatrix}.$

因为 $r(A) = r(A \vdots B) = 3 < n = 5$，所以方程组有无穷多组解.

例 5 问 a，b 取何值时方程组 $\begin{cases} x_1 - 2x_3 = 1, \\ -x_1 + x_2 + x_3 = 0, \\ 3x_1 - x_2 + ax_3 = b \end{cases}$ 无解？有唯一解？有无穷多组解？

解 $(A \vdots B) = \begin{pmatrix} 1 & 0 & -2 & \vdots & 1 \\ -1 & 1 & 1 & \vdots & 0 \\ 3 & -1 & a & \vdots & b \end{pmatrix} \xrightarrow[r_3 + (-3)r_1]{r_2 + r_1} \begin{pmatrix} 1 & 0 & -2 & \vdots & 1 \\ 0 & 1 & -1 & \vdots & 1 \\ 0 & -1 & a+6 & \vdots & b-3 \end{pmatrix}$

$\xrightarrow{r_3 + r_2} \begin{pmatrix} 1 & 0 & -2 & \vdots & 1 \\ 0 & 1 & -1 & \vdots & 1 \\ 0 & 0 & a+5 & \vdots & b-2 \end{pmatrix}.$

根据线性方程组解的判定定理有：

当 $a = -5$，$b \neq 2$ 时，$r(A) = 2$，$r(A \vdots B) = 3$，$r(A) \neq r(A \vdots B)$，方程组无解；

当 $a \neq -5$ 时，$r(A) = r(A \vdots B) = 3$，方程组有唯一解；

当 $a = -5$，$b = 2$ 时，$r(A) = r(A \vdots B) = 2$，方程组有无穷多组解.

定理 2 对于 n 元非齐次线性方程组 $AX = B$，当 $r(A) = r(A \vdots B) = r < n$ 时，方程组有无穷多组

解，并且它的解中含有 $n-r$ 个自由变量.

例如，在例 4 的（3）中有 $r(A)=r(A\vdots B)=3<n=5$，方程组有无穷多组解. 此时，将增广矩阵继续实施初等行变换，化为行简化阶梯矩阵：

$$(A\vdots B) \to \begin{pmatrix} 1 & 1 & 1 & 1 & 1 & | & 1 \\ 0 & -1 & -2 & -2 & -6 & | & 2 \\ 0 & 0 & 0 & 1 & 0 & | & 5 \\ 0 & 0 & 0 & 0 & 0 & | & 0 \end{pmatrix} \xrightarrow[r_2+2r_3]{r_1-r_3} \begin{pmatrix} 1 & 1 & 1 & 0 & 1 & | & -4 \\ 0 & -1 & -2 & 0 & -6 & | & 12 \\ 0 & 0 & 0 & 1 & 0 & | & 5 \\ 0 & 0 & 0 & 0 & 0 & | & 0 \end{pmatrix}$$

$$\xrightarrow{r_1+r_2} \begin{pmatrix} 1 & 0 & -1 & 0 & -5 & | & 8 \\ 0 & -1 & -2 & 0 & -6 & | & 12 \\ 0 & 0 & 0 & 1 & 0 & | & 5 \\ 0 & 0 & 0 & 0 & 0 & | & 0 \end{pmatrix} \xrightarrow{r_2\times(-1)} \begin{pmatrix} 1 & 0 & -1 & 0 & -5 & | & 8 \\ 0 & 1 & 2 & 0 & 6 & | & -12 \\ 0 & 0 & 0 & 1 & 0 & | & 5 \\ 0 & 0 & 0 & 0 & 0 & | & 0 \end{pmatrix},$$

得原方程组的同解方程组

$$\begin{cases} x_1 \quad - x_3 \quad -5x_5 = 8, \\ \quad x_2 + 2x_3 \quad + 6x_5 = -12, \\ \quad\quad\quad\quad x_4 \quad = 5, \end{cases}$$

即

$$\begin{cases} x_1 = 8 + x_3 + 5x_5, \\ x_2 = -12 - 2x_3 - 6x_5, \\ x_4 = 5. \end{cases}$$

其中，x_3，x_5 为自由变量. 令 $x_3=k_1$，$x_5=k_2$，得原方程组的一般解为

$$\begin{cases} x_1 = 8 + k_1 + 5k_2, \\ x_2 = -12 - 2k_1 - 6k_2, \\ x_3 = k_1, \\ x_4 = 5, \\ x_5 = k_2 \end{cases} \quad (k_1，k_2 \text{为任意实数}).$$

这里，$r=3$，$n=5$，方程组的解中含有 $n-r=2$ 个自由变量.

例6 已知总成本 C（万元）是产量 q（吨）的二次函数 $C=a+bq+cq^2$. 某产品的产量与总成本数据如表 5-5 所示. 试确定这个二次函数，并估算一下，若计划第四季度生产 10 吨，所需的总成本是多少？

表 5-5

季度	第一季度	第二季度	第三季度
产量 q/吨	6	4	8
总成本 C/万元	32	24	44

解 将三组数据分别代入已知的二次函数模型中，得方程组

$$\begin{cases} a + 6b + 36c = 32, \\ a + 4b + 16c = 24, \\ a + 8b + 64c = 44. \end{cases}$$

利用初等行变换将其增广矩阵化为行简化阶梯矩阵，再求解，即

$$(A \vdots B) = \begin{pmatrix} 1 & 6 & 36 & \vdots & 32 \\ 1 & 4 & 16 & \vdots & 24 \\ 1 & 8 & 64 & \vdots & 44 \end{pmatrix} \xrightarrow[r_3 - r_1]{r_2 - r_1} \begin{pmatrix} 1 & 6 & 36 & \vdots & 32 \\ 0 & -2 & -20 & \vdots & -8 \\ 0 & 2 & 28 & \vdots & 12 \end{pmatrix}$$

$$\xrightarrow[r_3 + r_2]{r_1 + 3r_2} \begin{pmatrix} 1 & 0 & -24 & \vdots & 8 \\ 0 & -2 & -20 & \vdots & -8 \\ 0 & 0 & 8 & \vdots & 4 \end{pmatrix} \xrightarrow[r_3 \times \frac{1}{8}]{r_2 \times \left(-\frac{1}{2}\right)} \begin{pmatrix} 1 & 0 & -24 & \vdots & 8 \\ 0 & 1 & 10 & \vdots & 4 \\ 0 & 0 & 1 & \vdots & 0.5 \end{pmatrix}$$

$$\xrightarrow{r_1 + 24 r_3} \begin{pmatrix} 1 & 0 & 0 & \vdots & 20 \\ 0 & 1 & 0 & \vdots & -1 \\ 0 & 0 & 1 & \vdots & 0.5 \end{pmatrix}.$$

所以，方程组的解为 $\begin{cases} a = 20, \\ b = -1, \\ c = 0.5. \end{cases}$ 总成本函数为 $C(q) = 20 - q + 0.5q^2$.

将第四季度计划产量 $q = 10$ 代入上式得

$$C(10) = 20 - 10 + 0.5 \times 10^2 = 60 \text{（吨）}.$$

下面，我们再来研究齐次线性方程组．

由于齐次线性方程组 $AX = O$ 是非齐次线性方程组 $AX = B$ 的特例，适用于 $AX = B$ 的定理也都适用于 $AX = O$．

对 $AX = O$，显然恒有 $r(A) = r(A \vdots B)$，故 $AX = O$ 恒有解（至少有零解）．

（1）当 $r(A) = n$ 时，有唯一解，即零解，且只有零解；

（2）当 $r(A) < n$ 时，有无穷多组解，即有非零解．

定理 3　n 元齐次线性方程组 $AX = O$ 有非零解的充分必要条件是 $r(A) < n$．

例 7　求以下齐次线性方程组的解．

$$\begin{cases} x_1 + x_2 + x_3 + 4x_4 - 3x_5 = 0, \\ x_1 - x_2 + 3x_3 - 2x_4 - x_5 = 0, \\ 2x_1 + x_2 + 3x_3 + 5x_4 - 5x_5 = 0, \\ 3x_1 + x_2 + 5x_3 + 6x_4 - 7x_5 = 0. \end{cases}$$

解　对系数矩阵 A 实施初等行变换

$$A = \begin{pmatrix} 1 & 1 & 1 & 4 & -3 \\ 1 & -1 & 3 & -2 & -1 \\ 2 & 1 & 3 & 5 & -5 \\ 3 & 1 & 5 & 6 & -7 \end{pmatrix} \xrightarrow[\substack{r_3 + (-2)r_1 \\ r_4 + (-3)r_1}]{r_2 - r_1} \begin{pmatrix} 1 & 1 & 1 & 4 & -3 \\ 0 & -2 & 2 & -6 & 2 \\ 0 & -1 & 1 & -3 & 1 \\ 0 & -2 & 2 & -6 & 2 \end{pmatrix}$$

$$\xrightarrow[\substack{r_4 - r_2 \\ r_2 + (-2)r_3}]{r_1 + r_3} \begin{pmatrix} 1 & 0 & 2 & 1 & -2 \\ 0 & 0 & 0 & 0 & 0 \\ 0 & 1 & -1 & 3 & -1 \\ 0 & 0 & 0 & 0 & 0 \end{pmatrix} \xrightarrow{r_2 \leftrightarrow r_3} \begin{pmatrix} 1 & 0 & 2 & 1 & -2 \\ 0 & 1 & -1 & 3 & -1 \\ 0 & 0 & 0 & 0 & 0 \\ 0 & 0 & 0 & 0 & 0 \end{pmatrix},$$

得到同解方程组

$$\begin{cases} x_1 + 2x_3 + x_4 - 2x_5 = 0, \\ x_2 - x_3 + 3x_4 - x_5 = 0, \end{cases}$$

即

$$\begin{cases} x_1 = -2x_3 - x_4 + 2x_5, \\ x_2 = x_3 - 3x_4 + x_5 \end{cases} (x_3, x_4, x_5 \text{ 为自由变量}).$$

此结果也符合定理 2，即 $r = 2$，$n = 5$，方程组的解中含有 $n - r = 3$ 个自由变量.

习题 5.3

1. 若线性方程组 $\begin{cases} x_1 - 2x_2 = 0, \\ 3x_1 + \lambda x_2 = 0 \end{cases}$ 有非零解，则 $\lambda = $ _____.

2. 将 $AX = B$ 的增广矩阵 $(A \vdots B)$ 化成阶梯矩阵后为 $\begin{pmatrix} 1 & 2 & 0 & 1 & 0 \\ 0 & 4 & 2 & -1 & 1 \\ 0 & 0 & 0 & 0 & d+1 \end{pmatrix}$，则

（1）当 d _____ 时，方程组 $AX = B$ 有无穷多组解；

（2）当 d _____ 时，方程组 $AX = B$ 无解.

3. 齐次线性方程组 $A_{m \times n} X = O$ 只有零解的充分必要条件是 _____.

4. 求下列线性方程组的一般解.

（1）$\begin{cases} x_1 - 3x_2 + 2x_3 + x_4 = 0, \\ -x_1 + 2x_2 - x_3 + 2x_4 = -1, \\ x_1 - 2x_2 + 3x_3 - 2x_4 = 1; \end{cases}$

（2）$\begin{cases} 2x_1 - x_2 + x_3 + x_4 = 1, \\ x_1 + 2x_2 - x_3 + 4x_4 = 2, \\ x_1 + 7x_2 - 4x_3 + 11x_4 = 5. \end{cases}$

5. 当 λ 取何值时，线性方程组 $\begin{cases} x_1 + x_2 + x_3 = 1, \\ 2x_1 + x_2 - 4x_3 = \lambda, \\ -x_1 + 5x_3 = 1 \end{cases}$ 有解？并求一般解.

本章小结

1. 主要内容

本章内容主要包括行列式与矩阵、矩阵的初等变换、线性方程组.

2. 重点与难点

重点：矩阵的概念与运算、矩阵的初等行变换、线性方程组的判定与求解.

难点：矩阵的乘法运算、矩阵秩的概念、用线性代数方法解决实际问题.

3. 学习指导

（1）从实例理解矩阵的概念与运算，掌握矩阵满足的运算规律与不满足的运算规律；

（2）矩阵的初等行变换是一种非常重要的变换，我们可以用它求矩阵的阶梯矩阵、矩阵的秩和逆矩阵等；

（3）与线性方程组的加减消元法对比来理解用初等变换求解线性方程组的方法．用消元法解线性方程组时要细心，避免计算错误．

趣味数学　千年世界名题——"百钱买百鸡"问题

对于不定方程，最值得研究的是求其整数解的问题．公元 3 世纪时，著名的希腊数学家丢番都建立了分析法来解决这个问题，其方法被广泛采用．古代中国、印度与阿拉伯的数学家们也有一些独立的研究．

百钱买百鸡

有关不定方程的问题，我们可能遇到各种不同情况，首先应考虑方程有没有解，然后再去考虑它的具体解法．尝试与观察有时是解不定方程的最便捷方法．例如，有一个有趣的古典名题：箱子里有多只蜜蜂和蜘蛛，共 46 条腿，问有几只蜜蜂和几只蜘蛛？

蜜蜂有 6 条腿，蜘蛛有 8 条腿，设蜜蜂、蜘蛛分别有 x，y 只，可列出不定方程

$$6x+8y=46,$$

即

$$3x+4y=23.$$

于是有

$$x=\frac{23-4y}{3}.$$

由于 x 和 y 必须是正整数，我们可令 $y=1$，2，3，4，5，从而得到如表 5-6 所示的结果．

表 5-6

y	1	2	3	4	5
x	$\frac{19}{3}$	5	$\frac{11}{3}$	$\frac{7}{3}$	1

因此，该不定方程有两组正整数解，即

$$\begin{cases}x=5,\\y=2\end{cases} 和 \begin{cases}x=1,\\y=5.\end{cases}$$

但问题中已讲明箱子里有"多只"蜜蜂，故我们只取 $\begin{cases}x=5,\\y=2\end{cases}$ 这一组解．

接下来介绍求不定方程正整数解的一个经典问题——"百钱买百鸡"．"百钱买百鸡"问题出自《算经》，已有千年的历史．在 5.3 节中，引例 1 对该问题进行了介绍，在此简单回顾一下．

"今有鸡翁一，值钱五；鸡母一，值钱三；鸡雏三，值钱一．凡百钱买鸡百只，问鸡翁、母、雏各几何？" 这段话的意思是：公鸡 5 块钱 1 只；母鸡 3 块钱 1 只；小鸡 1 块钱 3 只．现

在要用 100 块钱买 100 只鸡, 问公鸡、母鸡、小鸡各买几只?

设公鸡、母鸡、小鸡各买 x, y, z 只, 则有线性不定方程组

$$\begin{cases} 5x+3y+\dfrac{1}{3}z=100, \\ x+y+z=100. \end{cases}$$

消去 z, 再化简, 即得

$$7x+4y=100.$$

从这个二元一次不定方程出发, 就很容易求出其正整数解. 该问题有三组正整数解, 即

$$\begin{cases} x=4, \\ y=18, \\ z=78, \end{cases} \begin{cases} x=8, \\ y=11, \\ z=81, \end{cases} \begin{cases} x=12, \\ y=4, \\ z=84. \end{cases}$$

从古至今, 许多著作上都载明了这三组解. 例如, 李俨、钱宝琮、沈康身、许莼舫、李继闵等都在其著作上发表了这三组解的解法.

在《算经》中还有几句"画龙点睛"的话: "鸡翁每增四, 鸡母每减七, 鸡雏每益三, 即得." 这句话道破了三组解 x, y, z 之间的增减变化, 即

$$\begin{cases} x=4 \xrightarrow{\text{增}4} \\ y=18 \xrightarrow{\text{减}7} \\ z=78 \xrightarrow{\text{益}3} \end{cases} \begin{cases} x=8 \xrightarrow{\text{增}4} \\ y=11 \xrightarrow{\text{减}7} \\ z=81 \xrightarrow{\text{益}3} \end{cases} \begin{cases} x=12, \\ y=4, \\ z=84. \end{cases}$$

经过 1 500 年, 直到 20 世纪, 我国的数论专家闵嗣鹤和严士健两位先生合著了《初等数论》, 在提到本问题时, 又补充了一组解, 即

$$\begin{cases} x=0, \\ y=25, \\ z=75. \end{cases}$$

这就把原先的正整数解推广到非负整数解了. 这组新解与原来的三组解之间仍然符合"增四、减七、益三"的规律, 即

$$\begin{cases} x=0 \xrightarrow{\text{增}4} \\ y=25 \xrightarrow{\text{减}7} \\ z=75 \xrightarrow{\text{益}3} \end{cases} \begin{cases} x=4 \xrightarrow{\text{增}4} \\ y=18 \xrightarrow{\text{减}7} \\ z=78 \xrightarrow{\text{益}3} \end{cases} \begin{cases} x=8 \xrightarrow{\text{增}4} \\ y=11 \xrightarrow{\text{减}7} \\ z=81 \xrightarrow{\text{益}3} \end{cases} \begin{cases} x=12, \\ y=4, \\ z=84. \end{cases}$$

按此思维方式继续下去, 还可得出

$$\begin{cases} x=-4, \\ y=32, \\ z=72. \end{cases}$$

由于 $5\times(-4)+3\times 32+\dfrac{1}{3}\times 72=100$, $(-4)+32+72=100$, 仍然能满足"百钱买百鸡"的条件. 此时, 可以理解为: 卖掉 4 只公鸡的同时, 买回 $32+72=104$ 只母鸡和小鸡, 还是"百钱买百鸡". 这使得该问题的解从正整数解推广到整数解.

当然, 我们可以按此规律找出这个不定方程组的无穷多组解, 具体的参数表达式为

$$\begin{cases} x = 4t, \\ y = 25 - 7t, \\ z = 75 + 3t \end{cases} (t \text{ 为任意整数}).$$

其实，这个参数表达式就是线性方程组 $\begin{cases} 5x + 3y + \frac{1}{3}z = 100, \\ x + y + z = 100 \end{cases}$ 无穷多组解的表达式，也可以写成向量形式，即

$$\begin{pmatrix} x \\ y \\ z \end{pmatrix} = \begin{pmatrix} 0 \\ 25 \\ 75 \end{pmatrix} + k \begin{pmatrix} 4 \\ -7 \\ 3 \end{pmatrix} (k \text{ 为任意整数}).$$

接下来我们用线性方程组的一般解法得到这个结果.

对线性方程组的增广矩阵实施初等行变换，使 x 成为自由变量，即

$$(A \vdots B) = \begin{pmatrix} 5 & 3 & \frac{1}{3} & \vdots & 100 \\ 1 & 1 & 1 & \vdots & 100 \end{pmatrix} \xrightarrow{r_1 \leftrightarrow r_2} \begin{pmatrix} 1 & 1 & 1 & \vdots & 100 \\ 5 & 3 & \frac{1}{3} & \vdots & 100 \end{pmatrix} \xrightarrow{r_2 + (-3)r_1} \begin{pmatrix} 1 & 1 & 1 & \vdots & 100 \\ 2 & 0 & -\frac{8}{3} & \vdots & -200 \end{pmatrix}$$

$$\xrightarrow{r_2 \times (-\frac{3}{8})} \begin{pmatrix} 1 & 1 & 1 & \vdots & 100 \\ -\frac{3}{4} & 0 & 1 & \vdots & 75 \end{pmatrix} \xrightarrow{r_1 - r_2} \begin{pmatrix} \frac{7}{4} & 1 & 0 & \vdots & 25 \\ -\frac{3}{4} & 0 & 1 & \vdots & 75 \end{pmatrix}.$$

所以，一般解为 $\begin{cases} y = 25 - \frac{7}{4}x, \\ z = 75 + \frac{3}{4}x, \end{cases}$ 即

$$\begin{cases} x = x, \\ y = 25 - \frac{7}{4}x, (x \text{ 为自由变量}). \\ z = 75 + \frac{3}{4}x \end{cases}$$

令 $x = c$，则有

$$\begin{pmatrix} x \\ y \\ z \end{pmatrix} = \begin{pmatrix} 0 \\ 25 \\ 75 \end{pmatrix} + c \begin{pmatrix} 1 \\ -\frac{7}{4} \\ \frac{3}{4} \end{pmatrix}.$$

再令 $\frac{1}{4}c = k$，得

$$\begin{pmatrix} x \\ y \\ z \end{pmatrix} = \begin{pmatrix} 0 \\ 25 \\ 75 \end{pmatrix} + k \begin{pmatrix} 4 \\ -7 \\ 3 \end{pmatrix} (k \text{ 为任意整数}).$$

> 砥节砺行
>
> 研究这个千年世界名题,至今还有新意,这让这个问题成为一个经典的数学问题. 我们在学习和生活中,也要有不停思考,勇于创新的意识. 我们的中国共产党便是善于思考、善于创新的政党,不仅为国家发展制定了中长期目标,还能够根据不断变化的情况与时俱进.

建模应用 投入产出模型

投入产出分析是在 20 世纪 30 年代由美国经济学家列昂节夫首先提出的,他提出了一个经济系统各部门之间"投入"与"产出"关系的线性模型,一般称之为投入产出模型. 投入产出模型可应用于微观经济系统和宏观经济系统的综合平衡分析. 目前,这种分析方法已在全世界多个国家得到了普遍的推广和应用. 自 20 世纪 60 年代起,我国就开始把投入产出分析方法应用于全国的经济平衡分析.

1. 问题陈述

某地区有三个重要企业,一个煤矿、一个发电厂和一条地方铁路. 开采 1 元的煤,煤矿要支付 0.25 元的电费及 0.25 元的运输费;生产 1 元的电力,发电厂要支付 0.65 元的煤费、0.05 元的电费及 0.05 元的运输费;创收 1 元的运输费,铁路要支付 0.55 元的煤费及 0.1 元的电费.

在某一周内,煤矿接到外地金额为 50 000 元的订货,发电厂接到外地金额为 25 000 元的订货,外界对地方铁路没有需求,问:

(1) 三个企业在这一周内总产值各为多少?

(2) 三个企业相互支付多少金额?

2. 模型假设

(1) 设 x_1,x_2,x_3 分别为煤矿、发电厂、铁路本周内的总产值;

(2) 假设在这一周内三个企业的计划、生产、销售等各个环节运转正常,没有事故,没有自然灾害和社会问题的干扰.

3. 模型建立

根据题设,建立方程组

$$\begin{cases} x_1 - (0 \times x_1 + 0.65x_2 + 0.55x_3) = 50\,000, \\ x_2 - (0.25x_1 + 0.05x_2 + 0.1x_3) = 25\,000, \\ x_3 - (0.25x_1 + 0.05x_2 + 0 \times x_3) = 0, \end{cases} \quad (5\text{-}16)$$

即

$$\begin{pmatrix} x_1 \\ x_2 \\ x_3 \end{pmatrix} - \begin{pmatrix} 0 & 0.65 & 0.55 \\ 0.25 & 0.05 & 0.1 \\ 0.25 & 0.05 & 0 \end{pmatrix} \begin{pmatrix} x_1 \\ x_2 \\ x_3 \end{pmatrix} = \begin{pmatrix} 50\,000 \\ 25\,000 \\ 0 \end{pmatrix}.$$

记 $X = \begin{pmatrix} x_1 \\ x_2 \\ x_3 \end{pmatrix}$，$A = \begin{pmatrix} 0 & 0.65 & 0.55 \\ 0.25 & 0.05 & 0.1 \\ 0.25 & 0.05 & 0 \end{pmatrix}$，$Y = \begin{pmatrix} 50\,000 \\ 25\,000 \\ 0 \end{pmatrix}$，将 X 称为产出矩阵，A 称为直接消耗矩阵，Y 称为需求矩阵，则方程组（5-16）变为

$$X - AX = Y.$$

设 $C = A \begin{pmatrix} x_1 & 0 & 0 \\ 0 & x_2 & 0 \\ 0 & 0 & x_3 \end{pmatrix} = \begin{pmatrix} 0 & 0.65x_2 & 0.55x_3 \\ 0.25x_1 & 0.05x_2 & 0.1x_3 \\ 0.25x_1 & 0.05x_2 & 0 \end{pmatrix} = \begin{pmatrix} c_{11} & c_{12} & c_{13} \\ c_{21} & c_{22} & c_{23} \\ c_{31} & c_{32} & c_{33} \end{pmatrix}$，称其为投入产出矩阵，它的元素表示煤矿、发电厂、铁路之间的投入产出关系；设 $D = (1\ \ 1\ \ 1)C =$
$(0.25x_1 + 0.25x_1 \quad 0.65x_2 + 0.05x_2 + 0.05x_2 \quad 0.55x_3 + 0.1x_3)$，称其为总投入矩阵，它的元素是矩阵 C 的对应列元素之和，分别表示煤矿、发电厂、铁路得到的总投入.

由矩阵 C，Y，X 和 D，可得投入产出分析表，如表 5-7 所示.

表 5-7

项目	煤矿	发电厂	铁路	外界需求	总产出
煤矿	c_{11}	c_{12}	c_{13}	y_1	x_1
发电厂	c_{21}	c_{22}	c_{23}	y_2	x_2
铁路	c_{31}	c_{32}	c_{33}	y_3	x_3
总投入	d_1	d_2	d_3		

4. 模型求解

按式（5-16），解方程组可得产出矩阵为 $X = \begin{pmatrix} 102\,087.48 \\ 56\,163.02 \\ 28\,330.02 \end{pmatrix}$，于是可计算矩阵 C，D，计算结果如表 5-8 所示.

表 5-8　　　　　　　　　　　　　　　　　　　　　　　　　　　　单位：元

项目	煤矿	发电厂	铁路	外界需求	总产值
煤矿	0	36 505.96	15 581.51	50 000	102 087.48
发电厂	25 521.87	2 808.15	2 833.00	25 000	56 163.02
铁路	25 521.87	2 808.15	0	0	28 830.02
总投入	51 043.74	42 122.27	18 414.52		

问题的结果在表 5-8 中一目了然，并能明显看出各个数据之间的联系.

因此，在这一周内，煤矿的总产值为 102 087.48 元，发电厂的总产值为 56 163.02 元，铁路的总产值为 28 830.02 元. 煤矿需要支付给发电厂和铁路各 25 521.87 元，发电厂需要支付给煤矿 36 505.96 元、铁路 2 808.15 元，铁路需要支付给煤矿 15 581.51 元、发电厂 2 833.00 元.

5. 模型的分析与应用

投入产出分析是通过编制投入产出表来实现的．投入产出表是由投入表与产出表交叉而成的．前者反映各种产品的价值，包括物质消耗、劳动报酬和剩余产品；后者反映各种产品的分配使用情况．在投入产出表的基础上，可以建立相应的数学模型，如产品平衡模型、价值构成模型等，用以进行经济分析、政策模拟、计划论证和经济预测；还可以研究一些专门的社会问题，如环境污染、人口、就业、收入分配等问题．

复习题五

A 组

1．请举出日常生活、工作学习、市场经济、科学技术中的一些实例，将其数据列表构成矩阵，并且用矩阵的各种运算来处理这些问题．

2．已知 $\boldsymbol{A} = \begin{pmatrix} a+b & 3 \\ 3 & a-b \end{pmatrix}$，$\boldsymbol{B} = \begin{pmatrix} 7 & 2c+d \\ c-d & 3 \end{pmatrix}$，并且 $\boldsymbol{A} = \boldsymbol{B}$，求 a，b，c，d．

3．计算以下式子．

(1) $\begin{pmatrix} 1 & 1 & 1 \\ 0 & 1 & 1 \\ 0 & 0 & 1 \end{pmatrix}^2$；
(2) $\begin{pmatrix} 2 & 1 \\ 5 & -3 \end{pmatrix} \begin{pmatrix} 1 & 2 & 3 \\ 2 & -1 & 6 \end{pmatrix} \begin{pmatrix} 3 & -2 \\ 0 & 1 \\ -1 & 0 \end{pmatrix}$．

4．计算以下式子．

(1) $\begin{vmatrix} 0 & -5 \\ 1 & 2 \end{vmatrix}$；
(2) $\begin{vmatrix} 1 & 2 & 3 \\ 3 & 1 & 2 \\ 2 & 3 & 1 \end{vmatrix}$；
*(3) $\begin{vmatrix} 1 & 0 & -1 & 2 \\ -2 & 1 & 3 & 1 \\ 0 & 1 & 0 & -1 \\ 1 & 3 & 4 & -2 \end{vmatrix}$．

5．求下列矩阵的秩．

(1) $(0\ 0\ 0)$；
(2) $\begin{pmatrix} 1 & 4 & 3 & 2 \\ 1 & 5 & 4 & -2 \\ 1 & 2 & 1 & 10 \end{pmatrix}$；
(3) $\begin{pmatrix} 1 & 1 & 1 & 1 & 1 \\ 3 & 2 & 1 & 1 & -3 \\ 0 & 1 & 3 & 2 & 6 \\ 5 & 4 & 3 & 3 & -1 \end{pmatrix}$．

6．求下列矩阵的逆矩阵．

(1) $\begin{pmatrix} 1 & 1 \\ 3 & 2 \end{pmatrix}$；
(2) $\begin{pmatrix} 2 & 2 & 3 \\ 1 & -1 & 0 \\ -1 & 2 & 1 \end{pmatrix}$；
(3) $\begin{pmatrix} 1 & -1 & 1 \\ 1 & 1 & 3 \\ 2 & -3 & 2 \end{pmatrix}$．

7．设 $\boldsymbol{A} = \begin{pmatrix} \cos\theta & -\sin\theta \\ \sin\theta & \cos\theta \end{pmatrix}$，求 $\boldsymbol{A}^{\mathrm{T}}$，$\boldsymbol{A}^{-1}$，$\boldsymbol{A}\boldsymbol{A}^{\mathrm{T}}$，$|\boldsymbol{A}|$．

8. 求下列非齐次线性方程组的解.

(1) $\begin{cases} x_1 + 5x_2 - x_3 - x_4 = -1, \\ x_1 + 4x_2 + x_3 + 3x_4 = 3, \\ 3x_1 + 14x_2 - x_3 + x_4 = 1; \end{cases}$

(2) $\begin{cases} x_1 - x_2 + 2x_3 = 3, \\ 3x_1 - 2x_2 + 5x_3 = 7, \\ 2x_1 + x_2 + x_3 = 0, \\ x_1 + 2x_3 = 3. \end{cases}$

9. 求下列齐次线性方程组的解.

(1) $\begin{cases} x_1 - x_2 + x_3 = 0, \\ 3x_1 - x_2 + 5x_3 = 0, \\ -2x_1 + 2x_2 + 3x_3 = 0, \\ 3x_1 - 2x_2 - x_3 = 0; \end{cases}$

(2) $\begin{cases} x_1 + 2x_2 + x_3 - 3x_4 = 0, \\ 3x_1 + 6x_2 + 4x_3 - 6x_4 = 0, \\ 2x_1 + 4x_2 + 5x_3 + 3x_4 = 0. \end{cases}$

10. 当 a, b 取何值时, 线性方程组 $\begin{cases} x_1 + 2x_3 = -1, \\ -x_1 + x_2 - 3x_3 = 2, \\ 2x_1 - x_2 + ax_3 = b \end{cases}$ 无解? 有唯一解? 有无穷多组解?

B 组

1. 设 n 阶矩阵 A 满足 $A^2 + A - 3E = O$, 证明矩阵 $(A-E)$ 可逆, 并求 $(A-E)^{-1}$.

2. 设 A, B 为 3 阶矩阵, 且 $|A|=2$, $|B|=3$, 求 $|-2(A^T B^{-1})^{-1}|$.

3. 有 4 个工厂均能生产甲、乙、丙 3 种产品, 其单位成本如表 5-9 所示.

表 5-9   单位: 元

产品 工厂	甲	乙	丙
Ⅰ	4	5	5
Ⅱ	4	3	7
Ⅲ	2	4	8
Ⅳ	3	5	6

现要生产甲产品 600 件, 乙产品 500 件, 丙产品 200 件, 问由哪个工厂生产成本最低?

4. 设 $A = \begin{pmatrix} 1 & -1 & 2 & 1 \\ -1 & a & 2 & 1 \\ 3 & 1 & b & -1 \end{pmatrix}$, $r(A)=2$, 求 a, b 的值.

5. 试求 k 为何值时, 线性方程组 $\begin{cases} x_1 + x_2 + kx_3 = 4, \\ -x_1 + kx_2 + x_3 = k^2, \\ x_1 - x_2 + 2x_3 = -4 \end{cases}$ 有唯一解、无解、无穷多组解?

第三篇　实践篇

第 6 章 MATLAB 数学实验

计算机已经进入社会各个领域，用以解决大量的科学计算问题，这使得计算机数学及其产品——数学软件得到了不断的发展、提高和完善．其中，MATLAB 发展迅速，是应用较为广泛的数学软件之一．本章将简要介绍 MATLAB 的基本操作，图形可视化，以及一元函数微积分、线性代数问题的 MATLAB 求解．

6.1 MATLAB 初步

6.1.1 MATLAB 简介

MATLAB 简介

MATLAB 是 MathWorks 公司开发的集算法开发、数据可视化、数据分析及数值计算于一体的高级技术计算语言和交互式环境．在众多的数学类科技应用软件中，MATLAB 以其良好的开放性和运行的可靠性，已经成为公认的标准计算软件，在数值计算方面独占鳌头．

MATLAB R2016b 中文版工作主界面如图 6-1 所示，分为菜单工具栏、当前文件夹、工作区、命令行窗口等．

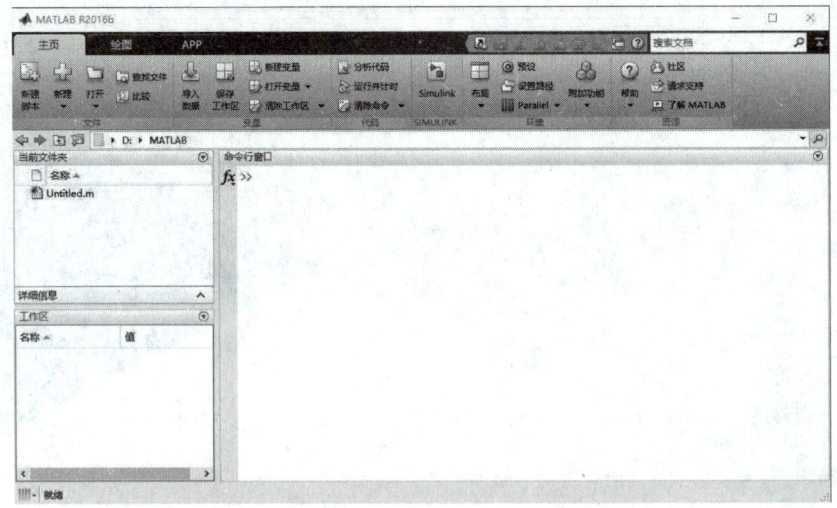

图 6-1

菜单工具栏分为主页工具栏、绘图工具栏和 APP 工具栏．主页工具栏提供了新建、打开、导入数据、保存工作区等主要功能；绘图工具栏提供了数据的绘图功能；APP 工具栏提供了各应用程序的入口.

当前文件夹显示用户保存的文件,用户可在此快速调用 M 文件.

工作区窗口显示当前内存中所有的 MATLAB 变量名、数据结构、字节及数据类型等信息.

命令行窗口是用于输入数据、运行 MATLAB 函数并显示结果的窗口,是 MATLAB 工作的主平台. 其中,">>"为运算提示符,表示 MATLAB 正处于准备状态. 在运算提示符后输入一段命令并按"Enter"键后,MATLAB 将输出运算结果,然后再次进入准备状态,如

```
>> 1+3
 ans =
     4
>>
```

为了使命令简洁方便,对于中间命令可以不显示输出结果,只要在该命令后加分号即可,如

```
>> x=1+3;   %该行后带有分号,按"Enter"键只执行命令,对 x 的运算结果不予显示
>> y=x+2
 y =
     6
```

说 明

如果要对某行命令加以说明或解释,在说明或解释文字前加"%"即可,MATLAB 对该行"%"后的语句不做处理.

砥节砺行

2020 年 5 月,美国对中国的哈尔滨工业大学进行了学术上的垄断,取消了其 MATLAB 的正版授权,这一事件在国内学术界引起哗然. 一旦美国扩大垄断范围,一系列相关领域的本科生、研究生都将面临从头开始的困境. 我国在相关软件领域的发展属于起步阶段,目前和美国 Math Works 公司的研究水平差距还是很大. 但 MATLAB 的诞生,也并非一蹴而就的,而是美国经过多年的积累才创造出来的. 我国的相关软件,虽然起步晚,但发展迅速,目前已经可以进行工程实用了,并为国家各大事业提供了极大帮助. 因此,我们更应该鼓足士气,努力学习,研发出自己的核心软件,化被动为主动,不被别人"卡住脖子".

6.1.2 常量、变量与函数

1. 常量

在 MATLAB 里有一些预定义的变量,我们把这些特殊的变量称为常量. 表 6-1 给出了 MATLAB 中经常使用的常量及其含义.

表 6-1

常量	含义
i 或 j	虚数单位，$i=j=\sqrt{-1}$
ans	结果的默认变量名
pi	圆周率，$\pi = 3.1415926\cdots$
eps	机器浮点精度，$eps = 2.2204 \times 10^{-16}$
realmax	最大正浮点数，$realmax = 1.7977 \times 10^{308}$
realmin	最小正浮点数，$realmin = 1.7977 \times 10^{-308}$
Inf	无穷大
NaN	不定值

值得注意的是，常量的数值是可以修改的．例如，

```
>> i=2;     %修改常量 i 的数值为 2
>> y=i+1
 y =
    3
>> clear    %用 clear 指令清除变量后，i 将返回原来的常量数值，即变回虚数单位
>> z=i+1
 z =
    1.0000 + 1.0000i
```

说　明

clear 指令用于清除工作空间的所有变量，即所有常量和变量的赋值都将失效．

2. 变量

MATLAB 通过变量来保存运算中的初始值和运算结果．变量的命名必须符合以下规则：

（1）变量名应以字母开头，由字母、数字、下划线混合组成；

（2）变量名区分大小写，X 与 x 表示不同的变量．

例如，在命令窗口输入 x_1=5，表示给变量 x_1 赋予初始值 5；如果输入 X_1=3+5，表示把 3+5 的计算结果赋值给变量 X_1.

当用户输入的变量已经存在时，MATLAB 将使用新输入的变量值替换原有的变量值．

另外，MATLAB 还可进行符号运算，但在进行符号运算之前必须对符号变量和符号表达式进行说明．符号变量的说明函数为 syms，命令调用格式为：

```
syms x              %表示一次创建一个符号变量
syms x y a b …      %表示一次创建多个符号变量，不同变量之间用空格隔开
```

3. 函数

MATLAB 为用户提供了丰富的函数，这些函数大致可分为三大类：MATLAB 内部函数、MATLAB 系统附带工具箱中的实用函数和用户自定义函数. 表 6-2 给出了 MATLAB 中常用的基本数学函数.

表 6-2

函数符号	含义	函数符号	含义
sqrt	平方根	abs	绝对值
exp	自然指数	log	自然对数
log10	常用对数	log2	以 2 为底的对数
sin	正弦	asin	反正弦
cos	余弦	acos	反余弦
tan	正切	atan	反正切
cot	余切	acot	反余切

函数的调用格式为

函数符号（变量）

例如，自然对数函数 $\ln x$ 的调用格式为 log(x)；函数 $\sqrt{x}$ 的调用格式为 sqrt(x).

6.1.3 算术运算

MATLAB 中提供的常用算术运算符如表 6-3 所示.

表 6-3

算术运算符	含义	算术运算符	含义	算术运算符	含义
+	加	*	乘	\	左除
−	减	^	乘方	/	右除

> **说　明**
>
> （1）"/"与"\"这 2 个运算符在数值计算时含义一样. 例如，1/2 与 2\1 的结果都是 0.5. 但在矩阵计算时，它们表示两种不同的运算；
>
> （2）表 6-3 中常用算术运算符的运算优先顺序为：幂运算具有最高优先级，乘、除法具有相同的次优先级，加、减法具有相同的最低优先级. 相同优先级的按照从左到右的顺序运算. 可以用小括号来改变运算优先顺序.

例1 计算 $\dfrac{3.4^5 - 5.3^3}{3\pi}$ 的值.

解 命令语句如下：

```
>> (3.4^5-5.3^3)/(3*pi)
```

```
ans =
    32.4121
```

输出结果表示 $\dfrac{3.4^5 - 5.3^3}{3\pi} = 32.4121$.

例2 计算 $\dfrac{2a-(a+b)^2}{\sqrt{a-b}}$ 的值，其中 $a=5$，$b=3$.

解 命令语句如下：

```
>> a=5; b=3;
>> (2*a-(a+b)^2)/sqrt(a-b)
 ans =
    -38.1838
```

输出结果表示 $\dfrac{2a-(a+b)^2}{\sqrt{a-b}} = -38.1838$.

例3 设函数 $f(x) = \dfrac{\sqrt{\sin x - \cos x}}{|1+x^2|}$，求 $f\left(\dfrac{\pi}{3}\right)$.

解 命令语句如下：

```
>> syms x
>> y=sqrt(sin(x)-cos(x))/abs(1+x^2);
>> y1=subs(y,'pi/3')
 y1 =
    (3^(1/2)/2-1/2)^(1/2)/(pi^2/9+1)
>> vpa(y1,4)
 ans =
    0.2886
```

输出结果表示 $f\left(\dfrac{\pi}{3}\right) = 0.2886$.

> **说　明**
>
> （1）定义函数时需要先创建符号变量；
>
> （2）例3中函数 subs(y,'pi/3') 用于求函数表达式 y 在自变量 x=pi/3 时的函数值，输出结果是一个符号表达式；函数 vpa(y1,4) 用于显示符号表达式 y1 在精度 4 下的数值.

6.1.4 代数式运算

在 MATLAB 中，除了可进行代数式的算术运算外，系统还提供了一些代数式运算函数，常用的有：

```
expand(F)              %将符号表达式 F 展开
factor(F)              %将符号表达式 F 因式分解
```

　　　　　　　　　　%其结果显示为各因子所组成的一个向量
simplify(F)　　　　　%将符号表达式 F 化简

例 4　求函数 $y_1 = x^2 - 2x - 3$，$y_2 = x + 1$ 的和、差、积、商.

解　命令语句如下：

```
>> syms x
>> y1=x^2-2*x-3;
>> y2=x+1;
>> y1+y2
 ans =
 x^2-x-2
>> y1-y2
 ans =
 x^2-3*x-4
>> expand(y1*y2)
 ans =
 x^3-x^2-5*x-3
>> simplify(y1/y2)
 ans =
 x-3
```

输出结果表示和为 $x^2 - x - 2$，差为 $x^2 - 3x - 4$，积为 $x^3 - x^2 - 5x - 3$，商为 $x - 3$.

例 5　将多项式 $x(x^2 + x - 2)(x^2 - 2x + 3)$ 展开.

解　命令语句如下：

```
>> syms x
>> expand(x*(x^2+x-2)*(x^2-2*x+3))
 ans =
 x^5-x^4-x^3+7*x^2-6*x
```

输出结果表示 $x(x^2 + x - 2)(x^2 - 2x + 3)$ 的展开式为 $x^5 - x^4 - x^3 + 7x^2 - 6x$.

例 6　对多项式 $x^5 + 1$ 进行因式分解.

解　命令语句如下：

```
>> syms x
>> factor(x^5+1)
 ans =
 [x+1,x^4-x^3+x^2-x+1]
```

输出结果表示 $x^5 + 1$ 因式分解的结果为 $(x + 1)(x^4 - x^3 + x^2 - x + 1)$.

例 7　化简多项式 $\dfrac{1}{x-1} - \dfrac{x^2 + x}{x^3 - 1}$.

解　命令语句如下：

```
>> syms x
```

```
>> simplify(1/(x-1)-(x^2+x)/(x^3-1))
 ans =
 1/(x^3-1)
```

输出结果表示多项式 $\dfrac{1}{x-1}-\dfrac{x^2+x}{x^3-1}$ 化简后的结果为 $\dfrac{1}{x^3-1}$.

习题 6.1

利用 MATLAB 解决下列问题.

1. 计算 $\dfrac{2\times 3.14^3-3\times 1.414^2}{\sqrt{1.96}}$ 的值.

2. 已知函数 $f(x)=\dfrac{1+\tan x}{\cos x}$，求 $f\left(\dfrac{\pi}{3}\right)$.

3. 求函数 $y_1=x^2-x-6$，$y_2=x+2$ 的和、差、积、商.

4. 化简 $\dfrac{x^2+x-2}{x-1}$.

6.2 MATLAB 图形处理

6.2.1 一维数组（向量）的创建

MATLAB
数据可视化

MATLAB 中一维数组的创建有多种方法，这里介绍两种最简单的方法.

（1）直接创建. 通过输入数组中每个元素值的方式直接建立. 具体方法为：将所有元素依次写在中括号中，元素之间用空格或逗号间隔. 例如，

```
>> a=[1 -2 3 4 -5]
 a =
    1    -2    3    4    -5
>> a=[1,-2,3,4,-5]
 a =
    1    -2    3    4    -5
```

（2）按"初值:步长:终值"方式创建. 在命令窗口输入"a=初值:步长:终值"则会创建以初值开始、终值结束，并以给定步长为增量的行向量；如果输入命令"a=初值:终值"，则默认步长为1. 例如，

```
>> a=0:2:10
 a =
    0    2    4    6    8    10
>> a=0:10
 a =
    0    1    2    3    4    5    6    7    8    9    10
```

6.2.2 向量的运算

在 MATLAB 中，可直接对向量进行运算，其命令调用格式：

```
A+B                     %求向量 A 与 B 的和
A-B                     %求向量 A 与 B 的差
k*A 或 A*k              %求实数 k 与向量 A 的积
dot(A,B)或 sum(A.*B)    %求向量 A 与 B 的数量积
cross(A,B)              %求向量 A 与 B 的向量积
A.*B                    %求向量 A 与 B 对应元素相乘后的向量，称为向量的点乘运算
                        %类似的还有点除运算"./"和点乘方运算".^"等
norm(A)                 %求向量 A 的模
acos(dot(A,B)/(norm(A)*norm(B)))    %求向量 A 与 B 的夹角（弧度制）
                        %若需要转换成角度制，可对结果 ans 进行 ans*180/pi 的运算
```

例如，在命令窗口中，可对向量 $A = (1\ 2\ 3)$ 与 $B = (-2\ 4\ 0)$ 进行以下代数运算.

```
>> A=[1 2 3];
>> B=[-2,4,0];
>> 2*A
 ans =
      2     4     6
>> A*2
 ans =
      2     4     6
>> A+B
 ans =
     -1     6     3
>> A-B
 ans =
      3    -2     3
>> dot(A,B)
 ans =
      6
>> sum(A.*B)
 ans =
      6
>> cross(A,B)
 ans =
    -12    -6     8
```

```
>> norm(B)
  ans =
     4.4721
```

例1 已知向量 $\vec{a}=(-2,4,0)$，$\vec{b}=(-6,-3,8)$，求向量 $\vec{a}$ 与 $\vec{b}$ 的夹角.

解 命令语句如下：

```
>> a=[-2,4,0];b=[-6,-3,8];
>> acos(dot(a,b)/(norm(a)*norm(b)))*180/pi
  ans =
     90
```

输出结果表示向量 $\vec{a}$ 与 $\vec{b}$ 的夹角为 90°.

6.2.3 二维图形的绘制

1. 利用 plot 函数绘制函数图形

MATLAB 用 plot 函数绘制函数图形，其命令调用格式为

plot(x,y,'s1 s2 …')

该命令表示绘制分别以 x 和 y 为横、纵坐标的二维曲线. s1，s2，… 是用来指定线型、颜色的字符参数，多个参数之间用空格隔开. 常用的基本线型、颜色及其符号如表 6-4 所示.

表 6-4

符号	颜色	符号	线型	符号	线型
b	蓝	.	点	o	圆圈
c	青	-.	点画线	x	叉号
g	绿	+	十字号	s	正方形
k	黑	*	星号	d	菱形
m	紫红	--	虚线	p	五角星
r	红	-	实线（默认）	h	六角形
w	白	:	点连线		
y	黄	>	右三角		

注意：表中的字母符号可以大写.

例2 用紫红、五角星画出函数 $y=\sin x$ 在 $[-2\pi,2\pi]$ 上的图形.

解 命令语句如下：

```
>> x=-2*pi:0.1:2*pi; y=sin(x); plot(x,y,'m p')
```

得到如图 6-2 所示的图形.

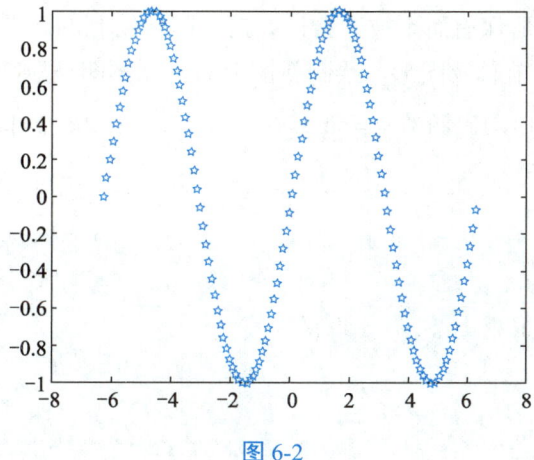

图 6-2

> **说 明**
>
> 在用 plot 作图命令之前首先需要定义函数自变量的范围,创建自变量向量 x.

MATLAB 还允许在一个窗口内同时绘制多条曲线,主要用于不同函数之间的比较或分段函数图形的绘制,其命令调用格式为

```
plot(x1,y1,'参数 1',x2,y2,'参数 2',…)
```

其中,x1,y1 确定第一条曲线的坐标值,参数 1 为第一条曲线的参数;x2,y2 确定第二条曲线的坐标值,参数 2 为第二条曲线的参数……

例 3 画出分段函数 $y = \begin{cases} x^2 + 2x - 3, & -4 \leqslant x \leqslant 1, \\ \ln x, & 1 < x \leqslant 4 \end{cases}$ 的图形.

解 命令语句如下:

```
>> x1=-4:0.1:1; y1=x1.^2+2.*x1-3; x2=1:0.1:4; y2=log(x2);
>> plot(x1,y1,x2,y2)
```

得到如图 6-3 所示的图形.

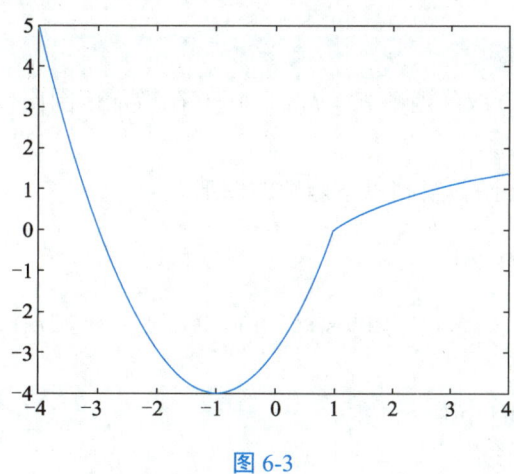

图 6-3

在实际应用中,经常需要在已经存在的图上绘制新的曲线,并保留原来的曲线,MATLAB 提供了以下命令来完成这项功能.

- hold on：使当前图形保留而不被刷新，并接受即将绘制的新图形．
- hold off：不保留当前轴及图形，绘制新图形后，原图即被刷新．

例 4 在同一窗口画出函数 $y = \sin x$ 与 $y = \cos x$ 在 $[-2\pi, 2\pi]$ 上的图形，用不同线型区分两条曲线．

解 命令语句如下：

```
>> x=-2*pi:0.1:2*pi;
>> y1=sin(x);
>> plot(x,y1,'-')
>> hold on
>> y2=cos(x);
>> plot(x,y2,'--')
```

得到如图 6-4 所示的图形．

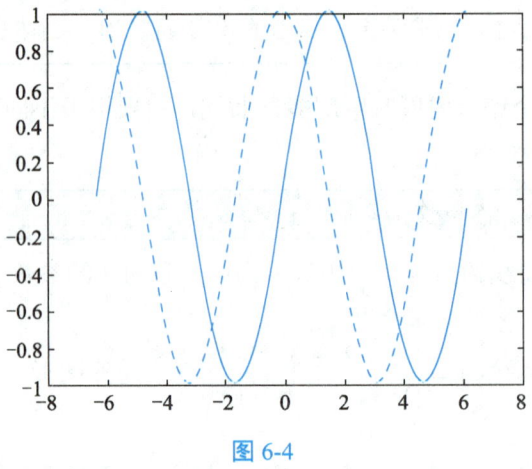

图 6-4

2. 利用 ezplot 函数绘制函数图形

在 MATLAB 中，系统还提供了函数 ezplot 来绘制符号函数图形，省去了创建自变量向量 x 的命令，其调用格式为

```
ezplot('F',[a,b])
```

该命令表示绘制函数 $F = f(x)$ 或隐函数 $F = f(x, y) = 0$ 在指定范围 $[a, b]$ 上的图形，若 $[a, b]$ 缺省，则默认绘制 $[-2\pi, 2\pi]$ 上的图形．

例 5 利用 ezplot 函数绘制以下函数的图形．

（1） $y = \dfrac{\sin x}{x}$ $(x \in [-4\pi, 4\pi])$；

（2） 隐函数 $x^2 \sin(x + y^2) + y^2 e^{x+y} + 5\cos(x^2 + y) = 0$ $(x \in [-2\pi, 2\pi])$．

解 （1）命令语句如下：

```
>> ezplot('sin(x)/x',[-4*pi,4*pi])
```

得到如图 6-5 所示的图形．

（2）命令语句如下：

```
>> ezplot('x^2*sin(x+y^2)+y^2*exp(x+y)+5*cos(x^2+y)')
```

得到如图 6-6 所示的图形.

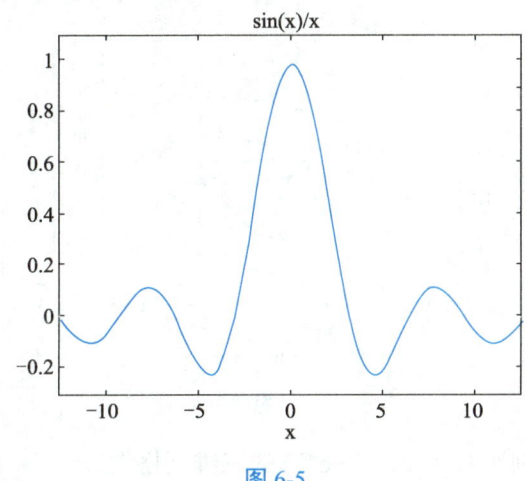

图 6-5

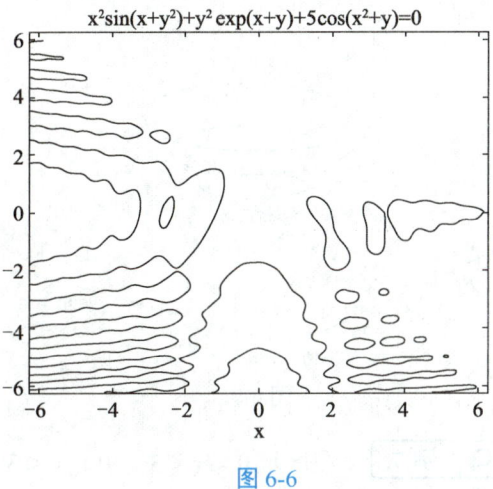

图 6-6

6.2.4 三维图形的绘制

MATLAB 用 plot3 函数绘制函数的三维图形,其命令调用格式为

plot3(x,y,z,'s1 s2 ···')

该命令表示绘制参数函数 $\begin{cases} x = f(t), \\ y = g(t), \\ z = h(t) \end{cases}$ 的三维参量曲线. s1, s2, ··· 是用来指定线型、颜色的字符参数.

MATLAB 用 ezplot3 函数绘制符号函数的三维图形,其命令调用格式为

ezplot3('x','y','z',[a,b])

该命令表示绘制参数函数 $\begin{cases} x = f(t), \\ y = g(t), \\ z = h(t) \end{cases}$ 在区间 $t \in [a, b]$ 上的三维参量曲线.

MATLAB 用 ezmesh 函数绘制函数的三维网格图,其命令调用格式为

ezmesh(z,[a,b,c,d])

该命令表示绘制二元符号函数 $z = f(x, y)$ 在平面区域 $a \leqslant x \leqslant b$,$c \leqslant y \leqslant d$ 内的网格图.

例 6 画出三维螺旋线 $\begin{cases} x = t\sin t, \\ y = t\cos t, \\ z = t \end{cases}$,$(t \in [0, 10\pi])$ 的图形.

解 命令语句如下:

>> t=0:0.01*pi:10*pi; plot3(t.*sin(t),t.*cos(t),t)

得到如图 6-7 所示的图形.

或者,使用命令语句:

>> ezplot3('t.*sin(t)','t.*cos(t)','t',[0,10*pi])

得到如图 6-8 所示的图形.

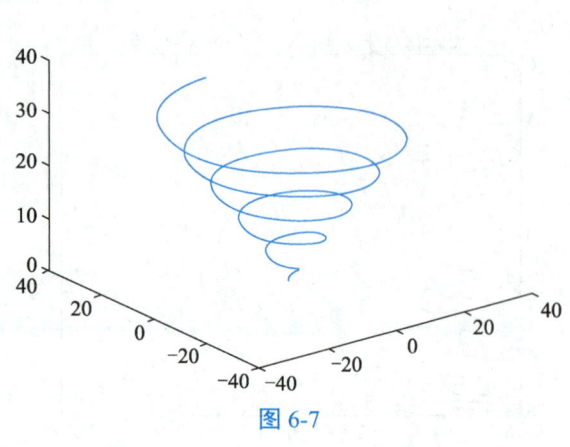

图 6-7

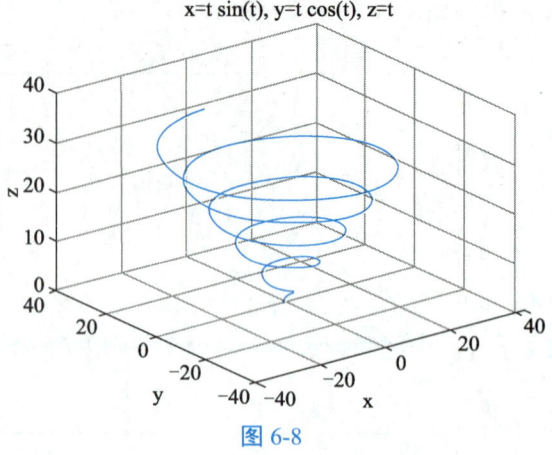

图 6-8

例 7 在区域 $0 \leqslant x \leqslant 3$，$0 \leqslant y \leqslant 3$ 上绘制函数 $f(x,y) = e^{\sin xy}$ 的三维网格图．

解 命令语句如下：

```
>> syms x y
>> z=exp(sin(x*y));
>> ezmesh(z,[0,3,0,3])
```

得到如图 6-9 所示的图形．

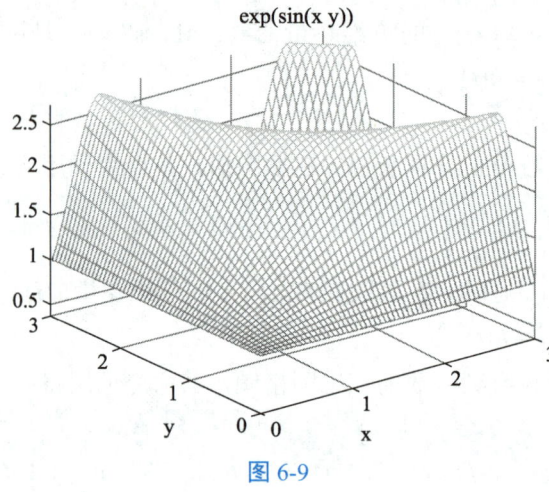

图 6-9

习题 6.2

利用 MATLAB 解决下列问题．

1．已知向量 $\vec{a} = (2, -1, 2)$，$\vec{b} = (-1, 3, 5)$，求 $|\vec{a}|$，$\vec{a} \cdot \vec{b}$，$<\vec{a} \cdot \vec{b}>$．

2．用红色、叉号画出函数 $y = \cos x$ 在 $[-2\pi, 2\pi]$ 上的图形．

3．画出分段函数 $y = \begin{cases} x^2 + x, & -2 \leqslant x \leqslant 0, \\ \dfrac{1}{2}x + 1, & 0 < x \leqslant 2 \end{cases}$ 的图形，两条曲线用不同的颜色区分．

4. 画出三维螺旋线 $\begin{cases} x = \sin t, \\ y = \cos t, \\ z = t \end{cases} (t \in [0, 10\pi])$ 的图形.

5. 绘制函数 $z = \dfrac{\sin\sqrt{x^2+y^2}}{\sqrt{x^2+y^2}}$ ($-7.5 \leqslant x \leqslant 7.5$，$-7.5 \leqslant y \leqslant 7.5$) 的三维网格图.

6.3 一元函数微分学的 MATLAB 求解

一元函数微分学的 MATLAB 求解

6.3.1 极 限

MATLAB 用 limit 函数求函数的极限，其命令调用格式为

limit(F,x,a)　　%求当 x 趋近于 a 时表达式 F 的极限
　　　　　　　　%当 x 缺省时，变量由系统默认；当 a 缺省时，系统默认变量趋向于 0
limit(F,x,a,'right')　　%求当 x 从右侧趋近于 a 时表达式 F 的极限（右极限）
limit(F,x,a,'left')　　 %求当 x 从左侧趋近于 a 时表达式 F 的极限（左极限）

例1 求下列极限.

(1) $\lim\limits_{x \to 0} \dfrac{\sin x}{x}$；　　　　(2) $\lim\limits_{x \to \infty} \dfrac{\sin x}{x}$.

解 (1) 命令语句如下：

```
>> syms x; F=sin(x)/x;
>> limit(F)
 ans =
      1
```

输出结果表示 $\lim\limits_{x \to 0} \dfrac{\sin x}{x} = 1$.

(2) 命令语句如下：

```
>> syms x; F=sin(x)/x;
>> limit(F,x,Inf)
 ans =
      0
```

输出结果表示 $\lim\limits_{x \to \infty} \dfrac{\sin x}{x} = 0$.

例2 求极限 $\lim\limits_{x \to -1} \dfrac{x^2-1}{x+1}$.

解 命令语句如下：

```
>> syms x;
>> limit((x^2-1)/(x+1),x,-1)
 ans =
```

　　　　　　　　　　　　-2

输出结果表示 $\lim\limits_{x \to -1} \dfrac{x^2-1}{x+1} = -2$.

例3 求函数 $y = \begin{cases} x^2 - 1, & x < 0, \\ 2x, & x \geqslant 0 \end{cases}$ 在 $x = 0$ 处的左右极限.

解 命令语句如下：

```
>> syms x;
>> limit(x^2-1,x,0,'left')
 ans =
     -1
>> limit(2*x,x,0,'right')
 ans =
     0
```

输出结果表示 $\lim\limits_{x \to 0^-} y = -1$，$\lim\limits_{x \to 0^+} y = 0$.

在 MATLAB 中，对于极限不存在的表达式也有一些相应的结果输出，不会提示错误，例如，

```
>> syms x
>> limit(sin(x),x,+Inf)
 ans =
 NaN                        %表示极限不存在
>> limit(1/x,x,0,'right')
 ans =
 Inf                        %表示函数趋近于无穷大
```

6.3.2 导　数

MATLAB 用 diff 函数求函数的导数，其命令调用格式为

```
diff(F,x)              %求表达式 F 对指定变量 x 的一阶导数. 当 x 缺省时，变量由系统默认
diff(F,x,n)            %求表达式 F 对指定变量 x 的 n 阶导数
-diff(F,x)/diff(F,y)   %求隐函数 F(x,y) = 0 对指定变量 x 的导数
```

例4 求下列导数.

（1）$x\cos x$ 关于 x 的一阶导数；　　　　（2）$x\cos x$ 关于 x 的三阶导数；

（3）$x\sin y + y\cos x$ 关于 y 的一阶导数.

解 （1）命令语句如下：

```
>> syms x
>> diff(x*cos(x))
 ans =
 cos(x)-x*sin(x)
```

输出结果表示 $x\cos x$ 关于 x 的一阶导数为 $\cos x - x\sin x$.

（2）命令语句如下：

```
>> syms x
>> diff(x*cos(x),3)
 ans =
 -3*cos(x)+x*sin(x)
```

输出结果表示 $x\cos x$ 关于 x 的三阶导数为 $-3\cos x + x\sin x$.

（3）命令语句如下：

```
>> syms x y
>> diff(x*sin(y)+y*cos(x),y)
 ans =
 x*cos(y)+cos(x)
```

输出结果表示 $x\sin y + y\cos x$ 关于 y 的一阶导数为 $x\cos y + \cos x$.

例 5 已知函数 $f(x) = \dfrac{\sin x}{1-\cos x}$，求 $f'\left(\dfrac{\pi}{3}\right)$.

解 命令语句如下：

```
>> syms x
>> y=diff(sin(x)/(1-cos(x)))
 y =
 cos(x)/(1-cos(x))-sin(x)^2/(1-cos(x))^2
>> y1=subs(y,'pi/3')
 y1 =
 -2
```

输出结果表示 $f'\left(\dfrac{\pi}{3}\right) = -2$.

例 6 已知 $y = f(x)$ 是由方程 $\sin(x+y) = x^2 y$ 确定的函数，求 y'.

解 命令语句如下：

```
>> syms x y
>> F=sin(x+y)-x^2*y;
>> -diff(F,x)/diff(F,y)
 ans =
 (-cos(x+y)+2*x*y)/(cos(x+y)-x^2)
```

输出结果表示 $y' = \dfrac{-\cos(x+y) + 2xy}{\cos(x+y) - x^2}$.

6.3.3 极 值

MATLAB 中用来求无约束一元函数的极值的命令为 fminbnd，其命令调用格式为

```
f='f(x)';[xmin,ymin]=fminbnd(f,a,b)    %求函数 f(x)在区间(a , b)上的极小值
```

```
                                        %但它只能给出连续函数的局部最优解
f='-f(x)';[xmax,ymax]=fminbnd(f,a,b)    %求函数 f(x) 在区间 (a , b) 上的极大值
                                        %这里极大值要取输出量 ymax 的相反数
```

例7 求函数 $y = \sin(x-2) + \dfrac{x}{5}$ 在区间 $[-3, 3]$ 上的极值.

解 命令语句如下:

```
>> f='sin(x-2)+x/5';
>> ezplot(f,[-3,3])    %画图主要是为了直观观察函数图形,结合图形判断极值结果
>> [xmin,ymin]=fminbnd(f,-3,3)
  xmin =
      0.2278
  ymin =
     -0.9342
>> f1='-sin(x-2)-x/5';
>> [xmax,ymax]=fminbnd(f1,-3,3)
  xmax =
     -2.5110
  ymax =
     -0.4776
```

输出结果表示函数在 $x = 0.2278$ 处取得极小值 $y_{\min} = -0.9342$;在 $x = -2.5110$ 处取得极大值 $y_{\max} = 0.4776$.

例8 有一块边长为 24 cm 的正方形铁皮,在其四角各截去一块面积相等的小正方形,将剩下部分做成无盖铁盒. 问截去的小正方形边长为多少时,做出的铁盒容积最大?最大值为多少?

解 设截去的小正方形边长为 x cm,铁盒容积为 V cm³. 则有

$$V = x(24 - 2x)^2 \quad (0 < x < 12).$$

问题转化为求函数 $V = f(x)$ 在区间 $(0, 12)$ 内的最大值问题.

命令语句如下:

```
>> f='-x*(24-2*x)^2';
>> [x,V]=fminbnd(f,0,12)
  x =
      4.0000
  V =
     -1.0240e+003
```

输出结果表示截去的小正方形边长为 4 cm 时,铁盒容积取得最大值 1 024 cm³.

习题 6.3

利用 MATLAB 解决下列问题.

1. 求极限 $\lim\limits_{x\to 0}\dfrac{\sqrt{1+x}-\sqrt{1-x}}{x}$.

2. 求极限 $\lim\limits_{x\to +\infty}\dfrac{x\cos x}{\sqrt{1+x^3}}$.

3. 已知 $y=f(x)$ 是由方程 $e^{x+y}+y\ln(x+1)=\cos 2x$ 确定的函数,求 y'.

4. 求函数 $y=2\ln x+\sin^2\dfrac{\pi x}{2}$ 在 $x=1$ 处的导数.

5. 求函数 $f(x)=(x-3)^2-1$ 在区间 $(0,5)$ 内的最小值.

6.4 一元函数积分学的 MATLAB 求解

6.4.1 积 分

一元函数积分学的 MATLAB 求解

MATLAB 用 int 函数求一元函数的积分,其命令调用格式为

int(F,x)	%求表达式 F 对指定变量 x 的不定积分. 当 x 缺省时,变量由系统默认
int(F,x,a,b)	%求表达式 F 对指定变量 x 在区间[a,b]上的定积分
int(F,x,a,+Inf)	%求表达式 F 对指定变量 x 在区间[a,+∞)上的反常积分
int(F,x,-Inf,b)	%求表达式 F 对指定变量 x 在区间(-∞,b]上的反常积分
int(F,x,-Inf,+Inf)	%求表达式 F 对指定变量 x 在区间(-∞,+∞)上的反常积分

在实际操作中,如果表达式只有一个自变量,则 x 可以省略不写. 另外,MATLAB 命令求出来的不定积分只是一个原函数,需要自行补加任意常数 C.

例 1 求 $\displaystyle\int\left(2-\sqrt{x}+\dfrac{1}{x}-\cos x\right)\mathrm{d}x$.

解 命令语句如下:

```
>> syms x
>> int(2-sqrt(x)+1/x-cos(x))
ans =
2*x-2/3*x^(3/2)+log(x)-sin(x)
```

输出结果表示 $\displaystyle\int\left(2-\sqrt{x}+\dfrac{1}{x}-\cos x\right)\mathrm{d}x=2x-\dfrac{2}{3}x^{\frac{3}{2}}+\ln x-\sin x+C$.

例 2 求 $\displaystyle\int x\sqrt{ax^2+b}\,\mathrm{d}x$.

解 命令语句如下:

```
>> syms x a b
```

```
>> f=t*exp(t)*sin(t);
>> F=laplace(f,t,s)
 F =
 (2*s-2)/((s-1)^2+1)^2
```

输出结果表示函数 $f(t)$ 的拉普拉斯变换为 $F(s) = \dfrac{2s-2}{[(s-1)^2+1]^2}$.

例 10 求函数 $F(s) = \dfrac{3s-4}{s^2+3}$ 的拉普拉斯逆变换.

解 命令语句如下：

```
>> syms t s
>> F=(3*s-4)/(s^2+3);
>> f=ilaplace(F,s,t)
 f =
 3*cos(3^(1/2)*t)-(4*3^(1/2)*sin(3^(1/2)*t))/3
```

输出结果表示函数 $F(s)$ 的拉普拉斯逆变换为 $f(t) = 3\cos(\sqrt{3}t) - \dfrac{4\sqrt{3}\sin(\sqrt{3}t)}{3}$.

例 11 求函数 $f(x) = x^2 e^{2x} \cos(x+\pi)$ 的拉普拉斯变换，并对结果进行拉普拉斯逆变换，看是否变换回原函数.

解 命令语句如下：

```
>> syms x y
>> f=x^2*exp(2*x)*cos(x+pi);
>> F=laplace(f,x,y)
 F =
 (2*(y-2))/((y-2)^2+1)^2+(2*(2*y-4))/((y-2)^2+1)^2-(2*(2*y-4)^2*(y-2))/((y-2)^2+1)^3
>> f=ilaplace(F,y,x)
 f =
 -x^2*exp(2*x)*cos(x)
```

输出结果表示原函数的拉普拉斯变换为

$$F(y) = \frac{2(y-2)}{[(y-2)^2+1]^2} + \frac{2(2y-4)}{[(y-2)^2+1]^2} - \frac{2(2y-4)^2(y-2)}{[(y-2)^2+1]^3}.$$

$F(y)$ 的拉普拉斯逆变换为 $f(x) = -x^2 e^{2x} \cos(x)$. 因为 $\cos(x+\pi) = -\cos x$，所以利用拉普拉斯逆变换可以变换回原函数.

习题 6.4

利用 MATLAB 解决下列问题.

1. 求不定积分 $\int e^x \sin^2 x \, dx$.

2. 求定积分 $\int_0^1 e^x (3x+2) \, dx$.

```
>> int(x*sqrt(a*x^2+b),x)
 ans =
 (a*x^2+b)^(3/2)/(3*a)
```

输出结果表示 $\int x\sqrt{ax^2+b}\,dx = \dfrac{(ax^2+b)^{\frac{3}{2}}}{3a}+C$.

例3 求 $\int_0^1 (x^2+1)e^x dx$.

解 命令语句如下：
```
>> syms x
>> y=(x^2+1)*exp(x);
>> int(y,0,1)
 ans =
 -3+2*exp(1)
```

输出结果表示 $\int_0^1 (x^2+1)e^x dx = -3+2e$.

例4 求 $\int_{-\infty}^0 2xe^{-x^2} dx$.

解 命令语句如下：
```
>> syms x
>> y=2*x*exp(-x^2);
>> int(y,-Inf,0)
 ans =
 -1
```

输出结果表示 $\int_{-\infty}^0 2xe^{-x^2} dx = -1$.

6.4.2 微分方程

微分方程
MATLAB
求解

MATLAB 用 dsolve 函数解微分方程，其命令调用格式为

y=dsolve('F','x')   %求微分方程 F 的通解，指定自变量为 x
                           %当 x 缺省时，变量由系统默认为 t
y=dsolve('F','G1','G2',…,'x')   %求微分方程 F 在初始条件 G1，G2，… 下的特解
                           %指定自变量为 x

MATLAB 中，可以用 Dny 表示 $y^{(n)}$，还可以用 Dny(x0)=a 表示已知条件 $y^{(n)}(x_0)=a$. 例如，Dy 表示 y'，D2y(3) 表示 $y''(3)$.

例5 求微分方程 $y'=2t+y$ 的通解.

解 命令语句如下：
```
>> y=dsolve('Dy=2*t+y')
 y =
```

3. 求微分方程 $y' = 2xy$ 的通解.

4. 求 $(1+e^x)y'y = e^x$ 满足 $y(0) = 0$ 的特解.

5. 求函数 $f(t) = e^{at}$ ($t \geq 0$，a 为常数) 的拉普拉斯变换，并对结果进行拉普拉斯逆变换.

6.5 线性代数的 MATLAB 求解

6.5.1 矩阵及其代数运算

矩阵及其代数运算的 MATLAB 求解

1. 直接赋值法输入矩阵

在 MATLAB 中可以使用直接赋值法输入矩阵，其命令调用格式为

A=[a11,a12,…,a1n; a21,a22,… a2n;…;am1,am2,…,amn]

或

A=[a11 a12 … a1n; a21 a22 … a2n;…;am1 am2 … amn]

矩阵中同一行的元素用逗号或者空格隔开，不同的行用分号隔开，也可以用回车键代替分号.

例如，

```
>> A=[1,4,7;2,5,8;3,6,9]
 A =
    1    4    7
    2    5    8
    3    6    9
>> B=[1 2 3 4;2 1 2 5;3 2 1 4;4 5 4 1]
 B =
    1    2    3    4
    2    1    2    5
    3    2    1    4
    4    5    4    1
```

在命令窗口可直接输入含有分数元素的矩阵，如

```
>> A=[1/2 -1/3 1/4;-1 2 -3;2/3 3/4 4/5]
 A =
    0.5000   -0.3333    0.2500
   -1.0000    2.0000   -3.0000
    0.6667    0.7500    0.8000
>> sym(A)                          %把数值矩阵转化成符号矩阵
 ans =
 [ 1/2, -1/3, 1/4]
 [  -1,    2,  -3]
 [ 2/3,  3/4, 4/5]
```

2. 特殊矩阵的创建

除了可用直接赋值法创建矩阵外，MATLAB 还内置了丰富的特殊矩阵指令函数. 表 6-5 列举了一些常用的特殊矩阵命令调用格式.

表 6-5

函数调用格式	表示意义
ones(m,n)	生成 $m \times n$ 维的元素全为 1 的矩阵
zeros(m,n)	生成 $m \times n$ 维的零矩阵
eye(n)	生成 n 阶的单位矩阵
randn(m,n)	生成 $m \times n$ 维的标准正态分布随机矩阵
rand(m,n)	生成 $m \times n$ 维的 0~1 间均匀分布随机矩阵
magic(n)	生成 n 阶魔方矩阵
pascal(n)	生成 n 阶的对称正定 Pascal 矩阵
vander(v)	生成以向量 v 为基础向量的范德蒙矩阵

例如，

```
>> A=randn(3,4)
A =
    0.5377    0.8622   -0.4336    2.7694
    1.8339    0.3188    0.3426   -1.3499
   -2.2588   -1.3077    3.5784    3.0349
>> B=pascal(5)
B =
     1     1     1     1     1
     1     2     3     4     5
     1     3     6    10    15
     1     4    10    20    35
     1     5    15    35    70
```

3. 矩阵的基本运算

用 MATLAB 可以对矩阵进行一些基本的运算，常见的有：

```
A'              %求矩阵 A 的转置矩阵
A+B             %求矩阵 A 与 B 的和
A-B             %求矩阵 A 与 B 的差
k*A 或 A*k      %求实数 k 与矩阵 A 的积
A*B             %求矩阵 A 与 B 的积
A.*B            %求同型矩阵 A 和 B 对应元素相乘后的矩阵，称为向量的点乘运算
                %类似的还有点除运算（./）、点乘方运算（.^）等
```

```
det(A)              %求方阵 A 的行列式
```
例如，
```
>> A=[1,4,7;2,5,8;3,6,9];
>> B=[-2,4,0;1,-3,2;-1,0,2];
>> A'
  ans =
       1     2     3
       4     5     6
       7     8     9
>> 2*A
  ans =
       2     8    14
       4    10    16
       6    12    18
>> det(B)
  ans =
      -4
>> A+B
  ans =
      -1     8     7
       3     2    10
       2     6    11
>> A-B
  ans =
       3     0     7
       1     8     6
       4     6     7
>> A*B
  ans =
      -5    -8    22
      -7    -7    26
      -9    -6    30
>> A.*B
  ans =
      -2    16     0
       2   -15    16
      -3     0    18
```

> **说 明**
>
> 在上述运算中，如果矩阵不满足运算的条件，如加减运算时两矩阵的维数不同，输出会提示错误.

6.5.2 逆矩阵与矩阵方程

逆矩阵与矩阵方程的 MATLAB 求解

在 MATLAB 中，用 inv 函数来求矩阵的逆矩阵和解矩阵方程，其调用格式为

inv(A)	%求矩阵 A 的逆矩阵
inv(A)*B	%解矩阵方程 AX=B
A\B	%解矩阵方程 AX=B
D*inv(C)	%解矩阵方程 XC=D
D/C	%解矩阵方程 XC=D

在命令窗口先输入矩阵 A，换行输入 B=inv(A)，按回车键就能得到矩阵 A 的逆矩阵 B，如果 A 不可逆，则提示错误.

例 1 求矩阵 $A = \begin{pmatrix} 2 & 1 & 0 \\ 1 & 1 & 0 \\ 2 & -3 & 5 \end{pmatrix}$ 的逆矩阵.

解 命令语句如下：

```
>> A=[2 1 0;1 1 0;2 -3 5];
>> B=inv(A)
B =
    1.0000   -1.0000        0
   -1.0000    2.0000        0
   -1.0000    1.6000    0.2000
```

输出结果表示 $A = \begin{pmatrix} 2 & 1 & 0 \\ 1 & 1 & 0 \\ 2 & -3 & 5 \end{pmatrix}$ 的逆矩阵为 $B = \begin{pmatrix} 1 & -1 & 0 \\ -1 & 2 & 0 \\ -1 & 1.6 & 0.2 \end{pmatrix}$.

例 2 已知矩阵 $A = \begin{pmatrix} 3 & 4 \\ -2 & -3 \end{pmatrix}$，$B = \begin{pmatrix} 2 \\ -1 \end{pmatrix}$，解矩阵方程 $AX = B$.

解 命令语句如下：

```
>> A=[3 4;-2 -3];
>> B=[2;-1];
>> inv(A)*B
ans =
    2.0000
   -1.0000
```

或

```
>> A\B
ans =
    2.0000
   -1.0000
```

输出结果表示方程的解为 $\boldsymbol{X} = \begin{pmatrix} 2 \\ -1 \end{pmatrix}$.

例3 已知矩阵 $\boldsymbol{C} = \begin{pmatrix} 1 & -2 \\ 3 & 2 \end{pmatrix}$，$\boldsymbol{D} = \begin{pmatrix} 1 & 3 \\ 2 & 0 \end{pmatrix}$，解矩阵方程 $\boldsymbol{XC} = \boldsymbol{D}$.

解 命令语句如下：

```
>> C=[1 -2;3 2];
>> D=[1 3;2 0];
>> D*inv(C)
 ans =
   -0.8750    0.6250
    0.5000    0.5000
```

或

```
>> sym(D/C)
 ans =
 [ -7/8,   5/8]
 [  1/2,   1/2]
```

输出结果表示方程的解为 $\boldsymbol{X} = \begin{pmatrix} -\dfrac{7}{8} & \dfrac{5}{8} \\ \dfrac{1}{2} & \dfrac{1}{2} \end{pmatrix}$.

6.5.3 线性方程组的求解

1. 利用 solve 函数解线性方程组

在 MATLAB 中，可用 solve 函数来解线性方程组，其调用格式为

[x1,x2,…,xn]=solve(eqn1,eqn2,…,eqnn)

其中，x1，x2，…，xn 表示 n 个未知变量，eqni 表示第 i 个方程的符号表达式.

例4 解线性方程组 $\begin{cases} x_1 + 2x_2 - x_3 = -4, \\ 3x_1 + 4x_2 - 2x_3 = -7, \\ 5x_1 - 4x_2 + x_3 = 14. \end{cases}$

解 命令语句如下：

```
>> [x1,x2,x3]=solve('x1+2*x2-x3=-4','3*x1+4*x2-2*x3=-7','5*x1-4*x2+x3=14')
x1 =
    1
x2 =
```

线性方程组
MATLAB
求解

```
            -2
x3 =
             1
```

输出结果表示方程组的解为 $x_1=1$，$x_2=-2$，$x_3=1$.

例 5 解线性方程组 $\begin{cases} x_1+x_2+x_3=1, \\ 2x_1+x_2-4x_3=0, \\ -x_1+5x_3=1. \end{cases}$

解 命令语句如下：

```
>> [x1,x2,x3]=solve('x1+x2+x3=1','2*x1+x2-4*x3=0','-x1+5*x3=1')
 x1 =
            -1
 x2 =
             2
 x3 =
             0
```

输出结果表示方程组的解为 $x_1=-1$，$x_2=2$，$x_3=0$.

2. 将线性方程组转化为矩阵方程求解

由于线性方程组都可以转化成矩阵方程形式 $AX=B$（A 为线性方程组的系数矩阵，X 为未知量矩阵，B 为常数列矩阵），所以可以利用解矩阵方程的方法求解线性方程组.

例 6 用矩阵解法求解线性方程组 $\begin{cases} x_1+2x_2-x_3=-4, \\ 3x_1+4x_2-2x_3=-7, \\ 5x_1-4x_2+x_3=14. \end{cases}$

解 命令语句如下：

```
>> A=[1 2 -1;3 4 -2;5 -4 1];
>> B=[-4;-7;14];
>> C=inv(A)*B
 C =
  1.0000
 -2.0000
  1.0000
```

输出结果表示方程组的解为 $x_1=1$，$x_2=-2$，$x_3=1$.

3. 利用 rref 函数解线性方程组

在 MATLAB 中，还可以用 rref 函数来解线性方程组，其调用格式为

rref([A,B])

其中，A 为线性方程组的系数矩阵，B 为常数列矩阵. 利用 rref 函数解线性方程组本质上就是利用矩阵的初等行变换求解线性方程组的解.

例7 解线性方程组 $\begin{cases} x_1 + x_2 - x_3 = 3, \\ x_1 + 2x_2 - 3x_3 = 1, \\ x_1 + 3x_2 - 6x_3 = 4. \end{cases}$

解 命令语句如下：

```
>> A=[1 1 -1;1 2 -3;1 3 -6];
>> B=[3;1;4];
>> C= rref ([A,B])
C =
    1    0    0    10
    0    1    0   -12
    0    0    1    -5
```

输出结果表示线性方程组的解为：$x_1 = 10$，$x_2 = -12$，$x_3 = -5$.

例8 解线性方程组 $\begin{cases} 4x_1 - x_2 + 9x_3 = -6, \\ x_1 - 2x_2 + 4x_3 = -5, \\ 2x_1 + 3x_2 + x_3 = 4, \\ 3x_1 + 8x_2 - 2x_3 = 13. \end{cases}$

解 命令语句如下：

```
>> A=[4 -1 9;1 -2 4;2 3 1;3 8 -2];
>> B=[-6;-5;4;13];
>> C=rref([A,B])
C =
    1    0    2   -1
    0    1   -1    2
    0    0    0    0
    0    0    0    0
```

输出结果表示线性方程组可化为 $\begin{cases} x_1 + 2x_3 = -1, \\ x_2 - x_3 = 2, \end{cases}$ 即方程组的解为

$\begin{cases} x_1 = -1 - 2x_3, \\ x_2 = 2 + x_3 \end{cases}$（$x_3$ 为自由变量）.

习题 6.5

利用 MATLAB 解决下列问题.

1. 已知 $A = \begin{pmatrix} 2 & 0 & -2 \\ 3 & -1 & 4 \\ 2 & 1 & 5 \end{pmatrix}$，$B = \begin{pmatrix} 2 & 1 & 0 \\ 0 & -3 & 5 \\ -1 & 0 & 1 \end{pmatrix}$，求 $(2A - AB)^T$.

2. 已知 $A = \begin{pmatrix} 4 & 3 & 2 \\ 3 & 2 & 1 \\ 2 & 1 & 1 \end{pmatrix}$，求 A^{-1}.

3. 已知 $A = \begin{pmatrix} 2 & 3 & -1 \\ 1 & 2 & 0 \\ -1 & 2 & -2 \end{pmatrix}$, $B = \begin{pmatrix} 2 & 1 \\ -1 & 0 \\ 3 & 1 \end{pmatrix}$, 解矩阵方程 $AX = B$.

4. 解线性方程组 $\begin{cases} x_1 + 2x_2 + 3x_3 = -1, \\ 2x_1 + 2x_2 + x_3 = 2, \\ 3x_1 + 4x_2 + 3x_3 = 1. \end{cases}$

本章小结

1. 主要内容

本章简单地介绍了 MATLAB 初步、MATLAB 图形处理、一元函数微分学的 MATLAB 求解、一元函数积分学的 MATLAB 求解、线性代数的 MATLAB 求解.

2. 重点与难点

重点：MATLAB 各种命令的调用格式和上机实际操作.

难点：MATLAB 各种命令的调用和在数学建模中的实际应用.

3. 学习指导

（1）进入 MATLAB 软件后，首先熟悉它的界面、基本输入和输出；

（2）MATLAB 软件的功能远远不止本章介绍的这些，在数学建模活动中还经常会用到 MATLAB 编程基础、数据分析、数据拟合和优化工具箱等知识，感兴趣的读者可以扫描右侧二维码参考学习，还可自行购买 MATLAB 相关书籍，学习 MATLAB 软件的更多知识.

MATLAB 编程基础

MATLAB 数据分析

MATLAB 数据拟合

MATLAB 优化工具箱

趣味数学　MATLAB 发展史

　　MATLAB 的产生与发展是与数学计算紧密联系在一起的. 20 世纪 70 年代中期，Cleve Moler 博士和他的同事在美国国家科学基金的资助下开发了调用 EISPACK 和 LINPACK 的 Fortran 子程序库. 其中，EISPACK 是特征值求解的 Fortran 子程序库，LINPACK 是解线性方程组的程序库. 在当时，这两个程序库代表矩阵运算的最高水平.

　　20 世纪 70 年代后期，身为美国 New Mexico 大学计算机系系主任的 Cleve Moler 在给学生讲授线性代数课程时，想教学生使用 EISPACK 和 LINPACK 程序库，但他发现学生用 Fortran 编写接口程序很费时间. 为了让学生方便地调用 EISPACK 和 LINPACK 程序库，他利用业余时间为学生编写 EISPACK 和 LINPACK 的接口程序. Cleve Moler 给这个接口程序取名为 MATLAB（即 Matrix Laboratory，意为"矩阵实验室"）. 这个程序在当时获得了很大的成功，受到了学生的广泛欢迎.

　　20 世纪 80 年代初期，Moler 等一批数学家与软件专家组建了 MathWorks 软件开发公司，继续从事 MATLAB 的研究和开发，并于 1984 年推出了第一个 MATLAB 版本，其核心是用 C 语言编写. 而后，MATLAB 又添加了丰富多彩的图形处理功能、多媒体功能和符号运算功能，并开通了与其他流行软件的接口，使其功能越来越强大．

MathWorks 公司于 1992 年推出了具有划时代意义的 MATLAB 4.0 版本，1999 年推出的 MATLAB 5.3 版在很多功能方面做了进一步改进，随之推出的全新版本的 Simulink 3.0 也达到了很高的水平．MathWorks 公司于 2000 年 10 月推出了 MATLAB 6.0 版本，该版本在操作界面上有了很大的改观，同时还给出了程序发布窗口、历史信息窗口和变量管理窗口等，为用户提供了极大的便利．2001 年 6 月，MATLAB 6.1 版（即 Simulink 6.0 版）问世，其功能十分强大，虚拟显示工具箱更给仿真结果三维显示带来了新的解决方案．2003 年 6 月，MathWorks 公司推出了 MATLAB Release13，即 MATLAB 6.5 / Simulink 5.0，在核心数值算法、界面设计、外部接口和应用桌面等诸多方面都有了极大的改进．2004 年 9 月，MathWorks 公司正式推出 MATLAB Release14，即 MATLAB 7.0 / Simulink 6.0，其功能在原有的基础上又有了进一步的改进．

MathWorks 公司从 2006 年开始，每年的 3 月和 9 月会对 MATLAB 进行更新．2006 年 3 月，MATLAB R2006a（MATLAB 7.2 / Simulink 6.4）正式发布，在 R2006a 中，主要更新了 10 个产品模块，增加了多达 350 个新特性，增加了对 64 位 Windows 的支持，并新推出了 .NET 工具箱功能．

经过 30 多年的研究与不断完善，MATLAB 现已成为国际上流行的科学计算与工程计算软件工具之一．现在的 MATLAB 已经不仅仅是最初的"矩阵实验室"了，它已发展成为一种具有广泛应用前景的、全新的计算机高级编程语言，可以说它是"第四代"计算机语言．自 20 世纪 90 年代以来，美国和欧洲的一些大学将 MATLAB 的学习正式列入研究生和本科生的教学计划，MATLAB 软件已成为应用代数、自动控制理论、数理统计、数字信号处理、时间序列分析和动态系统仿真等课程的基本教学工具，成为学生必须掌握的基本软件之一．在设计研究单位和工业界，MATLAB 也成为工程师们必须掌握的一种工具，被认为是进行高效研究与开发的首选软件工具．

砥节砺行

优秀的软件给人们的学习和生活带来了极大的便利．作为智能制造的重要基础和核心支撑，软件对促进工业化和信息化融合、推动中国制造业转型升级、实现制造强国具有重要意义，是国家信息技术水平的综合体现．然而，在中国工业软件市场上，国产软件份额仍较少．我们应该认识到，软件行业的发展需要各界共同努力．作为大学生，我们应该提高动手能力，有敢于坐冷板凳的精神，努力学习，树立远大的目标，为我国实现自主创新软件研发而不懈奋斗．

建模应用　人、狗、鸡、米过河问题

1. 问题陈述

某人要带狗、鸡、米过河，但小船除需要人划外，最多只能载一物过河，而当人不在场时，狗会咬鸡、鸡会吃米，问此人应如何过河才能将狗、鸡、米都安全地带过河？

2. 模型假设

（1）假设当人不在场时，狗会咬鸡，鸡会吃米，而狗不会吃米；

（2）设初始时刻人、狗、鸡、米所在河的一边为此岸，而另一边为彼岸．

3. 模型建立

我们研究此问题的目的不在于找出答案，而是要对其建立数学模型，设计出一种算法，利用计算机对其进行求解．

初始时刻人、狗、鸡、米在此岸，可视为初始状态；每次过河后，河岸两边的状态发生改变；全部过河后，人、狗、鸡、米都到了彼岸，可视为终止状态．这是一个状态转移问题，解决此问题的关键在于如何将每个状态、每次安全过河的事件用数学语言进行描述，并用适当的工具进行处理．

我们用四维向量来表示状态，向量的各个分量依次表示人、狗、鸡、米的状态．一物在此岸时相应分量取 1，而在彼岸时相应分量取 0．例如，$(0,1,0,1)$ 表示人和鸡在彼岸，而狗和米在此岸．这里我们取初始状态向量为 $(1,1,1,1)$，终止状态向量为 $(0,0,0,0)$．

根据题意，并非所有的状态都是可取的．例如，$(0,0,1,1)$ 表示只有鸡和米在此岸，鸡会吃米，所以此状态不能取．本问题中所含的可取状态向量只有以下十种：

$$(1,1,1,1),\quad (1,1,1,0),\quad (1,1,0,1),\quad (1,0,1,1),\quad (1,0,1,0)$$

表示人在此岸；

$$(0,0,0,0),\quad (0,0,0,1),\quad (0,0,1,0),\quad (0,1,0,0),\quad (0,1,0,1)$$

表示人在彼岸．

状态转移需要经过状态运算来实现，为此再引进一个四维向量（状态转移向量），用来表示摆渡情况．例如，$(1,0,1,0)$ 表示人带鸡摆渡过河．根据题意，允许的状态转移向量只能取

$$(1,0,0,0),\quad (1,1,0,0),\quad (1,0,1,0),\quad (1,0,0,1)$$

四种．物体从一种状态变成另一种可取状态可以由此状态向量和相应的状态转移向量进行某种运算来完成．为此，我们规定状态向量与状态转移向量之和为一个新的状态向量，其运算为对应分量相加，且规定 $0+0=1$，$1+0=0+1=1$，$1+1=0$．例如，

$$(1,1,1,1)+(1,0,1,0)=(0,1,0,1)$$

实际意义表示人、狗、鸡、米原本都在此岸，人带鸡过河，转变为新的状态，即此岸剩下狗和米．

4. 模型求解

这里用笔算的方法简单介绍一下求解过程．

第一次渡河：

$$(1,1,1,1)+\begin{cases}(1,1,0,0)\\(1,0,1,0)\\(1,0,0,1)\\(1,0,0,0)\end{cases}=\begin{cases}(0,0,1,1) & \text{不可取}\\(0,1,0,1) & \text{可取}\\(0,1,1,0) & \text{不可取}\\(0,1,1,1) & \text{不可取}\end{cases}.$$

第二次渡河：

$$(0,1,0,1)+\begin{cases}(1,1,0,0)\\(1,0,1,0)\\(1,0,0,1)\\(1,0,0,0)\end{cases}=\begin{cases}(1,0,0,1) & 不可取\\(1,1,1,1) & 循环\\(1,1,0,0) & 不可取\\(1,1,0,1) & 可取\end{cases}.$$

……

按照此方法可继续进行下去，直至出现终止状态向量$(0,0,0,0)$. 于是求得渡河方案为：① 人带鸡到彼岸；② 人独自回此岸；③ 人带狗（或米）到彼岸；④ 人带鸡到此岸；⑤ 人带米（或狗）到彼岸；⑥ 人独自回此岸；⑦ 人带鸡到彼岸，全部过河.

5. 模型的分析与应用

人、狗、鸡、米问题只是一个数学游戏，但经过我们引入一系列严格定义和运算，用数学语言对其进行描述，最终将其"翻译"成一个数学问题（状态转移问题）. 这一过程，是数学建模中的一个重要环节. 由于这里规定的运算很容易在计算机上实现，这样就把一个数学游戏转化成了一个可以在计算机上计算的数学问题（即数学建模）.

复习题六

A 组

利用 MATLAB 解决下列问题.

1. 计算 $\dfrac{3\times 2.75^3 + 4\times(3.14+5.32)^2}{5.3+2.4}$ 的值.

2. 已知 $f(x)=\dfrac{\sin x+\cos^2 x}{1+\tan 2x}$，求 $f\left(\dfrac{\pi}{6}\right)$ 的值.

3. 用蓝色、星号画出函数 $y=3\sin\left(2x+\dfrac{\pi}{3}\right)$ 在 $[-\pi,2\pi]$ 上的图形.

4. 画出函数 $f(x,y)=xe^{-x^2-y^2}$ 的三维网格图.

5. 求函数 $y=2e^{-x}\sin x$ 在区间 $[0,8]$ 上的极值.

6. 要建造一个体积为 100 m^3 的圆柱形仓库（有底有盖），问其高和底半径分别为多少时用料最少？

7. 求 $\lim\limits_{x\to\frac{\pi}{4}}\dfrac{\cos 2x}{\cos x-\sin x}$.

8. 求 $\lim\limits_{n\to\infty}\sqrt{n}(\sqrt{n+1}-\sqrt{n})$.

9. 已知 $f(x)=x^2\sin x$，求 $f'(x)$.

10. 已知 $f(x)=\sin\left(x+\dfrac{\pi}{3}\right)$，求 $f^{(50)}(x)$．

11. 求不定积分 $\int e^{2x}dx$．

12. 求定积分 $\int_0^\pi x\cos x\,dx$．

13. 求广义积分 $\int_{-\infty}^{-1}\dfrac{1}{x^2}dx$．

B 组

利用 MATLAB 解决下列问题．

1. 求微分方程 $(x^2-1)y'-xy+1=0$ 的通解．

2. 求微分方程 $y''+y'-2y=\cos x-3\sin x$ 满足初始条件 $y(0)=1$，$y'(0)=2$ 的特解．

3. 求函数 $f(t)=7e^{-2t}-6e^{-3t}$ 的拉普拉斯变换．

4. 已知 $A=\begin{pmatrix}5 & -1 & 2 & 0\\ -2 & 1 & -3 & 4\end{pmatrix}$，$B=\begin{pmatrix}2 & -1\\ 1 & -1\\ 0 & 3\\ -3 & 2\end{pmatrix}$，求 $A+B^T$，AB．

5. 已知 $A=\begin{pmatrix}1 & -1 & 2\\ 0 & 1 & -1\\ 2 & 1 & 0\end{pmatrix}$，$B=\begin{pmatrix}1 & 0\\ 2 & -1\\ 3 & 1\end{pmatrix}$，解矩阵方程 $AX=B$．

6. 解线性方程组 $\begin{cases}2x_1+x_2-5x_3+x_4=8,\\ x_1-3x_2-6x_4=9,\\ 2x_2-x_3+2x_4=-5,\\ x_1+4x_2-7x_3+6x_4=0.\end{cases}$

习题参考答案

第 1 章

习题 1.1

1. $f\left(\dfrac{1}{2}\right)=\dfrac{1}{4}$，$f(1)=1$，$f\left(\dfrac{3}{2}\right)=3$.

2. $f[g(x)]=(\lg x-1)^2$，$g[f(x)]=\lg(x-1)^2$.

3. (1) $(-1,1)$；　　　　　　　(2) $[-1,2)\cup(2,3)\cup(3,+\infty)$；

   (3) $(-1,0)\cup(0,2)$；　　　(4) $(-\infty,-1)\cup\left(-1,-\dfrac{1}{2}\right)\cup\left(-\dfrac{1}{2},0\right)\cup(0,+\infty)$.

4. (1) $y=u^2$，$u=\cos v$，$v=2-3x$；

   (2) $y=\ln u$，$u=\ln v$，$v=\ln x$；

   (3) $y=u^3$，$u=(x+\lg x)$；

   (4) $y=\sqrt{u}$，$u=\log_a v$，$v=\sin x+2^x$.

5. $y=\begin{cases}150x, & 0\leqslant x\leqslant 800,\\ 120x+24\,000, & 800<x\leqslant 1\,600.\end{cases}$

习题 1.2

1. 无穷小是（1），（3），（4），（5）；无穷大是（2），（6）.

2. (1) 1；　　(2) 0；　　(3) 0；　　(4) 0；　　(5) 0；　　(6) ∞.

3. (1) $\lim\limits_{x\to 0^-}f(x)=-1$，$\lim\limits_{x\to 0^+}f(x)=1$，$\lim\limits_{x\to 0}f(x)$ 不存在；

   (2) $\lim\limits_{x\to 0^-}f(x)=1$，$\lim\limits_{x\to 0^+}f(x)=1$，$\lim\limits_{x\to 0}f(x)=1$；

   (3) $\lim\limits_{x\to 0^-}f(x)=1$，$\lim\limits_{x\to 0^+}f(x)=0$，$\lim\limits_{x\to 0}f(x)$ 不存在；

   (4) $\lim\limits_{x\to 0^-}f(x)=0$，$\lim\limits_{x\to 0^+}f(x)=5$，$\lim\limits_{x\to 0}f(x)$ 不存在.

4. $\lim\limits_{x\to -5}f(x)=14$，$\lim\limits_{x\to 1}f(x)$ 不存在，$\lim\limits_{x\to 2}f(x)=2$，$\lim\limits_{x\to 3}f(x)=4$.

5. $a=1$，$b=1$.

习题 1.3

1. (1) 0； (2) 0； (3) $\dfrac{1}{3}$； (4) 0； (5) 4； (6) -1.

2. (1) 1； (2) 2； (3) $\dfrac{5}{3}$； (4) $\dfrac{1}{2}$； (5) $\sqrt{e}$； (6) e^4.

3. (1) 当 $x \to 0$ 时，$5x^2$ 是 $3x$ 的高阶无穷小，$5x^2$ 是 $6x^2$ 的同阶无穷小，$5x^2$ 是 x^3 的低阶无穷小，$5x^2$ 是 $5\sin^2 x$ 的等价无穷小；

   (2) 当 $x \to \infty$ 时，$\dfrac{3}{x^2}$ 是 $\dfrac{4}{x^3}$ 的低阶无穷小，$\dfrac{3}{x^2}$ 是 $\dfrac{3}{x^2+1}$ 的等价无穷小.

习题 1.4

1. (1) 1； (2) 2； (3) 0； (4) $\dfrac{2}{3}$.

2. (1) $x=-3$ 和 $x=1$ 都是间断点； (2) $x=1$ 是间断点.

3. $a=1$，$b=e$.

4. 略.

复习题一

A 组

1. $f(x)=\begin{cases} 0, & x<20, \\ 0.2x, & 20 \leqslant x \leqslant 50, \\ 10+0.3(x-50), & x>50, \end{cases}$ 图略.

2. (1) -4； (2) 0； (3) $\dfrac{1}{4}$； (4) -1； (5) 2；

   (6) 2； (7) $\dfrac{1}{4}$； (8) -1； (9) -3； (10) 2；

   (11) $\dfrac{1}{2}$； (12) e； (13) $\dfrac{1}{e^6}$； (14) $\dfrac{1}{e}$.

3. (1) a 为任意实数，$b=2$； (2) $a=b=2$.

4. (1) $x=1$ 是第二类间断点，$x=2$ 是可去间断点；

   (2) $x=0$ 是跳跃间断点.

B 组

1. $[e, e^2]$.

2. 提示：构造 $g(x)=\dfrac{1}{2}[f(x)+f(-x)]$，$h(x)=\dfrac{1}{2}[f(x)-f(-x)]$.

3. (1) 间断点为 $x=k$ ($k \in \mathbf{Z}$)，其中 $x=-1$，$x=0$，$x=1$ 是第一类间断点，其他为第二类间断点；

（2）间断点为 $x=k\pi\,(k\in\mathbf{Z})$ 和 $x=k\pi+\dfrac{\pi}{2}(k\in\mathbf{Z})$，其中 $x=0$ 和 $x=k\pi+\dfrac{\pi}{2}(k\in\mathbf{Z})$ 是第一类间断点；$x=k\pi\,(k\in\mathbf{Z}\text{且}k\neq0)$ 是第二类间断点.

4. （1）$-\dfrac{1}{2}$； （2）4； （3）2； （4）0； （5）$\dfrac{1}{2}$；

 （6）-2； （7）e^3； （8）$\dfrac{1}{\mathrm{e}^3}$； （9）1； （10）$\mathrm{e}^{-\sqrt{2}}$.

5. （1）$a=1$，$b=-\dfrac{1}{2}$； （2）$a=-1$，$b=\dfrac{1}{2}$.

6. $m=\dfrac{1}{2}$，$n=2$.

7. 略.

8. $\dfrac{1}{3}$.

第 2 章

习题 2.1

1. A.
2. $v(3)=3$.
3. $y'(1)=0.5$.
4. 略.
5. $f(x)$ 在点 $x=0$ 处连续但不可导.

习题 2.2

1. 0.

2. （1）$y'=2x+2^x\ln 2+\dfrac{1}{x\ln 2}$； （2）$y'=\dfrac{1}{2\sqrt{x}}-(x+1)\mathrm{e}^x$.

3. （1）$y'=-\dfrac{3}{2}(3x-5)^{-\frac{3}{2}}$； （2）$y'=-\dfrac{4x}{\sqrt{3-4x^2}}$；

 （3）$y'=\sin 2x$.

4. （1）$y'=-2\sin 4x$； （2）$y'=\dfrac{2}{3x}(1+\ln^2 x)^{-\frac{2}{3}}\ln x$；

 （3）$y'=2x\cot x^2$.

5. （1）$y'=\dfrac{\mathrm{e}^x-y}{x+2y}$； （2）$y'=\dfrac{4-\cos(x+y)-y\mathrm{e}^{xy}}{\cos(x+y)+x\mathrm{e}^{xy}}$.

6. （1） $\dfrac{dy}{dx} = \dfrac{\cos t}{4t}$ ；　　　　　　　（2） $\dfrac{dy}{dx} = \dfrac{-1}{2t(1+t)^2}$.

习题 2.3

1. D.

2. $y'' = \dfrac{3}{4}x^{-\frac{5}{2}} + \dfrac{1}{4}x^{-\frac{3}{2}}$ ，$y''(1) = 1$.

3. $v(3) = 5\ \text{m/s}$ ；$a(3) = 10\ \text{m/s}^2$.

4. $y^{(n)} = \dfrac{(-1)^{n-1} \cdot (n-1)!}{x^n}$.

习题 2.4

1. 满足，$\xi = \dfrac{14}{9}$.

2. （1） 1；　　　（2） $\cos a$ ；　　　（3） 1.

3. 在 $(-\infty, -1]$ 和 $[0, 1]$ 内单调递减，在 $[-1, 0]$ 和 $[1, +\infty)$ 内单调递增.

4. 极小值 $f(0) = 1$.

5. 最大值 10，最小值 −71.

6. 当产量为 250 件时可使利润达到最大，最大利润为 1 230 元.

7. 当正面长为 10 m，侧面长为 15 m 时，所用材料费最少.

8. 凸区间为 $(-\infty, 2)$ ，凹区间为 $(2, +\infty)$ ，拐点为 $(2, 0)$.

9. 略.

习题 2.5

1. B.

2. （1） $dy = \left(-\dfrac{1}{2\sqrt{x}}\sin\sqrt{x} + 2xe^{-x^2}\right)dx$ ；　　（2） $dy = (n\sin^{n-1}x \cdot \cos x + n\cos nx)\,dx$ ；

  （3） $dy = \dfrac{2x^2 + 1}{\sqrt{x^2 + 1}}dx$.

3. 0.874 7.

4. 精确值为 $1.002\,5\pi\ \text{cm}^2$ ，近似值为 $\pi\ \text{cm}^2$.

复习题二

A 组

1. （1） $x - 2y + 3 = 0$ ；　　　（2） $-\dfrac{\pi}{2}$ ；　　　（3） $(0, +\infty)$.

2. (1) $y' = \dfrac{7}{4}x^{\frac{3}{4}} + \dfrac{1}{x}$;　　　　(2) $y' = -\dfrac{1+x(1-\ln x)\cdot \ln 4}{4^x x}$.

3. $y+5 = -3(x+3)$.

4. (1) $y' = -\tan x$;　　　　(2) $y' = e^{ax}(a\sin bx + b\cos bx)$;

　　(3) $y' = -\dfrac{1}{x^2}e^{\frac{1}{x}} + \dfrac{3}{2}x^{\frac{1}{2}}$.

5. (1) $dy = \dfrac{1}{(1+x^2)^{\frac{3}{2}}}dx$;　　　　(2) $dy = \cot x\, dx$;

　　(3) $dy = \left(-3\cos^2 x \sin x - \dfrac{1}{2}x^{-\frac{1}{2}} - \dfrac{1}{2}x^{-\frac{3}{2}}\right)dx$.

6. (1) $y' = -\dfrac{1}{x^2}e^{\sin\frac{1}{x}}\cdot \cos\dfrac{1}{x}$;　(2) $y' = 2(e^{2x} - e^{-2x})$;　(3) $y' = \dfrac{1}{2\sqrt{x}}\cdot \cot\sqrt{x}$.

7. $dy = \dfrac{y-2x-3}{2y-x}dx$.

8. 切线方程为 $y = -\sqrt{2}x + 2\sqrt{2}$，法线方程为 $y = \dfrac{\sqrt{2}}{2}x + \dfrac{\sqrt{2}}{2}$.

9. (1) $\dfrac{1}{2}$;　　　　(2) $-\dfrac{1}{2}$;　　　　(3) 1.

10. 在 $(-\infty, -2)$ 和 $(0, +\infty)$ 内单调递增，在 $(-2, -1)$ 和 $(-1, 0)$ 内单调递减.

11. 极大值 $f(0) = 0$，极小值 $f(1) = -\dfrac{1}{2}$.

12. 最大值 $f\left(\dfrac{3}{4}\right) = \dfrac{5}{4}$，最小值 $f(-5) = -5 + \sqrt{6}$.

13. 当底面边长为 6 m、高为 3 m 时长方体容器用料最省.

B 组

1. 2.

2. $a = 1$，$f'(x) = \begin{cases} \cos x, & x < 0, \\ 1, & x \geqslant 0. \end{cases}$

3. (1) $\dfrac{(x+1)\sqrt[3]{x-1}}{(x+4)^2 e^x}\left[\dfrac{1}{x+1} + \dfrac{1}{3(x-1)} - \dfrac{2}{x+4} - 1\right]$;

　　(2) $\left[\dfrac{x(2x-1)}{x^2-x+1} + \ln(x^2-x+1)\right](x^2-x+1)^x$.

4. $y^{(n)} = (-1)^{n-1}\dfrac{(n-1)!}{(1+x)^n}$ $(n \geqslant 1)$.

5. 最小值 $y(0) = 0$，最大值 $y\left(-\dfrac{1}{2}\right) = y(1) = \dfrac{1}{2}$.

6. $a = 2$，极大值 $f\left(\dfrac{\pi}{3}\right) = \sqrt{3}$.

7. 第 3 个小时工作效率最高；在这个小时内的产量是 56 件.

8. $a=1$，$b=-3$，$c=-24$，$d=16$.

9. 凹区间为 $(0,1)$ 和 $(1,+\infty)$，凸区间为 $(-\infty,-1)$ 和 $(-1,0)$，拐点为 $(0,0)$.

10. 略.

第 3 章

习题 3.1

1. （1）$-\sin x$； （2）$2x$； （3）$-\sin x + C$；

   （4）$-\dfrac{1}{x}+C$； （5）$\sqrt{x}+C$.

2. （1）$f(x)=\dfrac{1}{2}x^2+2x-1$； （2）$f(x)=x^2-3$； （3）$s(t)=\dfrac{3}{2}t^2-2t+5$.

3. （1）$x-x^3+C$； （2）$\dfrac{1}{3}x^3+\ln|x|+C$； （3）$\sin x+\cos x+C$；

   （4）$3\arctan x+C$； （5）$-\dfrac{2}{3}x^{\frac{3}{2}}+C$； （6）$5\arcsin x+C$；

   （7）$\tan x+C$； （8）$-\dfrac{1}{3}\cos(3x+2)+C$； （9）$-\dfrac{1}{2}\ln|1-2x|+C$；

   （10）$-\dfrac{1}{36(4x+1)^9}+C$； （11）$\sin x-x\cos x+C$； （12）$x\ln 2x-x+C$.

习题 3.2

1. $\int_0^3 (2x^2+1)\,dx$.

2. $30\,\text{m}$.

3. 2.

4. （1）$\dfrac{29}{6}$； （2）$\dfrac{\ln 2}{2}$； （3）$-\ln 2$；

   （4）4； （5）$\dfrac{1}{4}-\dfrac{3}{4e^2}$； （6）$-\dfrac{4}{3}$.

5. $\dfrac{2}{3}\pi\sqrt{\pi}+2$.

习题 3.3

1. （1）$\dfrac{1}{2}$； （2）1.

2. 发散.

3. 2.

4. −1.

复习题三

A 组

1. (1) $\dfrac{2}{5}x^{\frac{5}{2}} - 2x^{\frac{3}{2}} + C$;　　　　(2) $2\sin x + C$;

(3) $\dfrac{1}{2}(x + \sin x) + C$;　　　　(4) $\tan x - \cot x + C$;

(5) $\dfrac{2}{3}x^{\frac{3}{2}} - 2x + C$;　　　　(6) $2x - \dfrac{2^x}{\ln 2} + C$;

(7) $-\sin\dfrac{1}{x} + C$;　　　　(8) $\dfrac{2}{9}(1 + x^3)^{\frac{3}{2}} + C$;

(9) $\dfrac{1}{4}(2\ln x + 3)^2 + C$;　　　　(10) $-2\cos(\sqrt{x} + 2) + C$;

(11) $-x - \ln|1 - x| + C$;　　　　(12) $-\dfrac{1}{4}\cos^4 x + C$;

(13) $-\dfrac{1}{x}\ln x - \dfrac{1}{x} + C$;　　　　(14) $\dfrac{1}{2}e^x(\sin x + \cos x) + C$;

(15) $-e^{-x} - xe^{-x} + C$;　　　　(16) $x\arcsin x + \sqrt{1 - x^2} + C$.

2. (1) $\dfrac{2}{7}$;　　(2) $4\sqrt{2}$;　　(3) $\dfrac{\pi}{4}$;　　(4) $4 - 2\sqrt{e}$.

3. (1) $y = \dfrac{1}{3}x^3 - \dfrac{4}{3}$;　　(2) 2;　　(3) $\dfrac{4}{3}$;　　(4) $\dfrac{1}{3}\pi r^2 h$.

B 组

1. (1) $\dfrac{1}{3}e^{3\sin x + 2} + C$;　　　　(2) $-\dfrac{1}{2}(x\sin x)^{-2} + C$;

(3) $-\cot x + \tan x + C$;　　　　(4) $\ln\left|\dfrac{\sin x}{1 + \sin x}\right| + C$;

(5) $\dfrac{1}{3}\cos^3 x - \cos x + C$;　　　　(6) $\dfrac{1}{3}\ln|x - 4| - \dfrac{1}{3}\ln|x - 1| + C$;

(7) $\dfrac{1}{2}x^2 e^{2x} - \dfrac{1}{2}xe^{2x} + \dfrac{1}{4}e^{2x} + C$;　　　　(8) $\left(\dfrac{1}{2}x^2 + x\right)\ln x - \dfrac{1}{4}x^2 - x + C$;

(9) $\dfrac{1}{4}\sin 2x - \dfrac{1}{2}x\cos 2x + C$;　　　　(10) $x - \dfrac{1}{2}\ln(1 + e^{2x}) + C$;

(11) $\dfrac{\ln x}{1 - x} + \ln\left|\dfrac{1 - x}{x}\right| + C$;　　　　(12) $e^x \tan x + C$.

2. (1) $\arctan e - \dfrac{\pi}{4}$;　　(2) 0;　　(3) 0;　　(4) $2\ln 2 - 1$;

（5） $\sqrt{3} - \dfrac{\pi}{3}$； （6） π； （7） $\dfrac{\pi}{2}$； （8） $\ln\dfrac{4}{3}$.

3. （1） $\varPhi'(x) = 3x^2 \mathrm{e}^{x^3} \sin 2x^3$； （2） $f'(0) = -2$.

4. （1） $V = \int_{-1}^{1} \pi(6-x^2)^2 \mathrm{d}x - \pi \times 5^2 \times 2 = 14.4\pi$；

（2） $V = \pi \int_{-\sqrt{3}}^{\sqrt{3}} [(4-y^2) - 1] \mathrm{d}y = 2\pi \left(3y - \dfrac{y^3}{3}\right)\Big|_0^{\sqrt{3}} = 4\sqrt{3}\pi$.

5. （1） 1； （2） $2\ln(1+\sqrt{2})$.

第 4 章

习题 4.1

1. （1）二阶； （2）三阶； （3）三阶； （4）一阶.
2. （1）是； （2）不是； （3）是； （4）是.
3. （1） $y = -\dfrac{1}{x^2 + C}$； （2） $1 + y^2 = C(1+x^2)$，$C > 0$；

   （3） $\ln^2 y - \ln^2 x = C$； （4） $y = \mathrm{e}^{Cx}$；

   （5） $y^2 - 2xy = C$； （6） $y^2 = x^2 \ln(Cx)^2$；

   （7） $y = -\mathrm{e}^{-x} + C$； （8） $4y^3 + 12y + 3x^4 = C$.

4. （1） $\mathrm{e}^y = \dfrac{1}{2}\mathrm{e}^{2x} + \dfrac{1}{2}$； （2） $y = x\ln|x|$；

   （3） $y = \mathrm{e}^{4x} - \mathrm{e}^{3x}$； （4） $y = \dfrac{1}{\sin x}(1 - 5\mathrm{e}^{\cos x})$.

5. $v(t) = \dfrac{k_1}{k_2} t - \dfrac{k_1 m}{k_2^2}(1 - \mathrm{e}^{-\frac{k_2}{m}t})$.

习题 4.2

1. （1） $y = C_1 \cos x + C_2 \sin x$； （2） $y = C_1 \mathrm{e}^{-2x} + C_2 \mathrm{e}^x$；

   （3） $y = \mathrm{e}^{-3x}(C_1 \cos x + C_2 \sin x)$； （4） $y = C_1 + C_2 \mathrm{e}^{-5x}$；

   （5） $y = C_1 \mathrm{e}^{-x} + C_2 \mathrm{e}^{-4x} - \dfrac{1}{2}x + \dfrac{11}{8}$； （6） $y = C_1 \mathrm{e}^x + C_2 \mathrm{e}^{-x} - \dfrac{1}{2} + \dfrac{1}{10}\cos 2x$.

2. （1） $y = 8\mathrm{e}^x - 2\mathrm{e}^{3x}$； （2） $y = (2+x)\mathrm{e}^{-\frac{x}{2}}$；

   （3） $y = 2\cos 5x + \sin 5x$； （4） $y = \mathrm{e}^{2x}\sin 3x$；

   （5） $y = \mathrm{e}^{2x}$； （6） $y = \mathrm{e}^x(x^2 - x + 1) - \mathrm{e}^{-x}$.

3. $y = \dfrac{mg}{k}t - \dfrac{m^2 g}{k^2}(1 - e^{-\frac{k}{m}t})$.

习题 4.3

1. $\dfrac{6}{s^3}$.

2. $\dfrac{1}{s} + \dfrac{1}{(s-1)^2}$.

3. $2e^{-5t}$.

4. $\dfrac{1}{6}\sin\dfrac{3}{2}t$.

5. $x(t) = e^{-t}$，$y(t) = 2te^{-t}$.

复习题四

A 组

1. $y = -\dfrac{1}{x}$.

2. （1） $y = 2\sin^2 x - \dfrac{1}{2}$；　　（2） $y = C(x^2 - y^2)$ 及 $y = \pm x$；　　（3） $y = \dfrac{x^3}{4} + \dfrac{C}{x}$.

3. （1） $y = C_1 e^x + C_2 e^{2x}$；　　（2） $y = C_1 e^x + C_2 x e^x$；
   （3） $y = e^{-x}(C_1 \cos 2x + C_2 \sin 2x)$.

4. $y = -3x - 2$.

5. $y = C_1 + C_2 e^{-2x} - \dfrac{3}{2} x e^{-2x}$.

6. （1） $\dfrac{20}{s^3}$；　　（2） $\dfrac{3s - 12}{s^2 + 4}$；　　（3） $\dfrac{2}{s} + \dfrac{3}{(s-1)^2}$；　　（4） $\dfrac{2}{s}e^{-4s} - \dfrac{1}{s}$.

7. （1） $3e^{2t}$；　　（2） $2e^{-4t} - e^{-2t}$.

8. （1） $y(t) = 3\sin t$；　　（2） $x(t) = \sin t$，$y(t) = \cos t$.

B 组

1. （1） $\sin y = \ln|x+1| - x + C$；　　（2） $y = e^{\sin x}(x + C)$；
   （3） $\csc\dfrac{y}{x} - \cot\dfrac{y}{x} = Cx$；　　（4） $3y^2 + 2y^3 = 3x^2 + 2x^3 + 5$；
   （5） $y = \dfrac{1}{x}(e^x + C)$；　　（6） $y = \dfrac{1}{4x^2}(5 - x^4)$；
   （7） $y = \left(C_1 + C_2 x + \dfrac{1}{6}x^3 + \dfrac{1}{2}x^2\right)e^{3x}$；　　（8） $y = 2\cos x + x^2 + \dfrac{1}{2}x\sin x - 2$.

2. $y^2 = Cx$ 或 $x^2 = Cy$.

3. 略.

4.（1）$y(t) = -\dfrac{1}{8}e^{-3t} - \dfrac{1}{4}e^{-t} + \dfrac{3}{8}e^{t}$； （2）$x(t) = \dfrac{1}{5}\cos 2t$，$y(t) = \dfrac{3}{5}\sin 2t$.

第5章

习题 5.1

1. 2.

2. A，B 均为同阶方阵.

3. $\begin{pmatrix} -2 & 3 & -1 \\ 4 & -6 & 2 \end{pmatrix}$.

4. $n = s$，$t = m$.

5. -72.

6. $\begin{pmatrix} 0 & 1 \\ 2 & 0 \\ 0 & 2 \end{pmatrix}$.

7. $\begin{cases} x_1 = 1, \\ x_2 = 1, \\ x_3 = 2. \end{cases}$

习题 5.2

1. $a \neq -3$.

2. $(E - B)^{-1} A$.

3. 2.

4. $8/27$.

5. 略.

6.（1）$r(A) = 2$； （2）$r(B) = 2$； （3）$r(C) = 3$.

7. $X = \begin{pmatrix} -8 & 3 \\ -10 & 4 \end{pmatrix}$.

8.（1）-4； （2）$\begin{pmatrix} \dfrac{1}{2} & \dfrac{3}{2} & -1 \\ 0 & -1 & 1 \\ 0 & 0 & 1 \end{pmatrix}$； （3）$\begin{pmatrix} 2 & -1 & 1 \\ 4 & -2 & 1 \\ -\dfrac{3}{2} & 1 & -\dfrac{1}{2} \end{pmatrix}$.

习题 5.3

1. -6.

2.（1）$d = -1$； （2）$d \neq -1$.

3. $r(\boldsymbol{A}) = n$.

4. (1) $\begin{pmatrix} x_1 \\ x_2 \\ x_3 \\ x_4 \end{pmatrix} = \begin{pmatrix} 3 \\ 1 \\ 0 \\ 0 \end{pmatrix} + C \begin{pmatrix} 8 \\ 3 \\ 0 \\ 1 \end{pmatrix}$ (C 为任意常数);

(2) $\begin{cases} x_1 = \dfrac{4}{5} - \dfrac{1}{5} x_3 - \dfrac{6}{5} x_4, \\ x_2 = \dfrac{3}{5} + \dfrac{3}{5} x_3 - \dfrac{7}{5} x_4 \end{cases}$ (x_3,x_4 是自由变量).

5. 当 $\lambda = 0$ 时,线性方程组有无穷多解,且一般解为 $\begin{cases} x_1 = 5x_3 - 1, \\ x_2 = -6x_3 + 2 \end{cases}$ (x_3 是自由变量).

复习题五

A 组

1. 略.

2. $a = 5$,$b = 2$,$c = 2$,$d = -1$.

3. (1) $\begin{pmatrix} 1 & 2 & 3 \\ 0 & 1 & 2 \\ 0 & 0 & 1 \end{pmatrix}$; (2) $\begin{pmatrix} 0 & -5 \\ 0 & 15 \end{pmatrix}$.

4. (1) 5; (2) 18; (3) 31.

5. (1) 0; (2) 2; (3) 3.

6. (1) $\begin{pmatrix} -2 & 1 \\ 3 & -1 \end{pmatrix}$; (2) $\begin{pmatrix} 1 & -4 & -3 \\ 1 & -5 & -3 \\ -1 & 6 & 4 \end{pmatrix}$; (3) $\begin{pmatrix} \dfrac{11}{2} & -\dfrac{1}{2} & -2 \\ 2 & 0 & -1 \\ -\dfrac{5}{2} & \dfrac{1}{2} & 1 \end{pmatrix}$.

7. $\boldsymbol{A}^{\mathrm{T}} = \boldsymbol{A}^{-1} = \begin{pmatrix} \cos\theta & \sin\theta \\ -\sin\theta & \cos\theta \end{pmatrix}$,$\boldsymbol{A}\boldsymbol{A}^{\mathrm{T}} = \begin{pmatrix} 1 & 0 \\ 0 & 1 \end{pmatrix}$,$|\boldsymbol{A}| = 1$.

8. (1) $\begin{pmatrix} x_1 \\ x_2 \\ x_3 \\ x_4 \end{pmatrix} = \begin{pmatrix} 19 \\ -4 \\ 0 \\ 0 \end{pmatrix} + k_1 \begin{pmatrix} -9 \\ 2 \\ 1 \\ 0 \end{pmatrix} + k_2 \begin{pmatrix} -19 \\ 4 \\ 0 \\ 1 \end{pmatrix}$ (k_1,k_2 为任意常数); (2) $\begin{pmatrix} x_1 \\ x_2 \\ x_3 \end{pmatrix} = \begin{pmatrix} -1 \\ 0 \\ 2 \end{pmatrix}$.

9. (1) $\begin{pmatrix} x_1 \\ x_2 \\ x_3 \end{pmatrix} = \begin{pmatrix} 0 \\ 0 \\ 0 \end{pmatrix}$; (2) $\begin{pmatrix} x_1 \\ x_2 \\ x_3 \\ x_4 \end{pmatrix} = k_1 \begin{pmatrix} -2 \\ 1 \\ 0 \\ 0 \end{pmatrix} + k_2 \begin{pmatrix} 6 \\ 0 \\ -3 \\ 1 \end{pmatrix}$ (k_1,k_2 为任意常数).

10. 当 $a = 5$,$b \neq -3$ 时,方程组无解;当 $a \neq -5$ 时,方程组有唯一解;当 $a = 5$,$b = -3$ 时,

方程组有无穷多解.

B 组

1. 证明略. $(A-E)^{-1} = A + 2E$.

2. -12.

3. 因为 $\begin{pmatrix} 4 & 5 & 5 \\ 4 & 3 & 7 \\ 2 & 4 & 8 \\ 3 & 5 & 6 \end{pmatrix} \begin{pmatrix} 600 \\ 500 \\ 200 \end{pmatrix} = \begin{pmatrix} 5\,900 \\ 5\,300 \\ 4\,800 \\ 5\,500 \end{pmatrix}$，所以，工厂Ⅲ生产成本最低.

4. $a = -1$，$b = -2$.

5. 当 $k = -1$ 时，无解；当 $k = 4$ 时，有无穷多解；当 $k \neq -1$ 且 $k \neq 4$ 时，有唯一解.

第 6 章

习题 6.1

1. 39.942 9.
2. 5.464 1.
3. $y_1 + y_2 = x^2 - 4$；$y_1 - y_2 = x^2 - 2x - 8$；$y_1 y_2 = (x+2)^2(x-3)$；$y_1/y_2 = x - 3$.
4. $x + 2$.

习题 6.2

1. 3；5；1.285 2.
2. 略.
3. 略.
4. 略.
5. 略.

习题 6.3

1. 1.
2. 0.
3. $y' = \dfrac{-\mathrm{e}^{x+y} - \dfrac{y}{x+1} - 2\sin 2x}{\mathrm{e}^{x+y} + \ln(x+1)}$.
4. 2.
5. -1.

习题 6.4

1. $\dfrac{-e^x(\cos 2x + 2\sin 2x - 5)}{10} + C$.

2. $2e + 1$.

3. $y = Ce^{x^2}$.

4. $y^2 = 2\ln\dfrac{1+e^x}{2}$.

5. $F(s) = L(e^{at}) = \dfrac{1}{s-a}\ (s > a)$，$L^{-1}[F(s)] = e^{at}\ (t \geqslant 0)$.

习题 6.5

1. $\begin{pmatrix} -2 & 4 & 5 \\ -2 & -8 & 3 \\ -2 & 9 & 0 \end{pmatrix}$.

2. $\begin{pmatrix} -1 & 1 & 1 \\ 1 & 0 & -2 \\ 1 & -2 & 1 \end{pmatrix}$.

3. $\begin{pmatrix} 1 & \dfrac{1}{3} \\ -1 & -\dfrac{1}{6} \\ -3 & -\dfrac{5}{6} \end{pmatrix}$.

4. $x_1 = 3$，$x_2 = -2$，$x_3 = 0$.

复习题六

A 组

1. $45.282\,7$.

2. $0.457\,5$.

3. 略.

4. 略.

5. 当 $x = 3.927\,0$ 时，y 取极小值 $-0.027\,9$；当 $x = -0.785\,4$ 时，y 取极大值 $0.644\,8$.

6. 当底面半径约为 $2.52\,\text{m}$，高约为 $5.03\,\text{m}$ 时，用料最少.

7. $\sqrt{2}$.

8. $\dfrac{1}{2}$.

9. $f'(x) = 2x\sin x + x^2\cos x$.

10. $-\sin\left(x+\dfrac{\pi}{3}\right)$.

11. $\dfrac{1}{2}e^{2x}+C$.

12. -2.

13. 1.

B 组

1. $y=x+C_1\sqrt{x^2-1}$.

2. $y=e^x+\sin x$.

3. $F(s)=\dfrac{s+9}{s^2+5s+6}$.

4. $A+B^T=\begin{pmatrix} 7 & 0 & 2 & -3 \\ -3 & 0 & 0 & 6 \end{pmatrix}$; $AB=\begin{pmatrix} 9 & 2 \\ -15 & 0 \end{pmatrix}$.

5. $X=\begin{pmatrix} -2 & 3 \\ 7 & -5 \\ 5 & -4 \end{pmatrix}$.

6. $x_1=3$, $x_2=-4$, $x_3=-1$, $x_4=1$.

参考文献

[1] 胡桐春. 应用高等数学 [M]. 北京：高等教育出版社，2011.

[2] 胡桐春. 高等数学 [M]. 北京：科学出版社，2014.

[3] 杨启帆. 数学建模 [M]. 北京：高等教育出版社，2005.

[4] 姜启源，谢金星，叶俊. 数学模型 [M]. 北京：高等教育出版社，2003.

[5] 董辰辉. MATLAB 2008 全程指南 [M]. 北京：电子工业出版社，2009.

[6] 李德宜，李明. 数学建模 [M]. 北京：科学出版社，2009.

[7] 陈笑缘. 经济数学 [M]. 北京：高等教育出版社，2009.

[8] 朱建国. 计算机应用数学 [M]. 北京：高等教育出版社，2008.

[9] 侯风波. 高等数学（第三版）[M]. 北京：高等教育出版社，2010.

[10] 李文丰. 高等数学. 上册 [M]. 北京：高等教育出版社，2008.

[11] 杨文兰. 经济应用数学基础 [M]. 北京：高等教育出版社，2009.

[12] 边文莉，马萍. 高等数学应用基础 [M]. 北京：高等教育出版社，2009.

[13] 何春江. 计算机数学基础 [M]. 北京：中国水利水电出版社，2006.

[14] 李红，谢松法. 复变函数与积分变换（第五版）[M]. 北京：高等教育出版社，2018.

[15] 张元林. 工程数学. 积分变换（第六版）[M]. 北京：高等教育出版社，2019.

[16] 李心灿. 高等数学（第三版）[M]. 北京：高等教育出版社，2008.

[17] 杜建卫，王若鹏. 数学建模基础案例（第二版）[M]. 北京：化学工业出版社，2014.

[18] 颜文勇，柯善军. 高等应用数学 [M]. 北京：高等教育出版社，2008.